中国国有農場の変貌

巨大ジャポニカ米産地の形成

朴 紅 著

筑波書房

中国国有農場の変貌
－巨大ジャポニカ米産地の形成－
もくじ

序章　課題と構成 ……………………………………………………… 9
　第1節　本書の課題 ……………………………………………… 9
　第2節　本書の視点と構成 ……………………………………… 13

第1編　国営農場の展開と再編

第1章　国営農場の誕生と展開 ………………………………… 19
　第1節　国有農場の立地と性格 ………………………………… 19
　　1．全国における立地と特徴 ……… 19
　　2．黒竜江省における立地と三江平原 ……… 22
　第2節　北大荒の開拓と国営農場の建設 ……………………… 28
　　1．国営農場の設立と展開の画期 ……… 28
　　2．第1期　1947〜1957年 ……… 31
　　3．第2期　1958〜1967年 ……… 33
　　4．第3期　1968〜1979年 ……… 38
　第3節　改革・開放下における農業生産の請負制改革 ……… 42
　　1．改革開放下の国営農場の動向 ……… 42
　　2．生産請負制の実施と変遷 ……… 46
　　3．現段階の職工農家の到達点 ……… 51
　第4節　国営農場から国有農場へ ……………………………… 58

第2章　国有農場改革と農場機能の変化 ……………………… 61
　第1節　国有農場における企業改革の現段階的特徴 ………… 61
　　1．「政企一体化」の形成と「政企分離」の試行 ……… 61
　　2．株式会社化による系統組織の再編 ……… 64
　　3．「北大荒農業」の上場と企業構成 ……… 66

第2節　二九一農場における組織再編と機能変化 70
　　　1．農場の概要と株式会社化による組織の変化 70
　　　2．「社区管理委員会」と農業子会社における資金の流れ 73
　　　3．作業ステーションの組織 75
　　第3節　作業ステーションと職工農家 76
　　　1．作業ステーション内の職工農家の構成 76
　　　2．作業ステーションの機能変化 79
　　　3．株式会社化による農家支援と農家負担の変化 80
　　第4節　改革と農場機能の変化 84

第3章　畑作の「双層経営システム」と職工農家の展開 87
　　第1節　畑作生産隊における職工農家の形成と共同経営 88
　　　1．第10生産隊における農場改革と土地分配 88
　　　2．No.1農家のケース 89
　　　3．No.2農家のケース 93
　　第2節　畑作生産隊における「双層経営システム」と土地利用 95
　　　1．生産隊における「双層経営システム」の特徴 95
　　　2．畑作的土地利用の特徴 97
　　第3節　畑作職工農家の性格 102

第2編　三江平原の水田開発と稲作経営の展開

第4章　三江平原の水田開発過程 107
　　第1節　三江平原の水田開発の特徴と国有農場 108
　　　1．黒竜江省における三江平原の位置づけ 108
　　　2．三江平原の地域区分と水田の分布 109
　　　3．水田開発における国有農場と一般農村 111
　　第2節　水利開発におけるインフラの整備過程と地域性 117
　　　1．築堤・排水事業による治水の展開 117
　　　2．水利組織の特徴と展開 120
　　第3節　開発主体とその役割 123

1．事業別投資の動向 ……… *123*
　　2．水利開発資金の財源 ……… *124*
　第4節　三江平原開発の特質 …………………………………… *130*

第5章　水田開発と米過剰局面の稲作経営 …………………… *133*
　第1節　新華農場における水田開発の概況 …………………… *133*
　　1．作付構成の変化 ……… *133*
　　2．水利開発と生産隊の分布 ……… *136*
　第2節　稲作経営における生産隊・農場本部の機能 ………… *140*
　　1．井戸灌漑による稲作の拡大 ……… *140*
　　2．生産隊・農場本部の機能 ……… *142*
　第3節　稲作経営の形成と過剰局面での変動 ………………… *146*
　　1．稲作経営の形成過程 ……… *146*
　　2．稲作拡大・後退局面における農家構成の変化 ……… *150*
　第4節　稲作経営の技術と経済 ………………………………… *155*
　　1．稲作の生産技術の変化 ……… *155*
　　2．米の販売と経済収支の変化 ……… *159*
　第5節　水田開発と稲作経営の到達点 ………………………… *163*

第6章　稲作経営の展開と機械化 ………………………………… *167*
　第1節　生産隊の特徴と水田開発過程 ………………………… *167*
　　1．第17生産隊における水田開発の現段階 ……… *167*
　　2．水田開発の史的展開と特徴 ……… *170*
　第2節　農家の流動性と規模拡大の過程 ……………………… *174*
　　1．農家の流動性と規模変動 ……… *174*
　　2．農家の特徴と規模拡大の過程 ……… *176*
　第3節　稲作機械化と階層差 …………………………………… *179*
　　1．稲作機械化の進展と階層差 ……… *179*
　　2．上層農の機械化一貫体系の形成 ……… *182*
　第4節　稲作経営の展開と機械化の到達点 …………………… *186*

第7章　稲作経営の労働過程と農家経済 ……………………………………… 189
　第1節　稲作における労働過程 – 労働日誌の分析 – …………………… 190
　　1．稲作における年間労働 …… 190
　　2．雇用関係 – 年雇・季節雇・日雇い – …… 193
　　3．受委託関係 …… 196
　　4．手間替え …… 197
　第2節　農家の流通対応と資金調達 ……………………………………… 198
　　1．生産資材の購入 …… 198
　　2．籾の販売 …… 199
　　3．資金調達 …… 201
　第3節　農家経済の収支構造 ……………………………………………… 203
　　1．農家経済の収支 …… 203
　　2．消費支出の特徴 …… 205
　第4節　稲作経営の労働過程と農家経済 ………………………………… 207

第3編　国有農場による米の商品化

第8章　北大荒米業による米の集荷・加工・販売体制 …………………… 211
　第1節　精米加工企業と大手米業の展開 ………………………………… 211
　　1．精米流通と精米加工企業 …… 211
　　2．大手米業の動向 …… 214
　第2節　北大荒米業における米の集荷・加工・販売体制 ……………… 217
　　1．北大荒グループと米業の位置づけ …… 217
　　2．米の生産・流通のフローチャート …… 218
　第3節　生産技術部 – 生産基地と加工部門 – …………………………… 223
　　1．生産基地の位置づけ …… 223
　　2．北大荒米業の基礎農場と日中合弁米業 – 新華分公司 – …… 225
　　3．新開地域における直営米業と民営米業 – 建三江管理局 – …… 230
　第4節　国内貿易部 – 精米の販売体制 – ………………………………… 236
　　1．販売子会社と代理店体制の形成 …… 236
　　2．市場開拓の実態 – 北京分公司の事例 – …… 239
　第5節　北大荒米業の位置 ………………………………………………… 241

第9章　基礎農場における米業の性格－八五四農場－ 243
　第1節　八五四農場における水田開発と稲作経営 243
　　1．農場における水田開発 243
　　2．稲作の生産システム 247
　第2節　米生産の動向と精米企業 251
　　1．籾生産の拡大と流通形態の変化 251
　　2．農場改革と精米企業の展開 253
　第3節　個別米業のケーススタディ 257
　　1．北大荒米業迎春精米所 257
　　2．緑源農業開発公司 259
　　3．北大倉糧油加工公司 260
　第4節　基礎農場における米業の性格 262

第4編　一般農村における米商品化と稲作経営

第10章　一般農村におけるブランド米の産地形成と米業 267
　第1節　五常市における米主産地の形成 267
　　1．五常市の稲作生産の動向 267
　　2．良質米生産の展開と産地形成 271
　第2節　産地の市場対応とブランド形成 275
　　1．糧食局の買付政策 275
　　2．精米加工販売企業の機能 276
　第3節　専業合作社の設立と事業展開 279
　　1．豊粟合作社の設立 279
　　2．組織の特徴と事業内容 281
　　3．販売事業の実績と合作社経営 284
　第4節　米の産地形成と合作社 287

第11章　有機米の産地化と農民組織の形成 289
　第1節　有機米産地形成の経過 289
　　1．民楽郷の概況 289

2．緑色・有機米産地化と流通の変化 ……… *291*
　　　3．米業の展開とその特徴 ……… *293*
　　第2節　緑色・有機米生産の展開と農民組織の形成 ……… *296*
　　　1．農民合作社型－豊粟合作社－ ……… *296*
　　　2．技術協会型－営農科学技術協会－ ……… *298*
　　　3．特約組合型－美裕有機農業農民専業合作社－ ……… *300*
　　第3節　緑色・有機米産地化と米業・農民組織 ……… *303*

第12章　有機米産地における生産基盤 ……… *307*
　　第1節　農家の規模拡大の特徴 ……… *307*
　　　1．民楽郷における農地の集積状況 ……… *307*
　　　2．対象農家の属性 ……… *310*
　　　3．最上層の規模拡大と借地形態 ……… *311*
　　　4．中上層の農地集積の特徴 ……… *312*
　　　5．借地経営の特徴 ……… *315*
　　第2節　稲作作業体系の特徴 ……… *317*
　　　1．作業体系の規模差 ……… *317*
　　　2．労賃水準と労働費 ……… *319*
　　　3．作業別の技術構造の特徴 ……… *321*
　　第3節　農家経済の収支 ……… *327*
　　第4節　一般農村における稲作技術体系の特徴 ……… *328*

終章　巨大ジャポニカ米産地の構造と特質 ……… *331*

参考文献・資料 ……… *341*
関連論文と助成研究費 ……… *345*
あとがき ……… *347*

序章

課題と構成

第1節　本書の課題

　中国における国営農場・国有農場は、農業および農村工業の展開において極めて特異な存在である。

　一般農村においては新中国の建国前後の土地改革を経て、急速な集団化により人民公社が設立され、そして1983年前後にその解体と家族経営の復活という30年刻みの大変動を経験している。土地所有の形態は個人所有から直ちに公社有へ、そして行政村（村民委員会・村民小組）有へと変化したが、1958年以降は集団所有という性格に変化はない。また、改革開放後においては、人民公社時の「社隊企業」が郷鎮政府の現業部門として位置づけられ、それが郷鎮企業の急速な展開をもたらすが、これも1997年の所有制改革により民営企業へと転換されている。

　これに対し、国有農場は1940年代から50年代にかけて、主に未墾地開発を目的として設立され、当初から国の直轄組織としての性格をもっていた（その系統を「農墾」と称している）。その設立においては軍隊の集団的帰農を基にするものが主流であり、その構成員は軍人から職工（労働者）へと移行したものを中心としている。未墾地への入植であったから、そこでの居住空間も農場として整備され、改革開放以降も行政組織として存続している。農業生産の請負制は国営農場でも進み、職工は農地を請負い、「職工家庭農場」（以下、職工農家と略する）となる[注1]。土地は国有地であり、職工農家は地代に当たる「利費」納入の義務を持つ。この保有権は、有償である点、契約は毎年更新される点で、一般農村で1999年から実施されている30年間の借

地権固定化と2006年からの農業税廃止による保有権の事実上の無償化と比較すると条件が不利であることは間違いない。ただし、農場本体との契約制であることから平等原理は存在せず、規模拡大の条件が整っていると言えよう。それ以前の生産の基礎単位であった生産隊はその機能を薄め、「管理区」として再編されてから中間機関化され、農場本体と職工農家の関係は直接的なものとなっている。一般農村では、土地の集団所有制を担保として行政村が大きな機能を果たしているのとは対照的である。また、農場本体は、土地利用の大枠を押さえインフラ整備に当たるとともに、農村工業という現業部門を所有制改革のなかで法人化しつつ農村企業としての存在を維持しているのである。

以上の国営・国有農場の特異性は、本書の各章において検証されるが、この存在は従来注目されてこなかった。旧ソ連のソフホーズとは対照的である。これは、ソ連におけるシベリアのような広大な未墾地が中国では存在せず、国営農場の分布が辺境地域に偏在し、その耕地面積も全耕地の3.7％に過ぎないという存在感の希薄性によるところが大きい。また、1968年から76年にかけて国営農場は生産建設兵団に再編され、軍隊方式が採用されたその「体質」が調査研究を阻んできたという研究環境の厳しさも一因であろう。しかし、日本における中国農業の研究も深化し、地域に踏み込んだフィールドワークが行われつつある現在、「辺境」地域研究においてこの対象は大きな存在感を持つようになってきた。本書が対象とする黒竜江省がそうであり、また新疆ウイグル自治区においても同様である。

黒竜江省を含む東北地方の本格的な農業開発は20世紀からであり、面積では遠く及ばないが北海道の農業開発に比定することができる(注2)。そのうち、最北部に位置する黒竜江省は三江平原、松嫩平原などに広大な未墾地を有しており、第二次大戦後にすでに述べた軍隊の帰農による国営農場が建設されたのである。北海道でいえば、戦後開拓に当たるが、それが酪農や泥炭地稲作として発展するのと比較すると、巨額を投資した治水とインフラ整備により畑地開発が進展をみせるのである。

その後の転換は1980年代後半から現れる。1988年からの「三江平原農業総合開発計画」の始動であり、その中心は水田開発であった。これには日本のODAも寄与している^(注3)。稲作は単収が低く不安定な春小麦を駆逐し、従来から主産地であった大豆に新たに加わったトウモロコシを合わせた畑作と並ぶ基幹作物に成長をみせる。そのことが、国営農場の中心を比較的旧開的性格を持つ松嫩平原から三江平原へと移行させたのである。

　2010年の黒竜江省の稲作面積は277万haであり、吉林省の67万ha、遼寧省の68万haを加えた東北地方の合計は412万haであり、全国2,987万haの13.8％を占めている。また、籾生産量では黒竜江省が1,843万トン、吉林・遼寧省がそれぞれ569万トン、458万トンであり、合計で2,870万トン、全国1億9,576万トンの14.7％を占めている。ジャポニカ米とインディカ米に関する統計は公表されていないが、長江以北がジャポニカ米と言われており、黒竜江省は旧来からの最大の産地であった江蘇省の223万ha、1,807トンを上回るに至る。長江流域のジャポニカ米には品質上の問題があるため^(注4)、現在進んでいるインディカ米からジャポニカ米への転換において、黒竜江米が優位性を発揮している^(注5)。そして、その中心が国有農場群なのである。

　ここでは、ジャポニカ米の優位性に関する数字を2つあげておこう。**表序.1**は近年の栽培品種別の卸売市場価格の動向を示したものである。米価は1990年代末の過剰を背景に2003年秋までは卸売市場価格でトン当たり1,400元にまで低落するが、この回復過程でジャポニカ米の価格優位性がくっきりと表

表序.1　稲の栽培種別の卸売市場価格の動向

単位：元/トン

年次	インディカ（早期）	インディカ（晩期）	ジャポニカ
2006	2,181	2,302	2,765
2007	2,402	2,563	2,697
2008	2,636	2,826	2,839
2009	2,750	2,917	2,933
2010	2,966	3,134	3,642

注：1）『中国水稲産業発展報告』中国農業出版社、各年次により作成。
　　2）原典は国家発展改革委員会価格観測センター資料。

表序.2　米輸出における栽培種別の割合

単位：万トン

年次	ジャポニカ（高品質）	ジャポニカ（低品質）	パーボイルドライス	インディカ	合計	日本への輸出量
2007	68.9	29.4	22.3	9.9	130.5	7.4
2008	45.9	24.8	17.6	6.3	94.6	3.3
2009	45.7	10.0	20.0	2.2	77.9	8.3
2010	35.5	16.4	6.9	0.9	59.7	4.7

注：1）『中国水稲産業発展報告』中国農業出版社、各年次により作成。
　　2）原典は税関および中糧公司資料。
　　3）パーボイルドライスとは、籾を水に浸けて水分を吸収させ、これを蒸して乾燥した後、精米したもの。

れてくる。ジャポニカ米は2006年から2010年の期間では栽培種別で最も安いインディカ早期米の1.1倍から1.3倍を示しているのである(注6)。つぎに、米輸出において、どの栽培種が中心となっているかを見ておこう（**表序.2**）。米の輸出そのものは、2002年、2003年の200万トン台から輸出規制により減少をみせ、2008年以降は100万トンを割り込む状況となっている。データに制約があるため2007年以降の動向をみると、基本は高品質のジャポニカ米であることがわかる。国際競争力からみてもジャポニカ米の優位性を確認することができるのである(注7)。

　ジャポニカ米の生産国である東アジアを見渡しても黒竜江省のジャポニカ米産地の巨大さが明らかである。黒竜江省の稲作は、1985年の39万haから2010年の277万haへ、総収量も同じく籾163万トンから1,843万トンへと急速に拡大を見せている。この2010年の数字を横並びで見ると、日本は163万ha、籾1,194万トン、韓国は89万ha、籾579万トン、台湾は24万ha、籾145万トンであり、黒竜江省の数字はこの3国（地域）の合計にほぼ匹敵している(注8)。まさに、北方に出現した巨大ジャポニカ産地といえる。

　本書の課題は、この30年という短期間で出現した北方ジャポニカ産地の形成過程を主に三江平原を舞台として総合的に描き出すことにある。

注

（1）これまで職工家庭農場の訳語には家族経営的側面を重視して「職工農家」としてきたが、本書でも踏襲する。ただし、後述するように「大農場・小農場」という分業概念も重要である。
（2）岩崎徹・牛山敬二編著『北海道農業の地帯構成と構造変動』北海道大学出版会、2006を参照のこと。
（3）政府有償援助として、「黒龍江省三江平原商品穀物基地開発計画」（1996～97年）に対し、177億円の円借款を供与している（国際協力開発機構ホームページ）。
（4）米の1等米比率（優質食用米達成率、2003～08年）を地域的にみると、華南稲区では30％前後であり、華中稲区ではそれよりやや低く、西南稲区でも1年を除き、30％前後であるのに対し、北方稲区は6年間とも50％を上回っており、2008年には70.9％を達成している（中国水稲研究所・国家水稲産業技術研究発展センター『中国水稲産業発展報告』中国農業出版社、2009、p.103）。
（5）ジャポニカ米の増大の収益的な要因については、青柳斉編著『中国コメ産業の構造と変化』昭和堂、2012、pp.25～28を参照のこと。
（6）2004年以降、政府は籾の最低買上価格制度を実施しているが、2010年の価格設定は、インディカ早期米が籾kg当たり1.86元、インディカ晩期米が1.94元、ジャポニカ米が2.10元となっている（同上『中国水稲産業発展報告』2010、p.109）。
（7）日本が国家管理貿易として受け入れている米（MA米）のうち、商業ベースで受け入れを行うSBS米の過半は中国東北米である。ここでは詳しく触れないが、その概要については、朴紅「中国におけるコメの対日輸出の潜在力」『農業と経済』70巻14号、2004が2000年代前半までの特徴を整理している。あわせて、村田武監修『黒竜江省のコメ輸出戦略』家の光協会、2001も参照のこと。
（8）日本については農水省『作物統計』、韓国については農林水産食品部『農林水産食品統計年報』、台湾については2期分の合計値であり、農業委員会『農業統計年報』による。なお、籾への換算は玄米を71％、精米を65％として計算した。

第2節　本書の視点と構成

　本書の依拠する産地形成論は、フィールドワークをベースに地域農業の再編主体の歴史的機能と地域農業の生産主体の構造分析を組み合わせ、あわせて産地主体のマーケティング機能を明らかにする理論的枠組みである[注1]。

本書では、黒竜江省の巨大な米産地を形成してきた3つの主体を国有農場系統、職工農家、「北大荒米業」と捉え、三者の関係を総合的に明らかにする。そして、その比較研究として一般農村の先進米産地における米業とその展開、およびその基盤である農民組織ならびに稲作経営の到達点を明らかにする。

　以下では、こうした研究視角にもとづく本書の構成を示しておこう。これは編章構成に対応している。

　第一の柱は、北方ジャポニカ産地形成の大枠での担い手である国有農場系統の特徴について歴史的接近を行うことである。これは、第1編「国営農場の展開と再編」が相当する。日本での農墾に関する研究はこれまで存在しないので、第1章でその歴史的展開を時期区分によりながら詳細に述べることにする。改革・開放以降の農場改革では、農業生産の請負制改革による職工農家の形成（第1章第3節）、農場そのものの現業部門としての企業改革（第2章）の把握が柱となる。ここでは文献研究と一定の統計分析を試みる。なお、第1章の補完的位置づけで、畑作経営の生産隊の事例分析を行い、連合経営という畑作地域での職工農家の特徴を明らかにする（第3章）。

　第二の柱は、三江平原全体と事例農場を対象に、水田開発とそのもとでの稲作職工農家の実態解明を行うことである。第2編「三江平原の水田開発と稲作経営の展開」がそれに当たる。三江平原の水田開発に関しては、県・国有農場レベルの土地利用に関するデータベースに基づき、水田化に関する国有農場と一般農村との比較分析を行う（第4章）。そのうえで、典型的な1農場、新華農場を取り上げ、農場、生産隊、職工農家レベルでの水田開発における役割を明らかにする（第5章第1・2節）。続いて、職工農家の分析を行う。これが本書で最も力点をおいた分析である。水田開発は急速に進むが、それは直線的であったわけではない。中国においても農産物は1990年代後半から過剰基調に陥り[注2]、米価が下落し、それに伴い水田の一時的後退がもたらされる。その後、再び拡大に転じるが、こうした変動局面は職工農家の安定性を見る上でまたとないチャンスである。そこから土地所有・利用関係や職工農家そのものの流動性に関する議論が可能となる（第5章第3・

4節)。アプローチに関するチャレンジとしては、前著でも行った農家の記帳調査の実施である(注3)。記帳農家については、稲作経営の展開を個別レベルで押え、規模拡大過程とそれに対応した機械化の進展を規模階層別に整理する(第6章)。記帳調査では、労働日誌から労働過程を分析し、外部労働への依存度を明らかにする。また、現金出納簿では、農家の流通・資金対応と農家経済収支に関する考察を行う(第7章)。

第三の柱は、農墾系統による籾・米の販売戦略に関する検討にある。これは、第3編「国有農場による米の商品化」が当てられる。デルタ下流部などの新開地域を除くと、稲作は長期にわたる開発過程のなかで徐々に発展を見せ、籾・米の流通についても慣行的な商取引が形成されてくる。むろん、政策的契機は重要であるが、それは流通再編として現れる。ところが、30年間という短期間に稲作生産が急拡大し、しかも農産物の過剰局面で商品の質が決定的な意味をもつ北方ジャポニカ産地においては、民間の商人の参入による集荷体制には限界がある。籾の貯蔵機能を持ち、精米工場を有する精米加工販売企業(以下、中国の慣用語である米業と略する)の存在が必要となるのである。農墾系統としても、農場経営の戦略部門として米業を位置づけ、現業部門の分社化のなかで2001年に「北大荒米業」を立ち上げる。ここでは、この企業に焦点を当てながら、その生産・加工・販売体制に分け入って分析を進める(第8章)。また、個別国有農場による自営米業あるいは民間米業の現状も同時に把握し、北大荒米業の国有農場米(籾)販売上の寄与度についても検討を行う(第8章第3節、第9章)。

そして第四の柱は、一般農村における米業・農民組織の分析を行い、農墾系統の独自性を浮かび上げることである。対象は、黒竜江省南部の五常市であり、良質米産地として著名な地域である。最後の第4編「一般農村における米商品化と稲作経営」がそれに当たる。ちなみに、2007年の全国米ブランド認定では五常市の「緑風良質米開発公司」が第4位に、「北大荒」が第8位に入賞している(注4)。先進地をあえて取り上げるのは、農産物過剰局面において、産地の質の向上が決定的意味を持つからである。まず、五常市での

米のブランド化の展開とそれに伴う米業の進出・設立状況を確立したうえで（第10章）、具体的に民楽郷を対象として米業の展開の特徴を明らかにする。有機米への転換が進んでいることから、米業そのものも生産基地としての農民組織を必要としており、近年政策的に設立が推進されている農民合作社がそれに対応していることが明らかにされる（第10章第3節、第11章）。ここでも、農家調査を実施し、職工農家との比較を意図した稲作の技術水準の検討を行う（第12章）。

　終章では、新開稲作地帯としての三江平原の特徴、「大農場・小農場」制の意義と限界を整理したうえで、国有農場と一般農村における米業の性格差とその生産基盤の相違、稲作経営の技術構造の相違を比較してまとめとしたい。

注
（1）太田原高昭『地域農業と農協』日本経済評論社、1978、坂下明彦『中農層形成の論理と形態－北海道型産業組合の形成基盤－』御茶の水書房、1992を参照のこと。
（2）この点の整理と政策変化に関しては、朴紅・糸山健介・坂下明彦「東アジアにおける農村開発政策の展開と課題－日韓中の比較－」坂下明彦・李炳昨編著『日韓地域農業論への接近』筑波書房、2013を参照のこと。
（3）朴紅・坂下明彦『中国東北における家族経営の再生と農村組織化』御茶の水書房、1999、第4章を参照のこと。
（4）前掲『中国水稲産業発展報告』2007、p.111。これは中国ブランド戦略推進委員会の評価によるものである。

第1編

国営農場の展開と再編

第 1 章

国営農場の誕生と展開

　本章では、中国における農村組織のなかで特異な位置を占める国営・国有農場（以下では1990年代の名称変更に基づいて表現する）を概括する。一般の農村においては、1940年代末の土地改革を経て個人農が支配的となるが、まもなく集団化が推進され、1958年から1983年の間、人民公社体制が維持される。しかし、1970年代末からの改革開放路線のもとで、農業生産の基礎単位は再び個人農となり現在に至っている。

　これに対し、新中国の建国直前に設置された国営農場は、主に未墾地への人民解放軍の集団帰農により開設され、名称は改革の過程で国有農場に変更されたものの組織として継続されている。改革により農業生産の主体は職工（農場労働者）が国有農地を借地する形態で「職工家庭農場」（以下、本書では職工農家と略する）となり、農場の機能は農業生産支援と加工・流通事業に縮小された。しかし、「政社分離」により人民公社が解体されて郷鎮政府が設立されたのに対し、国有農場は行政機能を依然として担っており、地域の農村社会を統括する存在でもある。

　以下では、全国ならびに対象とする黒竜江省における国有農場の立地を確認した上で、黒竜江省における国営農場の歴史を素描し、その特徴を明らかにする。その上で、1980年代以降に本格化する改革のなかで新たな国有農場として再編された内容を検討することにする。

第1節　国有農場の立地と性格

1．全国における立地と特徴

　まず、全国における現在の国有農場の組織、農業生産の状況、およびその

表1.1　中国における国有農場の分布（2011年）

省名	農場数	職工数（万人）	耕地面積（千ha）	農業総生産額（億元）	糧食生産量（万トン）	綿花生産量（千トン）	家畜数（万頭）
国有農場計	1,785	297.4	6,116	2,803.9	3,198.7	1,638.0	340.8
1　黒竜江	113	32.3	2,854	880.0	2,037.0	−	95.6
2　新疆	345	73.7	1,531	744.5	244.4	1,473.0	108.2
3　遼寧	108	26.3	156	143.2	131.3	−	13.3
4　海南	47	13.3	37	143.1	14.4	−	6.9
5　湖北	53	34.4	137	143.1	87.7	82.9	3.8
6　内蒙古	104	11.5	651	90.7	169.3	0	41.4
7　河北	33	6.3	92	71.2	42	27	14.9
8　雲南	41	6.5	73	53.2	5.6	−	0.5
9　江蘇	18	7.7	12	51.4	91.1	4.5	0.5
10　江西	154	28.6	52	40.5	51.1	9.7	3.2
対全国比率	−	1.1	5.0	6.7	5.6	24.9	2.8

注：1）『中国農墾統計年鑑2011』、『中国農村統計年鑑2012』により作成。
　　2）糧食には、穀物、豆類、馬鈴薯を含む。

全国的分布をみていこう。

2011年時点で、全国には国有農場は1,785存在し、その人口数は1,352万人、職工数は297万人である（表1.1）。一農場当たりでは、人口がおよそ7,574人、職工数は1,664人となる。一般行政区では郷鎮レベルの行政組織が33,270であり、平均人口数が19,734人であるから、これよりかなり小さい。ただし、地域差は大きい。国有農場の総耕地面積は、612万haであり、1農場平均では3,426haである。郷鎮の平均面積が3,658haであるから、これにほぼ相当する。国有農場の全国の総耕地面積に占める割合は5.0％であり、旧ソ連のソフホーズと比較するとその位置づけは極端に低いと言える。ただし、農業総生産額は2,804億元であり、全国のそれの6.7％を占めている。また、糧食[注1]生産量は3,199万トンで同5.6％、綿花は1,638万トンで同24.9％を占めている。大家畜頭数は341万頭であり、同2.8％を占めている。

立地の特徴は偏在性にあるが、表1.1には、農業総生産額により10位までの省を示している。第1位と第2位は黒竜江省と新疆ウイグル自治区であり、飛び抜けて規模が大きい。農業総生産額は700〜800億元の水準にあり、国有

表1.2 国有農場における作物の播種面積（2011年）

単位：千ha、%

省名	合計	糧食	油料	綿花	糖料	野菜
国有農場計	6,414	4,613	377	719	112	290
1　黒竜江	2,842	2,744	20	—	17	12
2　新疆	1,367	364	88	605	30	106
3　遼寧	174	155	4	—	0	13
4　海南	59	29	2	—	5	17
5　湖北	307	150	33	58	0	52
6　内蒙古	588	415	148	0	0	10
7　河北	100	64	2	22	0	4
8　雲南	18	11	0	—	4	1
9　江蘇	136	122	0	2	—	8
10　江西	108	78	12	3	0	8
農場構成比	100.0	71.9	5.9	11.2	1.7	4.5
全国構成比	100.0	67.1	9.2	3.3	1.0	12.8
対全国比率	4.1	4.4	2.6	14.2	7.2	1.5

注：1）『中国農墾統計年鑑2011年』により作成。
　　2）野菜には瓜類を含む。

農場の総額2,804億元の31％、27％を占める水準にある。

　黒竜江省には113の国有農場が存在し、平均耕地規模は25,257ha、平均職工数も2,858人と大きい。また、播種面積は284万ha（全国の国有農場の44.3％）、糧食作付面積が274万ha（同59.4％）、糧食生産量が1,818万トン（同61.6％）を占めており、後に述べるようにその中心は稲作である（**表1.2**）。

　新疆ウイグル自治区には345の国有農場が存在し、そのうち新疆生産建設兵団所属の農場が175、一般の農場（牧場）が170となっている[注2]。国有農場全体の耕地面積は153万ha、そのうち兵団が124万haであり、自治区総面積の26.1％を占める大きな存在である。兵団所属農場の平均面積は7,086haであり、規模も比較的大きい。農業生産の特徴は、綿花生産の割合が高いことで、作付面積の61万haは全国の国有農場のそれの84.1％、生産量128万トンは同89.9％を占めており、国有農場全体の綿花生産割合の高さに貢献している。

　第3位から第5位の省の国有農場の農業総生産額は140億元で並んでいる。このうち、遼寧省は東北に位置し、黒竜江省とやや近似的であり、穀作、特

に稲作を中心としている（総面積の66.5％）。また、海南省は逆に中国の最南端に立地し、天然ゴムを特産としつつ、熱帯果樹と「反季節性」野菜[注3]を作付の中心としている。

　このように、国有農場は第二次大戦後、新中国の成立とともに設立され、主に辺境地域に立地しており、中央部においても海岸部や旧湿地帯の開墾を目的としたものであった。辺境地域においては、中ソ対立の激化や民族問題などの政治的動向により軍事組織的要素が強まるなど中央直結の農場運営がしばしばみられ、食糧不足時代においては食糧供給基地としての任務が重視された。しかし、1980年代以降は農場改革の進展により中央予算で赤字を補填する従来の国営企業財務体制が廃止され、独自の経営を模索するようになっている。「国営農場」から「国有農場」への改称はまさに所有と経営の分離を現しているのである。以下では、こうした改革のなかで稲作を中心とした経営転換により注目される黒竜江省の国有農場を取り上げていく。

２．黒竜江省における立地と三江平原

　黒竜江省の国有農場が立地する地域を「墾区」と通称するが、これは地理学的にはかつて「北大荒」と呼ばれていた。後にみるように、「北大荒」という3文字は1990年代末の国有農場の企業改革以降、その製品の商標として登録され、現在では中国農産物の有数のトップ・ブランドとして知られている。この「北大荒」の名前が最初に表れるのは中国古代の地理学専門書である『山海経・大荒北経』である[注4]。そこに現れる「大荒北」は現在の吉林省にある長白山の北側に広がる広大な荒地を示していた。その後、開拓が徐々に進行し、その範囲は少しずつ縮小し、中国東北部の原始的な荒野を示すようになった。そして、近代では黒竜江省の松嫩平原と三江平原を中心とした地域を指すようになった。

　現在では「北大荒」はより狭く、黒竜江「墾区」として認識されている。「墾区」は国有農場の地域的範囲を指すが、それらは三江平原、松嫩平原、および小興安嶺の南麓に位置している。管内には9つの管理局と113の農場があ

第1章　国営農場の誕生と展開　23

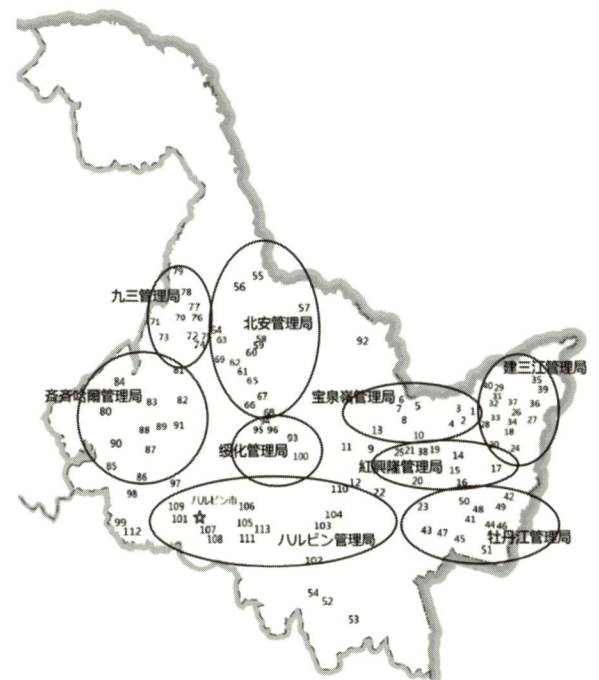

図1.1　黒竜江省における国有農場の分布

る（2010年）。これらは、黒竜江省の12の地区（市）と50の県（市）に分布している。北は黒竜江（アムール川）、東はウスリー江、西は内モンゴル、南は吉林省と接している。

　それを示したのが、図1.1である。第一が、東部の三江平原にある宝泉嶺（13農場）、紅興隆（12農場）、建三江（15農場）、牡丹江（14農場）の4つの管理局と54の農場である（2010年）。ここが本書の主な舞台となる。

　第二が、西部の小興安嶺の南麓と松嫩平原にある北安（15農場）、九三（11農場）、斉斉哈爾（11農場）、綏化（10農場）、ハルビン（12農場）の5管理局と59の農場である。

　2010年の「墾区」の土地面積は554万haであり、省全体の12.2％を占め、

図1.1付表　国有農場のリスト

単位：ha

	番号	農場名	耕地面積		番号	農場名	耕地面積
宝泉嶺管理局	1	二九〇	41,111	北安管理局	55	錦河	10,791
	2	綏濱	35,800		56	紅色辺彊	14,905
	3	江濱	23,260		57	遜克	39,084
	4	軍川	39,301		58	龍門	15,765
	5	名山	17,672		59	襄河	18,606
	6	延軍	14,675		60	龍鎮	22,341
	7	共青	30,800		61	二龍山	26,827
	8	宝泉嶺	28,183		62	引龍河	23,340
	9	新華	29,307		63	尾山	15,238
	10	普陽	33,800		64	格球山	14,400
	11	湯原	9,690		65	長水河	24,067
	12	依蘭	3,532		66	趙光	33,200
	13	梧桐河	17,442		67	紅星	25,730
紅興隆管理局	14	友誼	106,676	九三管理局	68	建設	20,080
	15	五九七	40,160		69	五大連池原種場	10,352
	16	八五二	74,645		70	鶴山	35,578
	17	八五三	53,806		71	大西紅	20,030
	18	饒河	32,134		72	尖山	27,130
	19	二九一	37,877		73	栄軍	16,408
	20	双鴨山	14,800		74	紅五月	16,487
	21	江川	17,112		75	七星泡	33,529
	22	曙光	13,659		76	嫩江	30,038
	23	北興	30,005		77	山河	26,767
	24	紅旗嶺	18,327		78	嫩北	27,012
	25	宝山	7,370		79	建辺	20,225
建三江管理局	26	八五九	84,800	斉斉哈爾管理局	80	哈拉海	10,730
	27	勝利	46,200		81	克山	29,606
	28	七星	75,333		82	依安	5,744
	29	勤得利	55,267		83	富裕牧場	11,667
	30	大興	48,065		84	査哈陽	58,334
	31	青龍山	36,491		85	泰来	4,667
	32	前進	53,067		86	緑色草原牧場	5,667
	33	創業	37,333		87	巨浪牧場	2,272
	34	紅衛	38,667		88	斉斉哈爾種畜場	4,556
	35	前哨	38,333		89	繁栄種畜場	9,710
	36	前峰	71,334		90	大山種羊場	3,230
	37	洪河	42,666		91	紅旗種馬場	1,574
	38	鴨緑河	29,067	綏化管理局	92	嘉蔭	14,973
	39	二道河	34,887		93	鉄力	13,348
	40	濃江	35,533		94	海倫	15,831
牡丹江管理局	41	八五〇	33,601		95	紅光	9,876
	42	八五四	67,927		96	綏棱	14,614
	43	八五五	30,014		97	安達牧場	984
	44	八五六	78,867		98	和平牧場	7,320
	45	八五七	36,063		99	肇源	3,856
	46	八五八	40,267		100	柳河	3,920
	47	八五一〇	21,629		101	溌洲魚種場	8
	48	八五一一	22,993	ハルビン管理局	102	慶陽	3,341
	49	慶豊	44,431		103	岔林河	3,725
	50	雲山	31,480		104	沙河	1,047
	51	興凱湖	39,090		105	香坊実験	706
	52	海林	8,944		106	青年	331
	53	寧安	4,589		107	閻家岡	539
	54	山市種乳牛場	4,490		108	紅旗	831
					109	四方山	7,602
					110	松花江	4,207
					111	阿城原種場	1,578
					112	九龍山柞蚕育種場	32
					113	佳南実験農場	2,878

注：『黒竜江墾区統計年鑑』2011年による。

耕地面積は284万haで、同じく19.7％を示している。これは、すでに見たように全国の国有農場の41.9％を占めている。土地のうち、丘陵地帯が最も多く53.6％（緩丘陵地が24.6％）、沼沢を含む平原地帯が34.7％、山地が11.7％である。土地利用では、耕地面積以外に水面が26万ha、林地が92万ha、草地が36万haとなっている。

　気象条件は、寒温帯大陸性季節風気候帯に属し、シベリアの寒流の影響を受けるため、冬季は期間が長く、寒冷乾燥しており、夏季は期間が短く、海洋からの温暖な湿潤気流の影響のため、高温多湿である。気温は中国で最も低く、最低気温は1月にあるが、平均マイナス20℃である。最高気温は7月にあり、平均20℃である。無霜期は110～145日間であり、有効積算気温は2,100～2,500℃である。年間降水量は300～650mmと少ないが、7～8月に集中している。

　「墾区」は、黒竜江、松花江、ウスリー江の三大水系と興凱湖（ハンカ湖）などの水域に属している。水資源の総量は98億m^3であるが、地表水量が57億m^3に対して地下水量は可開発水量で33億m^3と多く、三江平原では地下水灌漑が主流となっている。一方で、ダム開発も進んでおり、190基に上っている。この詳細については、第4章で述べることにする。

　以下では、**表1.3**、**表1.4**により、国有農場の概略を述べるとともに、主な対象となる三江平原での国有農場の特徴を予め明らかにしておこう。

　第3節で詳細に述べるが、国営農場も改革開放のもとで生産主体の改革が行われ、職工への農地分配が行われる。その場合、一般農村では村（小組）を範囲として人口数による分配が一般的であったが[注5]、国営農場では機械化が進展し、オペレータ層が形成されていたこと、稲作導入のために技術を有する農家を稲作先進地から招聘したことにより人口原理による分配が行われなかったという特殊性を有している。そのため、「職工」から「職工農家」への移行は限定的であり、また、農場内の企業への就業者も存在する。このため、農場の総戸数は62.6万戸であるのに対し、職工農家は30.1万戸と半数に止まる。このうち、稲作農家が10.9万戸で3分の1を占めていることが特

表 1.3 黒竜江農墾区の概要（2010 年）

単位：千戸、千 ha、千万元、千トン、千頭

管理局名		総戸数	職工農家			職工農家の耕地面積			総生産額		糧食生産量		家畜頭数
			全体	水田	畑地	全体	水田	畑地	合計	農業	合計	水稲	
三江平原	宝泉嶺	81	34	16	19	320	162	158	983	555	2,775	1,587	49
	紅興隆	135	49	16	35	443	181	262	1,288	732	3,528	1,693	170
	建三江	75	50	36	13	731	572	158	1,342	980	6,042	5,377	50
	牡丹江	81	46	24	27	447	256	191	1,161	683	3,441	2,434	148
松嫩平原等	北安	72	44	1	43	312	3	309	479	257	1,408	27	140
	九三	60	29	-	29	231	-	231	516	280	1,155	37	128
	斉斉哈爾	53	25	10	15	137	44	93	342	196	810	384	92
	綏化	30	18	4	14	84	19	65	339	178	491	173	105
	ハルビン	16	6	3	3	25	9	16	131	55	177	84	8
農場計		626	301	109	200	2,734	1,246	1,485	6,881	3,656	18,179	10,944	892
省合計		5,091				14,250	2,975	11,275	103,686	13,029	50,128	18,439	5,733
対省比率		12.3				19.2	41.9	13.2	6.6	28.1	36.3	59.4	15.6

注：『黒竜江墾区統計年鑑』および『黒竜江統計年鑑』により作成。

表 1.4 国有農場の地域別耕種作物の構成（2010 年）

単位：千 ha、％、千トン

管理局名		作付面積					水稲指標		
		合計	水稲	トウモロコシ	大豆	小麦	水稲率	生産量	構成比
三江平原	宝泉嶺	327	171	121	31	-	52.3	1,587	8.6
	紅興隆	446	181	162	91	-	40.5	1,693	9.2
	建三江	727	576	53	96	0	79.2	5,377	29.2
	牡丹江	470	274	95	71	1	58.4	2,434	13.2
松嫩平原等	北安	313	3	60	150	71	1.1	27	0.1
	九三	268	4	54	133	34	1.5	37	0.2
	斉斉哈爾	138	44	43	17	5	31.6	384	2.1
	綏化	84	19	24	32	2	22.3	173	0.9
	ハルビン	25	9	10	3	-	35.6	84	0.5
農場合計		2,801	1,282	622	624	113	45.8	10,944	59.4
省合計		14,250	2,975	5,232	4,479	378	20.9	18,439	100.0
対省比率		19.7	43.1	11.9	13.9	29.9		59.4	

注：『黒竜江墾区統計年鑑』および『黒竜江統計年鑑』により作成。

徴である。これに対応して、耕地面積273万haのうち、水田面積が124万ha、水田率が45.8％に上っている。これは省全体の20.9％を大きく引き離している。畑作については、トウモロコシと大豆がともに62万haであり、省全体の11.9％、13.9％を占めている。冬作である小麦は11万haとかつてより減少しているが、

省全体の減少が激しく、29.9％という高い寄与率となっている。農場の総生産額688億元のうち農業のそれは366億元であり、依然農場の基幹部門となっており、省全体の28.1％を占めている。また、糧食生産量1,818万トンのうち稲籾生産量が1,094万トンとなっており、前者が省全体の36.3％であるのに対し、後者は59.4％にも上っている。なお、大家畜頭数は89万頭であり、省全体の15.6％を占めている。

　つぎに、管理区別の特徴をみてみよう。ここでは東部の三江平原に立地する４つの管理区と西部の松嫩平野を中心とした地帯差に注目する。最も大きな相違は水田の位置づけである。三江平原の４つの管理区の耕地面積は全体の71.0％を占めており、平均の農場規模も前者が35,939haであるのに対し、後者は13,351haである。さらに、三江平原の４管理区の水田面積は117万haであり、農墾全体の94.0％を占めている。水田率をみても、三江平原の建三江が79.2％、牡丹江が58.4％であり、他の２つの管理区でも40％を超えている。これに対し、松嫩平野等では最も大きいハルビン管理局で35.6％であり、斉斉哈爾、綏化でも30％前後であり、北安、九三では皆無に近い。これが水田職工農家数にも現れており、84.4％が三江平原に集中している。稲作農家の平均面積は三江平原の建三江管理局が15.8haで最も高く、他の３管理区でも10ha以上を示すが、西部では綏化が5.2haで最も大きく、他は３〜４haの水準にある。

　このように、三江平原においては大規模農場群が存立し、稲作を戦略部門として産地形成を図っており、職工農家も平均10ha規模と比較的大きな家族経営をなしていることがわかる。以下では、その形成過程を設立時に遡ってとらえることにする。

注
（１）中国の「糧食」とは、穀物・豆類・馬鈴薯が含まれており、本書では日本語の食糧と区別するため、「糧食」を用いる。
（２）黒竜江省の国有農場は1968年に建設兵団に改組され、1970年代半ばに再び国営農場に復帰するが、この経過については本章第２節を参照のこと。新疆ウ

イグル自治区に関しては、1954年に建設兵団を設立してから、1975年に一度兵団を解散し、所属の農牧場を地方政府の管理下に置き、「新疆ウイグル自治区農墾総局」を設立したが、1981年に建設兵団を復活させ、現在に至っている。
（3）「反季節性」野菜とは、海南省の国有農場が温暖な気候を利用して9月から翌年の5月までの期間、大陸部やマカオ、香港の市場に供給する野菜のことである。
（4）韓乃寅・逢金明編『北大荒全書　簡史巻』黒竜江人民出版社、2007を参照のこと。
（5）朴紅・坂下明彦『中国東北における家族経営の再生と農村組織化』御茶の水書房、1999を参照のこと。

第2節　北大荒の開拓と国営農場の建設

1．国営農場の設立と展開の画期

　国営農場は、まさに「国営」であるため一般農村以上に国の政策に大きく左右される存在であった。第一に、建国当初の食糧不足に対し、内戦の終結により過剰人口化した軍隊を帰農させ、一挙両得がはかられた。第二に、ソ連援助による友誼農場建設を一つの契機として機械化農場を推進し、1950年代末の農業の集団化のモデルとして位置づけることになった。しかし、これはその物的な基盤が整わず、しかも中ソ対立が激化する中で一般化されることはなかった。むしろ、国営農場は農業分野における社会主義思想の実現の場として政治的に利用され、大躍進期や文化大革命期には大量の「知識青年」[注1]が移住させられ、未開地の開墾には貢献したものの、農場運営には大きな負担となった。このように、国営農場は中央の政策に翻弄される存在だったのである。
　ここでは、時期ごとの政策変化を述べる前提として、表1.5により1949年から1979年のおよそ30年間の動向を素描し、時期区分を行っておく[注2]。
　中国東北はいち早く共産党政権の支配が確立し、1947年から人民解放軍が農場を経営するシステムが導入される。政権の確立と内戦の終結に伴い、順次軍隊の帰農が行われ、未墾地の開墾が一定の進展を見せる。1954年までの

表1.5 国有農場展開の画期と指標

単位：戸、人、千ha、千トン、kg/ha、ha、人

時期区分		農場数	生産隊	総戸数	職工総数	耕地面積	年内開墾	糧食面積	糧食生産量	単収	農場当たり面積	農場当たり職工数
第1期	1949	17	29	1,008	2,399	27	14	14	10	714	1,588	141
	1950	22	49	1,744	6,729	66	33	33	30	909	3,000	306
	1951	24	67	2,182	12,603	86	13	57	34	596	3,583	525
	1952	26	82	3,057	11,835	100	10	57	57	1,000	3,846	455
	1953	33	138	4,398	12,892	110	7	66	60	909	3,333	391
	1954	35	191	5,434	15,097	125	26	81	104	1,284	3,571	431
	1955	63	345	9,891	26,399	228	95	120	164	1,367	3,619	419
	1956	77	633	18,929	59,405	465	205	269	285	1,059	6,039	771
	1957	82	809	27,136	73,293	603	110	383	328	856	7,354	894
第2期	1958	95	1,215	58,558	160,249	865	230	517	457	884	9,105	1,687
	1959	98	1,686	92,314	264,433	994	97	702	798	1,137	10,143	2,698
	1960	104	1,939	116,074	293,505	1,178	19	737	506	687	11,327	2,822
	1961	106	2,173	126,957	275,196	1,153	70	694	472	680	10,877	2,596
	1962	107	2,037	127,627	210,150	969	49	640	563	880	9,056	1,964
	1963	114	1,947	143,450	208,377	962	122	707	760	1,075	8,439	1,828
	1964	120	1,975	139,721	216,326	1,076	113	750	906	1,208	8,967	1,803
	1965	122	2,087	148,639	255,454	1,200	140	847	1,142	1,348	9,836	2,094
	1966	124	2,337	176,408	302,925	1,274	74	922	1,370	1,486	10,274	2,443
	1967	125	2,394	182,203	313,285	1,315	54	993	1,725	1,737	10,520	2,506
第3期	1968	126	2,626	205,272	460,732	1,357	44	1,037	1,594	1,537	10,770	3,657
	1969	131	3,315	195,158	635,527	1,406	66	1,062	1,174	1,105	10,733	4,851
	1970	134	3,661	199,688	705,265	1,562	145	1,119	1,567	1,400	11,657	5,263
	1971	135	3,851	210,764	723,567	1,655	80	1,217	1,605	1,319	12,259	5,360
	1972	135	3,821	217,068	709,004	1,743	132	1,268	1,366	1,077	12,911	5,252
	1973	138	3,779	226,752	702,096	1,786	67	1,156	1,039	899	12,942	5,088
	1974	140	3,708	241,190	711,034	1,795	65	1,312	1,865	1,421	12,821	5,079
	1975	140	3,851	252,320	714,357	1,856	72	1,363	2,290	1,680	13,257	5,103
	1976	140	3,522	265,322	746,654	1,931	60	1,418	2,294	1,618	13,793	5,333
	1977	140	3,150	287,719	777,352	1,997	66	1,431	2,123	1,484	14,264	5,553
	1978	141	3,111	308,553	808,880	2,146	169	1,529	2,345	1,534	15,220	5,737
	1979	105	2,619	308,255	724,811	1,946	76	1,695	2,686	1,585	18,533	6,903

注：馬国良他編『開発建設北大荒（下）』中共党史出版社、1998年より作成。

農場数は35農場にのぼり、一農場の耕地規模は3,000ha、職工数は400名前後である。その後、1954年には人民解放軍や鉄道兵の大規模帰農が行われるとともに、ソ連の支援による機械化農場として友誼農場が設立され、国営農場は社会主義的農業の一つのモデルとして設定される。この1957年までの3年間は国営農場創設初期の最盛期として位置づけることができる。農場数は82

農場を数え、開墾も順調で総耕地面積も60万haに達し、平均農場面積は7,000haとなり、平均職工数も900名程度となる。

しかし、1958年からは大躍進政策の煽りを受けることになる。軍墾がそれである。これにより退役軍人の10万人に及ぶ集団帰農が行われ、「イギリスを追い越す」というプロパガンダのもとで無謀な生産拡大計画が立てられた。職工数は30万人にまで拡大するが、耕地面積の拡大も頓挫し、天候不良もあり単収の急激な減少、糧食生産の縮小が現れる。この問題に対し、1962年からは対策が打たれることになり、63年からは生産の回復がみられる。1967年には農場数125、総耕地面積131万ha、平均面積1万ha、職工数30万人となっている。

そこへ第二の嵐がやってくる。文化大革命である。1963年から中ソ関係が悪化し、1966年には再び退役軍人の帰農が行われ、農場の再軍隊化、生産建設兵団への移行が行われる。ただし、これ以上に問題となったのは、文革による知識青年の入植であり、5年間で45万人に上った。職工数は70万人以上に増大したが、耕地面積の拡大はある程度見られるものの、単収も下落して糧食産出量は減少をみせるのである。1973年には文革による経営損失の改善が試みられるようになり、総耕地面積は200万haにまで徐々に拡大し、糧食生産量も1979年には270万トンを記録するに至る。ただし、職工数はピークの1978年には80万人に上り、農場は再編により105農場に減少したものの、平均規模18,000haに対し、職工数は6,900名となり、過剰人口を抱える状況が継続したのである。以下では、1949年から57年を第1期、1958年から67年を第2期、1968年から改革開放までの79年を第3期としてより詳しい概説を行うこととしたい。国政に翻弄され、その後、再建を始まると次の嵐がやってくるという構図である。この本格的な改革は改革開放以降に持ち越されるのである。

2．第1期　1947〜1957年

（1）国営農場の設立

1945年に抗日戦争が終了した当時、黒竜江地方の行政区域は黒竜江省、嫩江省、興安省、合江省、および松江省の5つに分割されていた。各省の人民政府は中国共産党中央の指示に従って、1947年から48年にかけて土地改革を行った。330万ha余りの農地が農民に分配されたが、これは農地面積全体（860万ha）の38.4％を占めていた。当時、各省の開墾可能な未墾地の合計は660万haであり、それは主に西部の松嫩平原と東部の三江平原に分布していた。

1945年8月以降、中国は共産党と国民党による内戦に突入した。共産党は戦時の食糧確保のため、12月に「強固な東北根拠地を創設する」方針を示し、東北抗日民主連軍、八路軍、新四軍の多くを黒竜江地方に駐屯させ、戦闘と農業開墾を同時に行うよう指示した。1947年6月には松江省営第1農場（No.53寧安農場の前身、以下No.は図1.1付表による）が尚志県で初めて設立された。この設立後、通北、趙光、査哈陽など17の公営機械農場が相次いで設立された。このうち、東北人民政府農業部管轄の農場が4農場、東北栄軍工作委員会管轄の農場が6農場、黒竜江省及び松江省管轄の農場が7農場である。また、戦場の防寒対策として羊毛・羊皮が大量に必要となったため、1947年11月に初めて牧場（サルト種畜場）が安達県で設立された。

東北地方は1948年末に戦争が終結したため、傷痍軍人や投降した国民党兵士の安置問題が喫緊の課題になった。1949年4月には労働能力のある傷痍軍人2,000人余りを帰農させ、イラハ農場（現No.73栄軍農場）と伏爾基河農場（現No.9新華農場）が設立された。同時に、東北軍区では4つの国民党の解放軍官教導団の14,000名余の兵士と1つの共産党青年幹部教導団（5,000名余）を集団帰農させ、6つの解放団農場を設立した。

1949年10月の中共建国時には公営農場は59農場に達している。このうち規模の大きな機械化農場は上記の17農場であり、県営が42農場である。機械農場による開墾面積は27,000haに達していた。1949年末の国営農場の大中型ト

ラクタの保有台数は171台であり、一農場当たりで10台程度であったが、これらの多くはソ連からの輸入であった。公営農場の名称は、1950年以降の共産党政権安定化に従い「国営農場」に改められた。

このように1947年の設立から国営農場は短期間で建設が進展したが、経営の安定化には程遠い状況にあった。この対策として1950年に第1回の、53年に第2回の国営農場工作会議が開催されたが、そこでは「農民との土地紛争の防止、少ない予算での業務の遂行、効率の向上」という方針が決定され、「食糧増産と農民のモデルとなる生産効率の向上をはかり、幹部養成により安定的新農場を建設」という目標が提示された。

(2) 集団帰農と友誼農場の設立

1954年8月に中央政府は人民解放軍農業建設第2師団を黒竜江省に集団帰農することを決定した。この部隊は、内戦時には歩兵97師団として山東省周辺で戦闘に当たったが、1952年に農建2師に改編され、山東省の未墾地の開墾と水利建設を行っていた。1954年9月に8,300名余の集団帰農の兵士は3つの団に分かれ、二九〇農場、二九一農場、十・一農場（現No.93鉄力農場）を設立した。同時期には、鉄道兵800名による「軍墾」が虎林県で初めて設立され、軍隊の番号をそのまま使用し、八五〇農場（No.41）と命名された。以降、設立された鉄道兵の帰農による農場の名称は全て「八」から始まっている。

毛沢東は1955年の講話「農業の合作化問題について」において、「中国は3期の5ヶ年計画の期間内に4億から5億ムー（およそ2,700万～3,300万ha）の未墾地を開墾し、これにより年々増加する糧食と工業原料の需要と現状における主要農作物の生産量の低さとの矛盾を解消する」と述べた。これに呼応して、青年団中央は同年7月に「青年を組織して開墾に参加する幾つかの意見」を各地に伝達した。そして、1956年までの1年間で、北大荒の4つの地域に青年入植者の集団所有による「青年集団農荘」が設立された[注3]。また、黒竜江省では「移民委員会」を設立し、山東省からの移民お

よそ1万戸、4.5万人を受け入れ、主に国営農場系統へ入植させた。

　こうしたなかで、ソ連からの援助に寄って1954年に設立されたのが「友誼農場」（No.14）である。これはソ連型のトラクターステーションを持つ機械化農場の導入であり、2,000台余の大型農業機械とアタッチメントがソ連から寄贈され、5つの分場に配分された。農場職員には、全国各地の県レベルの幹部21名と新疆建設兵団の14名の幹部が選定され、農場本部と分場の幹部に任命された。また、大学生112名が農業技術員として採用され、他の機械農場から熟練工がオペレータ・修理工430名として集められた。1955年5月からわずか1ヶ月で予定面積26,200haが開墾され、小麦が3,513haに播種され、3,610トンの収穫を得るという成果を上げた。

　この経験を生かし、自力で大型機械化農場を建設することが決定され、1956年には克山機械農場が設立されている。この農場は1948年に克山県政府が設立した県営第2農場であったが、機械化農場に再編され、400名余の集団帰農の兵士を受け入れ、面積は20,000haに拡大している。

3．第2期　1958～1967年

（1）大躍進による困難

　新中国が設立してから特に1953年以降、糧食の需給関係は益々悪化し、この問題を解決するために全国的に糧食の統一買付・統一販売政策が実施されるようになった。毛沢東は「全国で幾つかの実質的な商品糧基地を作る」という指示を出し、その最大の担い手は当然国営農場となった。この時期の農場建設の理念は、「新規農場の規格化」、「既存農場の定型化」、「管理の制度化」、「経営の合理化」にあった。

　1956年に中央政府は新たに中央直属の国務院農墾部を設立し、その下に鉄道兵農墾局（1959年牡丹江農墾局に改称）を置き、また、1958年に合江省農墾局を新設し、これも農墾部の下に置いた（後掲図1.2）。鉄道兵農墾局は既存のNo.41八五〇農場を中心に、周辺の青山（No.44八五六農場）、金沙（No.43八五五農場）、密山（No.45八五七農場）、永安（No.47八五一〇農場）の4つの

一般農場を軍墾農場に編入した。また、17,000人の鉄道兵の集団帰農による八五二（No.16）、八五三（No.17）、八五四（No.42）、八五八（No.46）、八五九（No.26）の5軍墾農場と牡丹江青年集団農荘を再編した八五一一農場（No.48）を加え、12軍墾農場を管轄下に置いた。「合江省農墾局」は友誼農場のような大規模機械農場や二九〇（No.1）、二九一（No.19）、五九七（No.15）農場のような軍墾農場、依蘭農場のような新規農場など合計14農場をその管轄下に置いた。これらは全て比較的条件の良い農場である。この時期の農場建設の特徴は新規農場の設立、既存農場の規模拡大による分場の創出、既存農場による新規農場の建設などである。国有農場は4つの系統下にあり、黒竜江省政府所属の農場（牧場）、鉄道兵系統の軍墾農場、黒竜江省公安庁系統の受刑囚労働改造農場、県政府所属の農場であった。

　1958年2月に中央軍事委員会は退役軍人を集団帰農させる方針を出し、2ヶ月という短期間で10万人に及ぶ集団帰農が行われ、うち退役軍人が81,500人、残りがその家族や軍事大学の新卒学生であった。退役軍人のうち鉄道兵農墾局に6万人が、合江省農墾局に1.7万人が、黒竜江省管轄の農場に4,500人が帰農した。また、1959年には山東省から5万人の「辺境支援青年」が鉄道兵農墾局と合江省農墾局の農場に集団入植した。軍墾はこれによりその規模を拡大させた。軍墾農場は荒地開墾、農業生産、地域建設、資本蓄積、規模拡大という役割を同時に担うこととなった。

　1958年5月に共産党中央は、「今後15年あるいはより短期間に主要工業製品の生産量をイギリスのそれを追いつき、追い越す」という方針を打ち出し、全国的に「大躍進」時代に突入する。農村部では農業集団化が進められ、人民公社体制が形成されていく。国営農場の中でも人民公社を設立するケースが多くみられた。最も多かったのは、農場と近隣の人民公社や生産隊が合併するケースであり、農場＝人民公社＝郷鎮人民委員会体制となった。また、農場が集中している地域では、農場間で人民公社連社が設立され、連社の管理委員会が県人民委員会となった。規模の大きい友誼農場の場合には、独立した友誼県を設立し、県・公社・農場の「三位一体」の体制となった。この

ような状況は1961年まで続いてその後是正され、合併した6割の農場と人民公社は分離し、元の体制に戻っている。

　この時期に墾区では非現実的な開墾・生産目標が立てられ、多くの損失を発生させることとなった。1958年から1962年の5年間に41万haの未墾地を開墾したが、そのうち15万haは耕作放棄地となった。その後、盲目的な新農場の建設や農場の規模拡大が修正され、立地条件を勘案して設計・生産計画が改められ、一部の生産隊が統廃合されている。また、「大躍進」の追い風でこの時期に大規模な水利開発が行われ、短期間で50数基のダムが建設されたが、設計や実施過程での齟齬も多く、実用に供することはできなかった。

　1959年から1961年には全国と同様、厳しい自然災害に見舞われた。1959年秋には農地の冠水により機械作業ができず、初冬に人力で大豆の収穫を行った。また、1960年春には重なる農地の冠水により小麦の播種が不可能となった。このため、糧食の生産量は、1960年は31.2万トン、1961年はさらに3.8万トンの減収となった。これにより、「墾区」の糧食生産は自給ラインを下回る水準となった。

（2）大躍進後の「整頓」

　1962年に共産党中央農村工作部は実態調査に基づき、「国営農場の問題に関して」という報告書を毛沢東に提出した。そこでは、国営農場の主要な問題は「労働生産性と農副産品の商品化率が低位であること」と指摘している。それを受け、全国農墾会議が開催され、国営農場の「憲法」と言われる国有農場工作条例について議論が重ねられ、正式に交付された。「条例」は7章50条からなり、その構成は総則、農場、生産隊、機械管理制度、経済計算と財務管理制度、給与と生活福祉制度、共産党の指導と民衆の思想政治工作からなる。「総則」第1条では、「国営農場は社会主義全民所有制の農業企業である」とし、その財産は全民所有であり、生産・建設活動は国家の統一計画に従うこと、その生産物は国家の統一的指令によって配分され、その全ての経済活動は共産党と国家の政策と法令に従わなければならないとしている。

第2条では、国営農場は徐々に農業機械化を実現し、農業近代化の生産経験を積み上げ、社会主義農業経済の中で模範的な役割を果たすべきであるとしている。第2章の「農場」第10条では、国家のために近代化農業の建設人材を育成する義務があるとし、第11条では、農場の生産経営方針は「一業（糧食栽培）を主として、多角経営」を図ることとしている。この「条例（草案）」はその後40年間に渡って中国の国営農場を指導する規範的文書となっている。

1963年に、三江平原にある合江省農墾局と牡丹江農墾局は合併して東北農墾総局（本部はジャムス）となった。その下に羅北、虎林（後に饒河、密山に移転）分局が置かれた（後掲図1.2）。同時に県営農場の管理機関を明確にし、56の農場を黒竜江省農墾庁及びその下の農墾局の管理下に、67の種畜場や果樹園を黒竜江農業庁及びその下の農業局の管理下に置いた。

「大躍進」の悪影響は1958年以降も続いたため、1963年に当時の譚震林副総理により「北大荒国営農場の整頓に関する意見」が出され、国営農場の体制を全面的に見直し、その生産単位を農場から生産隊へと移行することが提案された。つまり、生産隊の耕地面積、職工人数、機械台数を明確に把握し、生産計画をそれに基づいて樹立することで計画の実効性の確保を図ろうとしたのである。また、従来の国営農場の全ての赤字を帳簿と照合した上で清算し、再スタートを切ることとした。同時に、黒竜江墾区から100の機械化重点生産隊を選定し、装備の強化を図ることが決定された。当時は「3年自然災害」の年に当たっており、こうした措置により中央政府が直接糧食の調達を行おうとした意図が伺える。これにより、1963年には「東北農墾総局」の中央への糧食上納量は14.5万トンに及んだ。

このような「整頓」と機械投資により、1962年から1967年にかけて墾区における機械化は次第に進行し、トラクタは87％、コンバインは140％、トラックは107％の増加をみている。

管理体制の整備は、1958年に黒竜江省国営農場管理庁が一旦格下げされ、農業庁の下の国営農場管理局とされたが、1962年には農業庁と並ぶ黒竜江省農墾庁に位置づけ直された（後掲図1.2）。この時点で、黒竜江省農墾庁の傘

下にある農場は26から53へと増加し、生産隊は515から527へとやや増加した。また、農場内の管理、財務体制を従来の農場－分場－生産隊の3段階から農場－生産隊の2段階制へと直結する体制とした。

　経営管理については、1961年から「包・定・奨」制度を導入した。「包」は農場が国から生産量、利潤、コスト、職工の給与などを請負うことを意味し、「定」は国が農場の規模、人員、設備、投資、物資供給などを規定することである。「奨」は国が農場に対し、農場は職工に対し、「包」の条件に基づいて利潤とノルマの超過達成分を分配することである。この実施方法には2種類あり、第1は生産隊から農場へ、農場から国への上納の部分を定額にし、農場や生産隊の内部留保部分や職工の食料・給料を柔軟に配分することである。第2は、国が農場に対し、農場が生産隊に対し、「包」、「定」の条件のもとでノルマの超過達成分の分配を行うが、未達成の場合にはペナルティを課すことである。ノルマの超過達成分の分配割合は、「613制」（60％は上納、10％は内部留保、30％は職工ボーナス）と「424制」（同40％、20％、40％）が一般的であった。

　1964年には中央農墾部は国営農場の経営管理について「5ヶ条」の指示を行った。第1はソ連で行われている単一的な経営方針の模倣を徹底的に改め、糧食生産を主とするが、農牧結合、多角経営を追求すること。第2は生産年齢を満18歳から45歳とすることを改め、労働可能な全ての職工に職を提供し、失業者を出さないこと。第3は農場が農閑期に行う農地の基盤整備に余剰労働力を投入する場合には、その人件費を建設費用に含まないこと。また、植林、水路改修、土木作業、倉庫修理などは基盤整備とは見なさず、必要経費のみを整備費から支出すること。第4は、職工の農閑期における家屋修理を奨励すること。第5は、各農場が小規模な糧油加工場や砂糖加工場を建設し、農閑期の労働力の有効利用を図ることである。

　職工の給与システムは、1961年から4年間、作業給与と生産量給与を併用する制度が導入され、給与の70〜80％を作業給与とし、残りを年末の生産量実績や利潤達成レベルに従って給付するとされた。1964年からは「基本給与

＋奨励給与」のシステムが多くの農場で導入され、奨励給与は中間作業奨励給与と生産量・利潤奨励給与に分けられている。前者は主に春の播種、夏の除草と麦収穫、秋の収穫など農繁期に与えるものであり、基本給与の一定の比例で計算される。評価は作業態度、労働実績、出勤率、「団結互助精神」を構成員によって評価するものであり、それを点数化している。後者は年末に「包・定・奨」の実績によって給付される。このように、農場経営や職工の給与についても一定の実績評価が導入されたことがこの期の特徴である。

4．第3期　1968～1979年

（1）中ソ対立・文革と生産建設兵団

この時期の最も大きな特徴は、「黒竜江生産建設兵団」の設立である。1963年以降、中ソ関係は悪化の一途をたどり、国境地域では武力衝突が頻繁に起こるようになった。危機感を持った中央政府は1966年に瀋陽軍区から10,000名を上回る退役軍人を集団帰農させた。帰農先は東北農墾局、省農墾庁と省水利局に所属する29の農牧漁場であり、黒竜江生産建設兵団第1師（黒河1師）と第2師（合江2師）を設立した。その傘下に9団、24営、94生産隊が置かれ、その主な役割は駐屯、開墾、国境警備であった。しかし、5月に文化大革命が開始されたため、建設兵団の設立は中断され、1968年に再開された。そして、68年6月に中国人民解放軍瀋陽軍区黒竜江生産建設兵団が正式に設立され、東北農墾局と省農墾庁に所属する108の農牧漁場のうち93農牧漁場（小規模15農場の管理は市・県に委譲）および第1師・第2師を接収した。農場の職工数は26万人、耕地面積は123万ha（全体の90％）である。管理体制は半軍事的な兵団方式が導入され、5師、58団、176営、1,300連隊（生産隊）から構成された。建設兵団では党、行政、軍、企業の「4体合一」と工、農、兵、学、商の「五位一体」が独立した社会経済システムを運営するようになった。団以上の幹部は農場の幹部を援用せず、現役軍人を起用した。

建設兵団を設立すると同時に、毛沢東は「知識青年上山下郷」（農村に移住すること）の指令を出し、1968年から1972年までの期間に全国各地から45

万人の青年が墾区に入植し、省内からの5万人の青年入植者を加えると合計50万人に達した(注4)。

建設兵団の設立後、1969年に国が資金、建設兵団が技術と機械を提供して三江平原の東北部にある撫遠荒原を開墾することになった。開墾面積は22万haであり、6つの団(農場)を新設し、第3師(合江地区)から切り離した4つの団と合わせて第6師を設立した。この第6師は撫遠地域の開墾と同時に大規模な水利開発を行い、三江平原の本格的な開発の基礎を形成した。

(2) 農墾総局体制へ

1968年から1973年にかけて中央政府は8億元の投資を行い、墾区の建設に力を入れたが、1968年以外は農場の赤字経営が継続し、赤字は年平均1億元であった。1973年には建設兵団の耕作栽培会議で経営改善のために次の3点の措置が決定された。第1に、幹部と技術員の教育訓練によりリーダーの生産管理能力を高めると同時に旧来の農場幹部を起用すること。第2に、文革中に否定された規則、制度を回復し、財務のノルマ制とコスト計算を強化すること。第3に、平均主義的な分配制度を打破すること、である。この結果、1974年から農業生産は徐々に回復をみせ、糧食の生産量は1973年の24万トンから1974年に74万トン、1975年には193万トンとなる。

さらに、管理体制、特に共産党の指導体制を強化するため、1973年には建設兵団に対する瀋陽軍区と黒竜江省国営農場管理局という二重管理体制を省国営農場管理局に一本化し、省共産党委員会の下に置くようにした。管理局の傘下には、かつて市、県に委譲した15農場と公安庁系統の31農場、そして、内蒙古フルンボイル(1968年から黒竜江省の管轄となる)と大興安嶺地区所属の31農場が編入された。さらに、1976年には黒竜江省国営農場総局(以下、省農墾総局と略する)が設立され、建設兵団と管理局は廃止された(図1.2)。省農墾総局の下には、宝泉嶺、紅興隆、建三江、牡丹江、北安、九三、嫩江、綏化、ハルビン、大興安嶺、フルンボイルの11の管理局を設置し(注5)、153農牧場、3,522生産隊、814工業企業を管理するようになった。総人口は189

40 第1編 国営農場の展開と再編

国務院 農墾部
(1956-1968)

鉄道兵農墾局
(1956-1959)

牡丹江農墾局
(1958-1962)

合江省農墾局
(1958-1962)

東北農墾総局
(1963-1968)

松江、黒竜江省農業庁国営農場管理局
(1954-1955)

東北軍工作委員会
(1949-1951)

人民解放軍農業建設第二師
(1954-1955)

東北機械農場管理処
(1949-1950)

東北公営農場管理局
(1950-1954)

黒竜江省国営農場管理庁
(1955-1958)

黒竜江省農業庁国営農場管理局
(1958-1962)

黒竜江省農墾庁
(1962-1968)

黒竜江省国営農場管理局
(1972-1976)

中国人民解放軍瀋陽軍区黒竜江生産建設兵団
(1968-1976)

黒竜江省国営農場総局
(1976-1996)

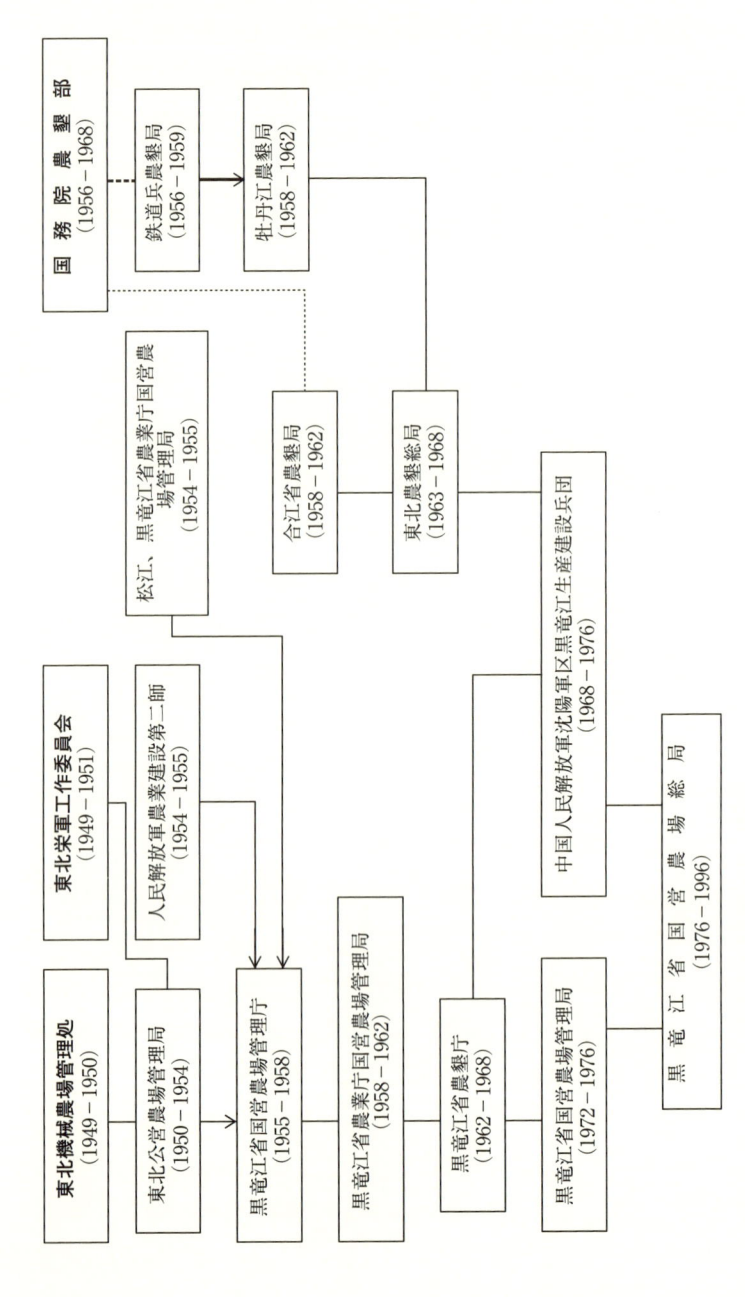

図1.2 黒竜江省における国営農場組織の沿革

注：1）黒竜江省公安系統の労改農場の組織は含まれていない。
　　2）馬国良他編『開発建設北大荒（下）』中共党史出版社、1998年、p.1119による。

万人、うち職工が86.5万人、31.2万戸であった。

　中ソ対立や文革により、国営農場経営の混乱は著しかったが、兵団体制のもとでのインフラ整備が進展を見せたことも確認しておく必要がある。軍事的な必要に応じた交通、通信面での発展は著しく、道路建設は2,000km、有線電話網は11,000kmに及んだ。また、小規模な火力、水力発電所が多数建設され、高圧電線の延長は1,400kmに達した。これは後の三江平原開発に大きく貢献した。さらに、「農墾小城鎮社会」（都市化）という糧食と副食品の供給、文化、教育、衛生、労働保障、福祉などの自己完結的な社会サービス網もこの時期に原型を整えている。

注

（1）「知識青年」とは1950年代半ばから文化大革命が終結する1970年代末までのおよそ20年の間に、自らの意志で、あるいは強制的に都市部から農村部に「下放」（移住）し、農民となった若者を指す。彼らは中学あるいは高校教育しか受けていない者が多い。

（2）本節の叙述は、主に韓乃寅・逄金明編『北大荒全書　簡史巻、農業巻、大事記巻』黒竜江人民出版社、2007年、劉成果他編『黒竜江省志14　国営農場志』黒竜江人民出版社、1992年、馬国良他編『開発建設北大荒（上）』中共党史出版社、1998年と鄭加真『北大荒六十年　1947-2007』黒竜江人民出版社、2007年に基づいている。

（3）第1地域は、北京、天津、河北省、山東省、ハルビンからの青年団であり、14回に渡って2,600名の青年が羅北県に入植し、8つの「青年集団農荘」を設立した。第2地域は、青島、莱陽、即墨などからの山東省青年団であり、800名余りが集賢県で2つの農荘を設立した。第3地域は牡丹江から330名が密山県に入植し、牡丹江青年集団農荘を設立した。第4地域はジャムスの109名が黒竜江沿岸の蓮花泡地区にジャムス青年集団農荘を設立した。

（4）1981年から知識青年の「返城」（故郷に帰ること）が許可され、1995年には墾区に残留する知識青年は3万人未満となった。

（5）大興安嶺とフルンボイルの2管理局の傘下にある農牧場は、1979年に内蒙古自治区の管轄となった。

第3節　改革・開放下における農業生産の請負制改革

1．改革開放下の国営農場の動向

　1979年10月からの改革開放路線への転換を受け、農場の自立性の確保と農業生産の職工への請負制が進められるが、この過程は徐々に進行した。その分析に移る前に、ここでは予め農場の動向を整理しておくことにする^(注1)。
　この1979年から2010年までのおよそ30年間は、3つの時期に区分することができる。
　改革第一期は、1979年から1992年までである。この時期は、農場の自己管理を中心に農場改革が始まった時期である。**表1.6**によると、農場数は140から100前後に統合され、農業就業者数も1978年の53.5万人が翌79年には47.4万人にまで減少し、増減はあるが、45万人前後まで縮小する。しかし、農業総生産額は数億元規模であり、後半期になって初めて10億元水準に達する。糧食生産量も増加テンポは遅く、300万トンをほぼコンスタントに達成するのは1987年のことである。糧食の商品化率は50％台で低迷し、50％を割る年も4年見られる。60％を超えたのは1990年のことであり、第2期が70～80％、第3期が90％の水準にあることと比較すると、国家上納率の高さと余剰部分の少なさがはっきりと表れている。大家畜頭数も前半には減少をみせ、増加に転じるのは1987年のことである。つぎに、**図1.3**から土地利用と作物の生産性をみてみる。まず、播種面積は停滞的であり、毎年の変動幅が大きいことが目につく。作物としては、現在マイナークロップとなった小麦がピーク時で100万haを超え、期間平均で44.8％と最も多く、ついで大豆が36.9％と続いている。トウモロコシと水稲の作付は10万ha以下の水準にある。小麦の収穫量は極めて大きな変動を示すが、単収は期間平均では2,121kgの水準であり、大豆のそれも1,312kgに止まっている。このように、第1期の農業生産は停滞的であり、農場改革は成果を現わしていない段階にあったと言えよう。

表 1.6　改革開放以降の国有農場の動向

単位：千戸、千人、千ha、千万元、千トン、千頭

年次	農牧場	生産隊	管理区	総戸数	総人口	農業就業者	耕地面積	農業総生産額	糧食生産 小計	糧食生産 販売量	大家畜数
1978	141	3,111		309	1,664	535	1,740	36	2,346	1,046	151
1979	105	2,619		308	1,545	474	1,873	40	2,686	1,331	125
1980	103	2,956		334	1,568	433	1,979	61	3,249	1,912	102
1981	97	2,877		342	1,579	460	2,004	6	1,768	567	87
1982	97	2,938		364	1,597	462	1,867	60	2,348	1,226	86
1983	97	2,699		377	1,609	477	1,930	92	3,311	1,964	86
1984	100	2,670		390	1,613	465	1,841	63	2,740	1,410	89
1985	101	2,599		397	1,582	438	1,776	67	2,524	1,352	110
1986	101	2,522		406	1,577	517	1,731	87	2,991	1,709	133
1987	101	2,530		417	1,569	512	1,789	92	3,096	1,661	163
1988	102	2,526		417	1,551	497	1,608	116	2,571	1,264	178
1989	102	2,530		426	1,551	440	1,772	166	3,556	2,079	189
1990	102	2,538		445	1,554	422	1,817	216	4,603	3,007	194
1991	102	2,560		458	1,562	452	1,836	121	3,666	2,308	189
1992	102	2,557		466	1,559	462	1,675	152	3,749	2,269	200
1993	103	2,500		469	1,566	403	1,830	229	4,020	2,616	210
1994	103	2,473		470	1,554	370	1,820	313	4,144	2,745	221
1995	104	2,402		481	1,553	390	1,777	454	5,146	3,661	263
1996	103	2,326		490	1,566	408	1,967	670	7,156	5,527	298
1997	103	2,381		495	1,569	418	1,923	847	8,519	6,834	317
1998	103	2,377		500	1,580	422	1,994	826	8,685	7,008	302
1999	103	2,318		502	1,581	409	1,979	759	9,053	7,437	262
2000	103	2,316		511	1,575	422	1,981	792	8,141	6,435	269
2001	104	2,263		518	1,580	452	2,011	866	8,608	6,981	338
2002	104	2,248		520	1,583	438	2,012	874	8,106	6,342	443
2003	104	2,241		524	1,575	440	1,967	938	7,553	6,597	587
2004	104	1,049	705	530	1,579	466	2,152	1,301	9,375	8,245	692
2005	104	1,059	692	545	1,586	465	2,156	1,484	10,265	9,044	805
2006	103	1,207	623	553	1,595	497	2,349	1,579	11,322	10,090	791
2007	113	1,276	632	587	1,650	595	2,397	1,892	12,464	11,355	830
2008	113	1,266	650	596	1,660	611	2,502	2,450	14,206	12,995	862
2009	113	1,195	583	609	1,668	603	2,644	2,922	16,526	15,287	892
2010	113	1,208	572	626	1,674	602	2,801	3,656	18,180	16,940	892

注：1）『黒竜江墾区統計年鑑』（各年次）による。
　　2）組織数については1991年までは『開発建設北大荒』による。
　　3）2004年には生産隊は廃止され、農業単位とされている。

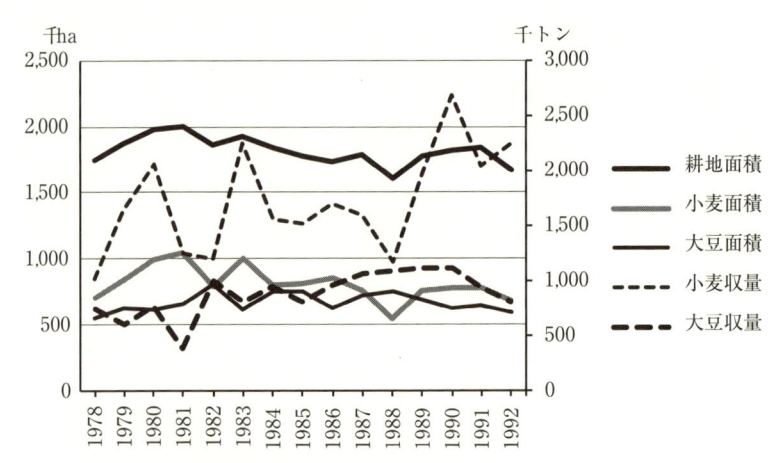

図1.3　第1期の主要作物の面積と収量
注：表1.6に同じ。以下同。

　1993年以降の改革第2期になると、改革の本格的な成果が現れてくる。1992年末には全民所有制改革が打ち出され、国営農場も国有農場に名称が変更される(注2)。農場数は前期以降大きな変化はないが、生産隊数は2,500から2,200まで若干の統合をみせており、農場の下にある独算性の分場数は105から43へと縮小をみせている（**表1.6**）。農業就業者数は、一旦40万人を割り、再び増加をみせる。これは生産拡大を反映している。耕地面積は、180万haから200万haへと10％の増加をみせ、農業総生産額も20億元から90億元まで増加し、実質化しても大きな伸びをみせる。糧食生産も400万トンから800万トンを超え、商品化率も70～80％を示すようになる。大家畜頭数も20万頭から60万頭近くまでに増加をみせる。一方、土地利用をみると、稲作の拡大が目立っている（**図1.4**）。1993年に初めて10万haを超えるが、2002年には70万haにまで急増する。これに対し、小麦は61万haから13万haにまで激減し、大豆は振れが激しいが、60～70万ha台を維持している。トウモロコシも増加を見せているが、変動が激しい。この時期、メインクロップは水稲と大豆に大きく変化したのである。また、小麦作から稲作への転換により、糧食生

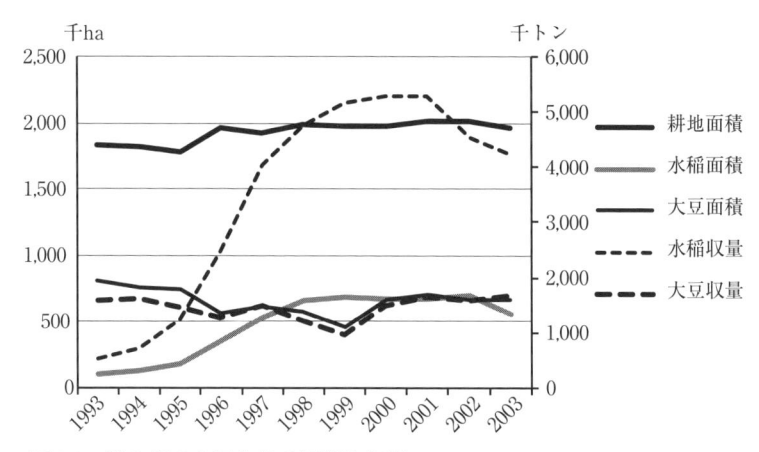

図1.4 第2期の主要作物の面積と収量

産量は2倍となった。この背景には稲作単収（籾）が4,000kg台から7,000kg台へと急速に増加したことがある。大豆の単収も期間平均で前期の1,312kgから2,211kgに増加している。

2004年からの改革第3期も農業生産に関しては順調な伸びをみせる。2004年には、生産隊体制が再編され、新たに「管理区」が設置されるようになった[注3]。職工農家の自立性が高まるとともに、農場の管理システムも高度化されるのである。これについては、第2章で詳しく述べる。農業生産の動向をみると、耕地面積はさらに増加をみせ、2010年には280万haとなっている。改革以前と比較するとおよそ2倍にまで拡大している。それに伴って、農業総生産額も急拡大しており、2004年の130億元から2010年には366億元にまで短期間に増加を見せている。糧食生産量もこの期間で2倍になり、その商品化率も2010年には93％となっている。作物構成では、2000年代初頭の過剰化から一旦減少を見せた稲作が再び急速に拡大し、期間中に2倍の128万haを記録する（**図1.5**）。トウモロコシも増加をみせ、大豆と並ぶ62万haとなる。この結果、作付は水稲が45.8％、トウモロコシと大豆が22.2％、小麦が4.0％という構成になる。単収の伸びも著しく、水稲（籾）が8,500kg、トウモロコシが7,700kgとなり、大豆も2,500kg水準となっている（**図1.6**）。このように、

46　第1編　国営農場の展開と再編

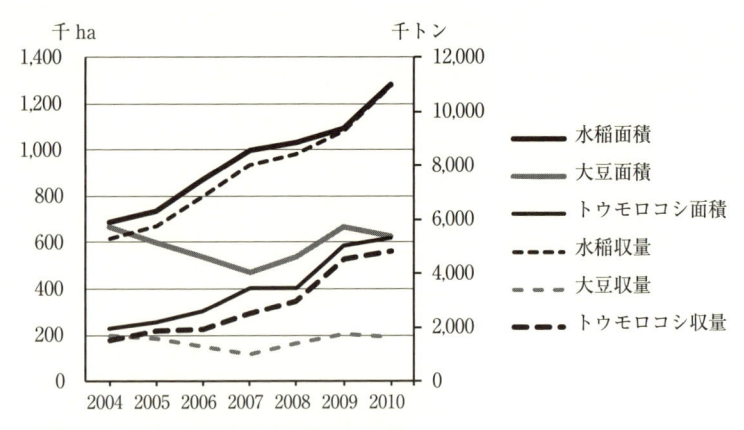

図1.5　第3期の主要作物の面積と収量

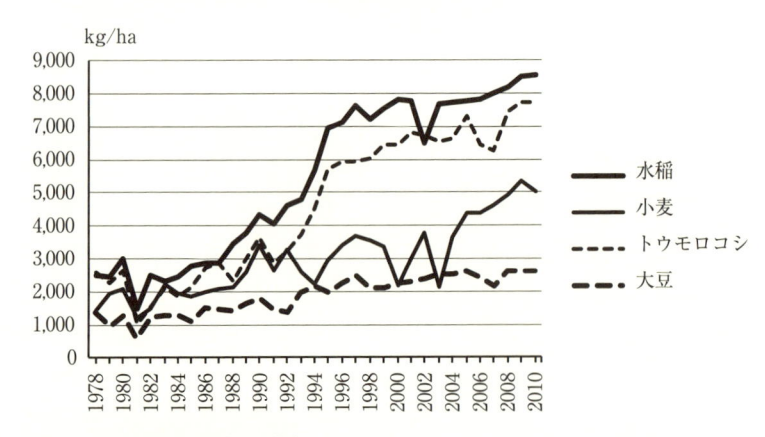

図1.6　作物別の単収の動向

　第3期は市場環境が以前より改善されたこともあり、これまでの農場改革の最高の到達点を示しているのである。

2．生産請負制の実施と変遷

　国の改革開放路線への転換を受けて、中央農墾部は1979年10月に「包・定・奨」の生産責任制を回復すると決定した。農場が国に対して経営における財務管理を請負い（「包」）、計画、経営、管理を行い（「定」）、ノルマと利潤（「奨」）

を決定するというのがその内容である。これは、独立採算制への第一歩である。農場は生産隊に対し、生産量と利潤を再請負いさせ、人員・設備・規模の決定とノルマの達成状況に応じたボーナスの支給（減給）を実施することになった。さらに、生産隊の下部の「班」や「組」も再々請負いを行い、小規模生産隊に場合には個々の職工が直接請負うケースも見られた。とはいえ、この時期の請負制は基本的に農場を単位としたものであった。

　1981年から1983年にかけては生産隊を単位とした請負制が実施された。生産隊は職工の作業グループに農作業を請負わせるが、具体的には生産隊を2～3のグループに分割し、それぞれのグループで機務隊（オペレーター・チーム）と農業職工（農作業チーム）の分業体制が組まれた。1983年時点で、請負制に参加した職工数は58.2万人であり、職工全体の95％を占めた。また、分配は職工の職種に応じ「変動賃金、ノルマ超過ボーナス」を支給する方式が最も多く、65農場で実施され、農墾全体の67％を占めていた。

　以上の改革の成果に基づき、1983年9月に省農墾総局では職工農家を単位とする請負制の方針を打ち出した。作業グループではなく、個々の職工による請負制である。既存の国営農場を「大農場」、職工農家を「小農場」と呼ぶ「大農場・小農場」制の実施である。職工は国有地である耕地、山林、水面を生産隊を通して国営農場から賃借することになり、その契約期間は一般的に15年間と定められた。職工農家は自ら一定の生産手段と資金を有し、労働に関しては国営農場の支配と管理を受けなくなった。農地は「基本田」と「規模田」に分離され、前者は職工とその家族の自給用であり、後者は労働保有量や入札で決定された[注4]。その配分方式や面積は大農場あるいは生産隊によって大きなバリエーションがあった。また、山間部の開墾、植林・牧草地化については、請負期間が30～50年と長く、地代も通常より低く設定されている。職工以外の外来者についても土地の請負は可能であったが、契約期間は3年以下とされた。

　職工農家は国の計画の指導を受けるが、それは強制ではなく、基本的に経営権を有する自己責任制の下に置かれた。初期には、トウモロコシ、水稲、

雑穀、甜菜など手作業を中心とする耕種業と林・牧・副・漁業で請負制が実施された。小麦と大豆など機械作業を主とする耕種業では、作業グループ制と職工農家による請負制が同時に実施され、徐々に後者に移行していった。また、農場は職工農家に対し、様々な支援を行うが、最も多いのは資金面での支援であった。職工身分は保障されるものの、賃金や手当は支給されないため、大農場は従来の基本給（月給）の30～70％を生活費として職工に貸し出し、年末の決算時に現物で回収する方式を導入した。一部の農場では、生産資金についても同様な方法を採用した。

　以上の動向を受けて、中央においても1984年に国営農場は職工農家の請負制を実施し、機械化水準の高い生産隊では「機務体」による請負制を実施すべきであると指摘した（中央一号文件）。また、同年、中央政府は経済改革の推進のために重点部門への投資資金を確保するために、財政・価格・税制などについて一連の改革を行った。農墾を含む国営企業に対しては従来の資金割当制を資金貸付制へと変更し、金利水準も引き上げた。また、経営損失に対する補てんを中止し、工業と農業製品の価格の調整を行い、新しい税目を増加させた。この改革は農墾全体に大きな打撃を与えた。従来の国家依存体制は崩壊し、国営農場は自ら生き残りの道を模索せざるを得なくなったのである。このこともあり、職工農家への請負制への移行が強力に推進され、国営農場の生産経営体から資産経営体への転換が図られた。その結果、1984年1月時点で職工農家はわずか4,907戸であったが、12月には34,357戸にまで増加し、請負の耕地面積は31.4万haと全体の16％を占め、職工の参加人数は62,508人、全体の18％を占めるようになった。

　そして、1985年からは全面的に「大農場、小農場」制が推進されるようになり、農業機械が払い下げられ、耕地は個々の職工農家が請負い、利益分配に関しては、職工農家が農場に一定の「利費税」[注5]を上納し、経営は自主的に行うという独立採算制が導入された。農業機械のうち、大中型トラクタの72％、コンバインの77％が抵当権なしの売り掛け方式で職工農家に払い下げられ、その総額は3億3,500万元に達し、農墾の生産用固定資産額の25％

を占めている。3月には職工農家は13.6万戸に急増し、請負面積は141.9万ha、全体の76.9％となっている。職工農家となった職工数は21.5万人、全体の72.4％である。生産隊は残されたが、「大農場・小農場」制を実施しなかった生産隊は外国から大型機械を導入した130の生産隊のみである。

　しかし、1986年6月の統計によれば、多くの職工農家は経営不振のため83,984戸へと減少し、前年より36％減少した。うち、1戸1農場のケースが30％減少し、複数戸1農場のケースは74％減少した。職工農家に払い下げた大型機械も賃貸に切り替えられ、作業グループによる請負制への復帰が多数見られた。その原因は、主に2つであり、第1にはそれまで職工は農業労働者として分業体制の下に置かれていたため農業経営の経験がなかったこと、第2には1985年に冷害と冠水という自然災害に見舞われたことである。

　農墾総局は1986年から1987年にかけて実態調査を行い、綏濱農場などの優良事例を取り上げ、その経営方式を普及させ、生産隊の管理能力を高めるために技術管理幹部を増員し、職工農家の経営改善を進めようとした。また、「有機戸」（機械を有する職工）と「無機戸」の関係、職工農家の規模についても調整を行った。この結果、1988年に3月時点で、職工農家は16.4万農場に達し、職工数は32.8万人（全体の90％）、請負農地は149万ha（全体の87％）となった。また、大型機械のうち、トラクタが全体の79％、コンバインが72％払い下げられた。

　1989年には生産隊の管理能力の強化と職工農家の負債処理対策が行われた。第1に、生産隊長の任期目標責任制度を導入し、隊長および生産隊の幹部の給与を生産隊全体の糧食供出割当の達成状況、「利費税」徴収と債権回収実績、1人当たりの所得の状況にリンクして決定することとした。第2に、職工農家は1年間の営農費と生活費を生産隊を通して農場から前借りし、秋に返済する形態を取ったが、請負初期には経営不振のために返済できず、生産隊が売り掛けの形で負債を肩代わりするケースが多かった。1989年11月に農墾総局は債権の強制的回収に乗り出し、各管理局にノルマを設定した。その結果、1990年4月には職工農家の1年分の利費税とおよそ3億元の負債の回収を終

えた。

　1991年からは職工農家の「両費自理」（営農費と生活費の自己調達）が実施され、農場からの前借り制度は基本的に廃止された。さらに、利費税の納付時期が秋から春へと移行し、前納制を採る農場が増えた。1992年の「両費自理」率はそれぞれ61％と75％であったが、1996年には96％と100％に改善されている。これにより、国有農場本体は職工農家の経営状況とは関わりなく、農地賃貸料を安定的に確保することが可能となった。1996年の職工農家数は20.3万戸であり、経営体全体の99.9％を占め、経営面積は190.6万ha、総耕地面積の93.5％を占めている。また、職工農家の労働力は34.2万人であり、農業労働力の96.4％を占めている。

　農墾総局は、職工農家の資金の自己調達に加え、1993年に「四到戸」原則を打ち出した。「四到戸」原則とは、職工農家が農地の請負、農業機械の所有、経営の独立採算、経営リスクの負担を行う。この4点が国営農場の改革の特徴であり、一般農村の請負制との相違点であるとされている。また、「大農場・小農場」制は、「大農場」による統一管理と職工農家による分散経営を有機的に結合させ、「双層経営システム」を形成している[注6]。つまり、「大農場」は資産経営主体であり、法律に基づいて国有の土地資産を運用して収益を得る権利があり、職工農家は生産経営主体であり、「大農場」から土地の使用権と収益権を取得し、「大農場」の指導の下で農業生産経営を自立して行うことである。

　その際、「大農場」は管理とともに適切なサービスの提供が義務づけられる。第1は、市場情報の提供であり、1990年代半ばには「墾区市場情報ネットワーク」が形成され、2000年からは北大荒糧油卸売市場と北大荒糧油情報ネットが運営されるようになっている。第2は生産資材の提供であり、「大農場」は旧来の「物資課」の機能を引き継いだ物資公司により生産資材の供給を行うことになった。第3は技術指導や作業受託であり、稲作では稲藁の水田へのすき込みや深耕による代掻き技術、畑作では生産隊単位での輪作を考慮した作付計画の樹立やヘリコプターなどによる防除作業の受託を行っている。

3．現段階の職工農家の到達点

　以上のように、1990年代半ばからは、職工農家の経営は徐々に安定性を示すようになっていった。2000年以降、特に2004年からは農業税の免除、糧食生産に対する直接支払政策の実施によって墾区では土地請負ブーム（「包地熱」）と請負地の不足（「包地難」）が現れてきた。その対策として農墾総局は2005年に「国有農場における土地請負経営制度の改善と請負関係の安定に関する指導的意見」を作成し、各農場に通達した。その内容は以下の通りである。

　一般農村と比較して農場の1人当たりの農地面積は大きく（1.3ha/人）、その調整はさほど困難ではない。また、農場の30％では「両田制」が実施されているが、これに「機動地」を設けるとしている。機動地は原則的に管理区の総耕地面積の5～10％とし、その使途は主に新たに増加する労働力対策、基盤整備や自然災害による農地の収用や流失を補填することにある。2006年の面積は8.5万haで、総農地面積の3.9％である。

　「基本田」と「規模田」の規定は、1983年の規定とほぼ同様であるが、やや詳細になっている。両者の配分単位は2004年の再編により設立された管理区である。

　基本田は職工の生活と社会保障のための基礎的な農地配分であり、対象は農場戸籍を有し、実際に農業生産を行う農業職工[注7]および労働能力のある身体障害者である。配分面積は各農場によって異なるが、一般的には農業労働力1人当たり0.7～1haである。請負費（地代）は、社会保険費と農業保険費のみである。基本田は、契約期間内に又貸し、契約者間の交換利用、譲渡が可能であり、発生した収益は請負者が得る。職工と農業労働者が定年退職する際には基本田は回収され、機動地あるいは規模田とされる。2006年末の基本田の面積は24.7万haであり、総農地面積の11.6％を占めている。地代は農場によって最高額1,350元/ha、最低額が15元/haと格差が大きく、平均額が863元/haであった[注8]。

規模田は、農地の集積と機械化により大規模経営を育成し、主要糧食生産に当てるものであり、入札方式により配分する。職工と農業労働者を対象とし、給与収入がある農墾の各レベルの幹部、職員は農地を請負うことはできない。2006年の規模田の面積は179.9万haであり、総農地面積の84.4％を占めている。平均地代は、1,892元/haである。

請負後、非農業に就業した場合や請負権を放棄する場合には、農地は農場に返却しなければならない。また、1年以上の耕作放棄に対しては、農場は請負権の回収と利費税の徴収を行うことができる。労働力が不足している農場においては外部に賃貸することも可能である。また、農地不足の農場では他の農場の農地賃借も可能である。地代が同一の条件であれば、農場外より農場内、労働者より職工、無機戸より有機戸を優先する。また、「適正規模」を奨励し、1戸当たり耕作面積は畑作で30～60ha、水田で10～20haとし、複数戸の職工農家の場合にはより以上の規模拡大を奨励している。これが現段階における職工農家の標準像とみることができる。

以下では、職工農家数や面積規模について確認しておこう。統計データが公表されるようになったのは、2003年以降の『黒竜江墾区統計年鑑』においてである。

表1.7は2003年から2010年までの職工農家の種類とそれに属する面積を示している。林場、牧場、漁場については戸数が少ないので省略し、合計には含めていない。まず、職工農家数であるが、2003年の20.3万戸から水田農家の一時的減少により全体としても減少をみせるが、2006年からは増加に転じ、2010年には31万戸にまで増加している。後の事例でも示すように、農家の流動性は激しく、2003年の農産物過剰により価格下落が生じた場合には減退をみせ、現在も続く価格の上昇期には増加するという傾向が顕著である。耕地面積についても同様であり、2003年の196万haから一時期減少した後、急速な外延的拡大期にあり、2010年の面積は276万haと1.4倍を示している。請負を行っている職工のうち農場内の職工が請負を行うのが一般的であるが、主に稲作導入時に先進地から募集を行って入植したのが招聘農家（中国語では

表1.7 職工農家の状況

単位：千戸、千ha、百万元、元

	年次	合計	職工農家 小計	職工農家 単一経営	職工農家「有機戸」	招聘農家	利費支払
農家数	2003	203	174	172	61	29	2,330
	2004	191	162	159	63	29	2,824
	2005	191	171	166	53	20	3,693
	2006	213	194	184	65	19	4,117
	2007	223	206	199	84	17	4,465
	2008	239	223	209	83	16	4,229
	2009	283	268	251	105	15	5,033
	2010	310	296	280	131	14	6,039
耕地面積	2003	1,964	1,629	1,560	799	335	1,186
	2004	1,940	1,609	1,477	802	331	1,456
	2005	2,118	1,860	1,697	761	258	1,744
	2006	2,303	2,023	1,777	883	280	1,788
	2007	2,407	2,151	1,916	1,043	256	1,855
	2008	2,322	2,110	1,779	964	212	1,821
	2009	2,608	2,392	2,027	1,184	216	1,930
	2010	2,760	2,573	2,258	1,450	187	2,188
1戸当たり	2003	9.7	9.4	9.1	13.1	11.6	11,478
	2004	10.2	9.9	9.3	12.7	11.4	14,785
	2005	11.1	10.9	10.2	14.4	12.9	19,335
	2006	10.8	10.4	9.7	13.6	14.7	19,329
	2007	10.8	10.4	9.6	12.4	15.1	20,022
	2008	9.7	9.5	8.5	11.6	13.3	17,695
	2009	9.2	8.9	8.1	11.3	14.4	17,784
	2010	8.9	8.7	8.1	11.1	13.4	19,481

注：1）『黒竜江墾区統計年鑑』（各年次）による。
2）利費支払いの耕地面積欄はha当たり価格。

「外引戸」あるいは「引進戸」）である。2003年には2.9万戸存在しているが、この時点でも減少が進んでいるとみられ、2010年には1.4万戸となっている。本来の職工農家割合が増加しているのである。この職工農家のうち、個別経営が圧倒的であるが、改革の中で一時期重視された共同経営も部分的に存在している。その数は、2003年で2,650戸であり、徐々に増加して2010年には9,670戸となっている。この総面積は16.2万haであり、全体の5.9％を占めるにすぎない（一戸当たり面積は16.7ha）[注9]。個別経営のうち、「有機戸」とは請負制以前にオペレータを担当し（機務工）、請負制実施時に大型機械の払下げを受けた農家を指したが、現在は大型機械を所有する農家を示してい

る。これも、2003年の6.1万戸（35.5％）から2010年には13.1万戸（46.8％）に増加を見せている。1戸当たりの経営面積は、この期間では大きな変化を見せておらず、全体では10haから9haへとやや減少している。経営類型的には、2010年でみると個別経営が8.1ha、「有機戸」が11.1ha、「招聘農家」が13.4haと技術力による差が一定現れている。一般農村では農地は村（小組）を単位とする集団的所有であるのに対し、国有農場の場合には国有地（実質的に農場所有）であり、利費が発生する。ha当たりの利費は2003年には1,186元であったが、以降も上昇を続けており、2010年には2,188元となっている。1戸当たりの支払い額も2003年の1.1万元から1.9万元に増加している。その総額は23億元から60億元に膨らんでいる。農業総生産額はそれぞれ94億元、366億元であるから、24.5％、16.4％を占めている。一方で、一般農村では2004年から農業税が廃止されており、国有農場での職工農家の所得水準は高いとはいえ、これが大きな負担問題となっている。

　つぎに、稲作農家と畑作農家の規模についてみておこう。稲作農家については、経営規模区分が一定していないために多くのことは言えない（**表1.8**）。農家数は2003年の7.9万戸から翌2004年には1.9万戸減少するという大変動を経験したのち、2007年には回復し、2010年には10.9万戸となっている。水田面積は同年にやや減少したものの増加傾向を示し、2010年には2003年の2倍以上の125万haを示している。後に見るように、三江平原では地下水灌漑が主流であり、ポンプアップの基礎単位である10haが基準面積をなしている。2003年から2007年までは30ha以上層しかカウントできないが、この期間でもこの層は922戸から5,539戸へと増加している。また、2008年からは20ha以上層を把握できるが、この層は3年間で8,543戸から10,356戸へと増加をみせている。農家戸数自体が膨らんでいるため、構成比は9％に過ぎないが、耕地面積ベースでは2010年には29.2％を占めている。一方で、自給的な0.6ha未満層は戸数で半数近くを占めていたが、減少傾向にあり、2010年時点での農家割合は10ha未満層が68.4％、10〜20haが31.3％の構成となっている。ここからは、10ha前後層の厚みについてはわからない。しかし、1戸当たり平

表1.8 職工農家の経営規模別分布（水田）

単位：戸、ha、％

	年次	～0.6ha （～5ha）	0.6～10ha （5～30ha）	10～20ha	20ha以上 （30ha～）	合計	平均面積
農家数	2003	33,312	45,264		922	79,498	
	2004	17,698	41,003		1,336	60,037	
	2005		63,510		3,142	66,652	
	2006		67,849		4,770	72,619	
	2007		75,605		5,539	81,144	
	2008	46,807	41,906	29,706	8,543	93,837	
	2009	46,682	44,534	32,503	7,898	100,362	
	2010	22,044	52,647	34,211	10,356	109,293	
耕地面積	2003	66,372	475,158		34,477	576,007	7.2
	2004	71,341	435,377		45,769	552,487	9.2
	2005		646,569		79,621	726,190	10.9
	2006		684,582		155,253	839,835	11.6
	2007		797,239		180,140	977,379	12.0
	2008	61,840	240,481	428,541	285,587	1,016,370	10.8
	2009	56,399	291,674	461,973	271,620	1,081,666	10.8
	2010	29,347	367,480	485,142	364,260	1,246,230	11.4
農家数	2008	49.9	44.7	31.7	9.1	100.0	
	2009	46.5	44.4	32.4	7.9	100.0	
	2010	20.2	48.2	31.3	9.5	100.0	
耕地面積	2008	6.1	23.7	42.2	28.1	100.0	
	2009	5.2	27.0	42.7	25.1	100.0	
	2010	2.4	29.5	38.9	29.2	100.0	

注：『黒竜江墾区統計年鑑』（各年次）による。

均面積は2007年まで増加して12haとなったのち、やや減少を示し、11.4haとなっているので、平均規模層であることは間違いない。

つぎに畑作農家であるが、2003年の12.7万戸が2010年には20万戸に達しており、稲作農家以上に増加を見せている（**表1.9**）。ただし、国営農場時代の「農耕隊」出身で農業機械を有しないものにも「基本田」（畑）の形で農地が分配され、「有機戸」による作業受託が行われている実態がある。この部分が専業農家以上に農家数を膨らましている点に注意が必要である。そこで、30ha以上層をみると、データの接続する2003～07年では0.9万戸から1.2万戸へと増加がみられ、2008年以降についても7,000戸台のなかでやや増加がみられる。とはいえ、全体の戸数が増加する中で、その割合は5～8％に過ぎない。ただし、面積ベースでは2008年には39.7％を占めている。それ以降、

表1.9 職工農家の経営規模別分布（畑作）

単位：戸、ha、%

年次		基本畑	0.6~10ha	10~30ha	30~60ha	60~100ha	100ha~	合計	平均面積
			(~30ha)		(30~100ha)				
農家数	2003		118,506		7,717		791	127,014	
	2004		123,778		7,653		957	132,388	
	2005		118,558		7,299		1,381	127,238	
	2006		129,725		10,698		1,375	141,798	
	2007		127,770		8,992		1,302	138,064	
	2008	54,194	81,865	19,750	4,902	1,677	968	163,356	
	2009	61,968	101,434	23,814	4,909	1,241	1,194	194,560	
	2010	65,484	98,316	27,921	5,649	1,387	814	199,571	
耕地面積	2003		944,695		322,872		130,753	1,398,320	11.0
	2004		874,525		350,703		174,585	1,399,813	10.6
	2005		890,220		329,000		173,675	1,392,895	10.9
	2006		902,854		373,633		187,749	1,464,236	10.3
	2007		859,487		356,666		185,002	1,401,155	10.1
	2008	250,225	351,009	287,737	169,712	118,686	131,981	1,293,375	9.7
	2009	271,170	480,276	348,153	177,126	89,823	145,857	1,512,405	9.4
	2010	142,079	571,510	430,966	168,786	79,904	91,505	1,484,749	10.0
農家数	2003		93.3		6.1		0.6	100.0	
	2004		93.5		5.8		0.7	100.0	
	2005		93.2		5.7		1.1	100.0	
	2006		91.5		7.5		1.0	100.0	
	2007		92.5		6.5		0.9	100.0	
	2008		75.0	18.1	4.5	1.5	0.9	100.0	
	2009		76.5	18.0	3.7	0.9	0.9	100.0	
	2010		73.3	20.8	4.2	1.0	0.6	100.0	
耕地面積	2003		67.6		23.1		9.4	100.0	
	2004		62.5		25.1		12.5	100.0	
	2005		63.9		23.6		12.5	100.0	
	2006		61.7		25.5		12.8	100.0	
	2007		61.3		25.5		13.2	100.0	
	2008	2.2	33.1	27.2	16.0	11.2	12.5	100.0	
	2009	2.0	38.7	28.0	14.3	7.2	11.8	100.0	
	2010	1.9	42.6	32.1	12.6	6.0	6.8	100.0	

注：1）『黒竜江墾区統計年鑑』（各年次）による。
　　2）基本畑所有者はこれのみを所有する農家数とした。

割合は減少するが、この層が事実上の担い手となっていることがわかる。そして、戸数ベースでは20％、面積ベースでは30％を占める10〜30ha層がこれに続いているのである。

　このように、職工農家の現段階は稲作、畑作ともに平均規模10haの規模を有し、ともに農家戸数と耕地面積を拡大する好況期のもとにあり、稲作農家で20ha以上、畑作農家で30ha以上規模の職工農家もまた増大を見せているといえるのである。

注
（１）改革・開放以降の黒竜江省および国有農場の稲作の展開を整理したものに加古敏之「黒龍江省における稲作の発展」『2013年度日本農業経済学会論文集』2013および加古敏之「黒龍江省農墾区における稲作の発展」『2012年度日本農業経済学会論文集』2012がある。合わせて参照願いたい。
（２）1992年12月に全民所有制を転換する方針が提示され、1993年には「国有農場」の用語が使用され始めるが、統計書では2005年までは国営農場が使用されている。
（３）2004年には農場管理体制のスリム化を図るために、規模の大きい農場では「分場」の代わりに「管理区」を設置し、「分場」のない農場では「管理区」を新設した。末端組織である生産隊を統廃合して「管理区」の下に置くことが、所謂「撤隊建区」である。また、「生産隊」の名称も「作業ステーション」に変更するようになったが、「生産隊」の名称を残している農場も少なくない。「管理区」は「大農場」のブランチであり、幾つかの生産隊を１つの「管理区」に統合し、職工農家との土地の請負契約、「利費税」の徴収業務を代行している。したがって、「管理区」は独立採算単位ではなく、会計担当は「大農場」より派遣され、会計処理を行っている。「撤隊建区」の改革によって長年続いていた生産隊制度には終止符が打たれたのである。農墾総局（http://news.sohu.com/20060417/n242847165.shtml）によると、2006年までの２年間に生産隊レベルの管理職12,700人がリストラされ、9.2億元の管理費用が節約されたという。
（４）名称は地域によって異なり、例えば前者を「基本生活田」、後者を「市場田」あるいは「責任田」などと呼ぶケースもある。
（５）「利費税」とは、国に上納する農業税（物納の場合には「任務糧」という）、農場本部に納付する「地代」と生産隊に納付する各種管理費用（「隊管費」）を指す。「利費税」を物納する場合には、「費税糧」とも言う。2004年に農業税が廃止されてからは「利費」と呼ぶことが多く、生産隊が再編され、機能

しなくなってからは「隊管費」も廃止された。現在では「地代」のみが残されているが、それに付加して各種保険料と住宅積立金も徴収される。
(6)「双層経営システム」は、1980年代に一般農村で事実上形成された家族経営をベースにしながら、それに対応した村レベルでの土地利用に関わる組織（地区合作経済組織）を拡充して家族経営の抱える問題を解消しようとする政策用語である（朴紅・坂下明彦『中国東北における家族経営の再生と農村組織化』御茶の水書房、1999、pp.232～233を参照）。ただし、現実には一部で行われているのみである。その事例については、周暁明「中国農業改革後の農業地域における農業機械利用組織の類型と特徴」東京農工大学『人間と社会』9号、1998並びに本書第3章を参照のこと。
(7)職工のほかに、職工身分は持っていないが、実際に農業生産に従事している職工の配偶者、成人した子供、農場戸籍を持っている農業労働者が加わる。
(8)農墾総局の2006年の調査によると、「両田制」を実施しているのは103農場のうち78農場である。
(9)この他に「開発性」職工農家の項目があり、これも増加傾向にあり、2010年で7,231経営、総面積は16万haである。

第4節　国営農場から国有農場へ

　国営農場は、まさに「国営」であるため一般農村以上に国の政策に大きく左右される存在であった。その設立そのものが、建国当初の食糧不足への対応として内戦の終結により過剰人口化した軍隊を帰農させ、一挙両得を図るものであった。ソ連の援助による友誼農場建設を一つの契機として機械化農場への移行が推進され、1950年代末の農業の集団化のモデルとして位置づけられる。しかし、現実には物的な基盤が整わず一般化されることはなかった。むしろ、国営農場は農業分野における社会主義思想の実現の場として政治的に利用され、大躍進期や文化大革命期には大量の「知識青年」が移住させられた。また、中ソ対立のもとで1968年から1976年までは生産建設兵団に改組され、軍事組織化されている。このなかで、国営農場は経営的観点から見て極めて不効率な運営のもとに置かれ、農業生産も停滞することになる。こうした極端な政策の合間に農場再建が試みられるが、新たな政策が押し寄せ、それが成功することはなかった。ただし、膨大な人員が農地基盤整備に投入

され、軍事的な観点からとはいえ開拓地のインフラ整備が行われたことは、その後の農場の発展の基礎となったことも否定できない。こうした意味で、国営農場は中央の政策に翻弄される存在であったといえる。したがって、農場改革の実施のためには新たな改革開放政策への転換を待たねばならなかった。

　1979年10月からの改革開放路線への転換を受け、一般農村では個人農による請負制への移行が進められるが、それに対応して国営農場においても当初のグループ請負制から職工農家の創設へと生産請負制改革が実施される。ただし、この背後には1984年から実施された国営企業の独立採算化という大きな政策転換があった。農場経営の損失を国家が補塡する従来の財務方式が変更され、農場は生産経営体から資産経営体への転換を迫られたからである。そのため、「大農場・小農場」制が推進され、職工農家からの「利費税」収入の安定的獲得が図られ、農場からの営農・生活資金の融資も廃止され、職工農家は独立採算制を強いられることになる。

　さらに、1992年末には全民所有制改革が打ち出され、国営農場本体の企業改革がもたらされるようになった。ここで、その名称も国有農場へと変更され、1997年以降の「政企分離」により、農場の現業部門の「企業化」が図られていく。この内容は第2章で検討される。

　この間、農業生産の分業体制のもとで労働者であった職工が職工農家として経営自立化を図ることには大きな困難があったが、負債整理の振り分けを経て1990年代半ばには一定の落ち着きを見せるようになる。2004年には、生産隊体制が再編されて、「双層経営システム」には終止符が打たれる。職工農家は、新たに設置された中間機関である「管理区」を介して農場との直接的な契約関係に置かれるようになり、その自立性はさらに高まっていくことになるのである。

第2章

国有農場改革と農場機能の変化

　中国では1980年代後半以降の株式制（「股份制」）の導入による株式市場の形成と並行する形で、国営企業の改革が徐々に軌道に乗るようになった。特に1997年以降の国有企業の所有権改革においては、株式市場での資金調達が結果的に多様な民間投資家を増加させ、所有の分散化が進展し、「政企分離」の目標に近づきつつある。しかし、このような国有企業の改革は、そのほとんどが農業以外の分野で行われ、国有農場のそれは進展をみせなかった。それは、国有農場が企業でありながら、地域内の行政、司法と社会管理機能を併せ持つという歴史的な遺物を背負ってきたからである。

　しかし、中国農墾系統の優等生である黒竜江省農墾では、1990年代末から「黒竜江北大荒農墾集団総公司」という企業グループの形成や一部傘下企業の上場等の思い切った改革を進めている。本章では、国有農場の企業改革に焦点をおき、改革の内容、特徴および組織再編の実態、またこのような改革が末端の農場および職工農家にどのような影響を及ぼしているかを2005年の調査をもとに明らかにする。

第1節　国有農場における企業改革の現段階的特徴

1．「政企一体化」の形成と「政企分離」の試行

　前述のように、黒竜江省農墾総局は、黒竜江省政府の1つの部署であり、省共産党委員会、省人民代表大会と省政府のもとで、徴税機能を除く行政、司法と社会管理機能を遂行している。そのため、総局、分局、農場は生産経営の指揮権のほか、行政、司法と社会管理機能も有している。

　こうした国営農場の性格は、それが設立された歴史的事情により形成され

てきた。1947年に設立された当時、国営農場のほとんどは辺境地域に立地し、その開発は地方政府の整備と同時進行で行われた。そのため、国による行政、司法および社会管理機関を設立するだけの余裕はなかった。しかし、農場人口の急激な増加により、職工児童の教育、家族の医療、生産・生活用物資の運送、情報の伝達、市街地開発、社会治安などの問題が徐々に現れ、深刻さを増すようになった。そのため、学校、病院はもちろん、裁判所、検察庁、警察署、土地管理局、交通局、技術監督局等までを末端農場ごとに整備する必要に迫られ、独立した「小さな社会」が形成されたのである。

以上のように、「政企一体化」体制は農墾形成期においてはコストが最も低く、かつ当時の実状に適合的な管理体制であった。しかし、市場経済の発展に伴い、このような一体的体制は企業発展の阻害要素となり、改革の対象とされるに至るのである。

黒竜江省における農墾改革は1978年を始点とし、すでに30数年が経過している[注1]。その過程で、「政企分離」は一貫した改革のテーマであった。改革推進のためにモデル農場の指定が行われ、農場の名を取って「友誼モデル」、「虎林モデル」、「綏濱モデル」という3つのタイプのモデル化が行われた。前二者は、国有農場と地方政府の間で「政企分離」を図る試みであり、後者は国有農場内部で「政企分離」を行うものであった。

まず、「友誼モデル」は、1988年に友誼農場の管轄区域に県レベルの行政機関-友誼県を設立し、行政・社会管理機能を農場から分離・移譲する方式であった。「虎林モデル」は、1995年に虎林県内にある6つの国営農場の行政社会的機能を県政府に移譲し、農場は企業的機能のみを担う方式である。この方式は、県に移譲された行政、司法部門の職員数が膨大となり、その財政負担が各種の税金の形で農場に求められたため、農場の負担は軽減しなかった。結果的には、「友誼モデル」は辛うじて維持されたが、友誼県の財政は悪化していった。「虎林モデル」は2年間実施された後、もとの形態に戻り失敗に終わっている。

前二者と対照的なのは「綏濱モデル」である。まず、1995年に綏濱農場の

表 2.1 綏濱農場「社区管理委員会」の財源の推移

単位：万元、％

		1995	1996	1997	1998
費用負担	総局による支援	187	187	186	261
	賦課金収入・債権収入	262	349	336	555
	公司による負担（A）	739	839	981	1,102
	合　　　計（B）	1,188	1,375	1,503	1,918
	A/B	62.2	61.0	65.3	57.5
公司の負担	公司の総生産額（C）	15,465	19,557	23,169	21,595
	公司の総費用（D）	15,002	18,859	22,422	20,625
	公司の純利益（C−D）	463	698	747	970
	A/C	4.8	4.3	4.2	5.1
	A/D	4.9	4.4	4.4	5.3

注：農場資料により作成。

内部に「社区管理委員会」（以下、「管理委員会」と略する）を設立し、従来農場が担っていた行政、司法、社会管理機能を移行させた。同時に、「農工商実業総公司」（以下「総公司」と略する）を設立して企業的機能をそこに集中し、生産経営活動に専念するようになった。「管理委員会」と「総公司」には共通の共産党委員会が設置され、双方の意思疎通のパイプ役と指導、監督役を行うことになった。「管理委員会」の職員数は50名程度であり、前2者の方式より規模が小さく、より効率の高い業務体制が形成された。そのため、行政に関わる費用を企業が負担するとはいえ、その額はかなり軽減された。

「綏濱モデル」に問題点がなかったわけではない。第1に、当初の改革案では、「管理委員会」が独自に人員、財務、資産管理を行う権限が与えられた。しかし、政策転換により、これらの権限は全て農墾総局に移譲されることになり、「管理委員会」の権限が大きく制限された。第2に、「総公司」による財政負担が徐々に増加した。「管理委員会」への費用負担は年々増加し、1995年から98年の4年間で1.5倍にも膨れあがった（**表2.1**）。また、「総公司」の負担額が700万元台から1,100万元台へと増加しているが、農場の総生産額および総費用額に占める割合は4〜5％の間で推移している。

以上のように、1980年代後半からの10年間、農墾系統の「政企分離」改革は、3つのモデルによって実践されたが、選択されたのは「綏濱モデル」であり、2002年からの株式会社化のなかで一般化されるのである。

2．株式会社化による系統組織の再編

黒竜江省農墾総局における現業部門の株式会社化は、国有企業改革の枠組みの中で進行した。国有企業改革は、国家計画委員会、国家体制改革委員会、国務院経済貿易弁公室が主管した。1992年に「国家試験企業グループにおける国有資産の授権経営に関する実施弁法（試行）」が公布され、全国の重点企業グループに対する国有資産の授権経営のテストが開始された。これに基づき黒竜江省農墾総局は、1994年に「大型国有資産運営公司」を設立し、企業経営権を総局から分離することを図った。さらに、1998年にはこれをベースに「黒竜江北大荒農墾集団総公司」（以下では「集団総公司」）を設立した[注2]。資本金額は60億元であり、主に国有地、農場の建物からなる国有財産を農墾総局が無償で引き継ぎ、現物出資したものである。事業内容は農林牧漁業、採掘、生産加工、交通運輸、建築工事、不動産開発、物資購買販売、倉庫貯蔵など多様である。2002年には、「集団総公司」の総資産額は352億元、純資産額は104億元、主要業務の粗収入は152億元、純利益は4.7億元となった。

新たな「集団総公司」の組織機構図は図2.1に示される通りである。国有農場は農業分野のみを分離して、「集団総公司」の傘下におき、9つの分公司（従来の管理局）と104の子会社（従来の農牧場）となった。国有農場の組織は、「撤隊建区」[注3]を行い、「分場」に代わって「管理区」を設置し（分場のない農場では「管理区」を新設）、「生産隊」に代わって「作業ステーション」を置くようになった。林業と牧畜業は「存続農場」と呼ばれ、「管理委員会」の所轄となった。さらに、104の子会社の中から16の優良子会社を選択し、「北大荒農業（株）グループ」（以下「北大荒農業」と略する）を設立し、株式上場を図った。

以上の「政企分離」と平行して、企業改革も進められた。改革当初から

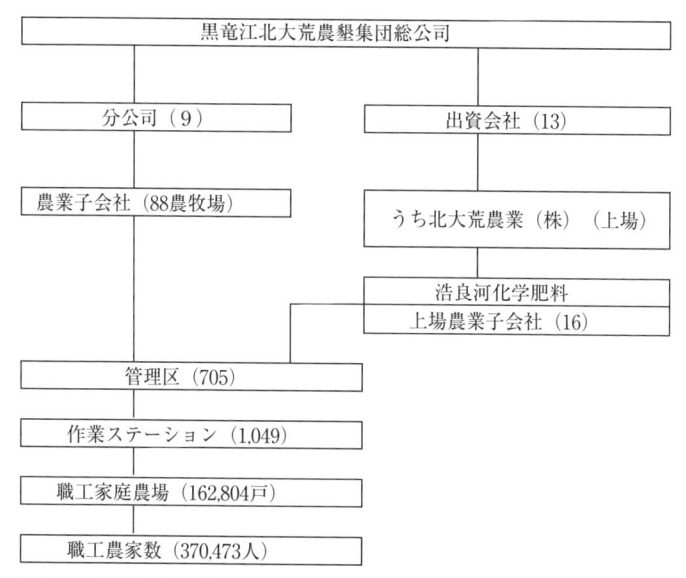

```
                ┌─────────────────────────────────┐
                │    黒竜江北大荒農墾集団総公司    │
                └─────────────────────────────────┘
                    │                       │
          ┌─────────────────┐      ┌─────────────────┐
          │   分公司（9）   │      │  出資会社（13） │
          └─────────────────┘      └─────────────────┘
                    │                       │
       ┌──────────────────────┐   ┌──────────────────────┐
       │ 農業子会社（88農牧場）│   │ うち北大荒農業（株）（上場）│
       └──────────────────────┘   └──────────────────────┘
                                          │
                              ┌──────────────────────┐
                              │   浩良河化学肥料     │
                              │ 上場農業子会社（16） │
                              └──────────────────────┘
                    │
          ┌─────────────────┐
          │  管理区（705）  │
          └─────────────────┘
                    │
          ┌──────────────────────┐
          │ 作業ステーション（1,049）│
          └──────────────────────┘
                    │
          ┌──────────────────────┐
          │ 職工家庭農場（162,804戸）│
          └──────────────────────┘
                    │
          ┌──────────────────────┐
          │ 職工農家数（370,473人）│
          └──────────────────────┘
```

図2.1　黒竜江北大荒農墾集団総公司の構成図（2004年）

注：農墾総局の聞き取り調査および『黒竜江墾区統計年鑑2005』により作成。

1980年代半ばまでは「企業自主権」の拡大、さらに1990年代半ばまでは「経営請負責任制」の導入、そして1990年代後半からは「株式制の全面的導入」という改革が漸次的に行われてきた。黒竜江省農墾総局では、1990年代の半ばから株式会社化への準備が行われ、系統内部の工業企業の統廃合が最終的に行われた。

　工業企業の統廃合については、表2.2に示すように、「集団総公司」の設立直前の1997年時点の企業形態のほとんどは国有企業であった。しかし、1990年代末からは「経営請負責任制」のもとで自営業が増加をみせ、2000年代に入ると自営業の私営企業化と有限責任制企業への転換、そして何よりも国有企業の株式会社化が進行をみせるのである。国有企業の多くが株式会社に転換した2004年には、有限責任会社が36企業、総生産額66億元、株式会社が7企業、同26億元、株式合作会社が29企業、同2億元となり、総生産額で76.8％を占めるようになる。また、私営企業は220企業で、同17億元となり、同

66   第1編　国営農場の展開と再編

表 2.2　黒竜江省農墾における工業企業の動向

単位：企業数、万元

	年次	合計	国有	集団	私営	自営業	新型企業
企業数	1996	829	802	10	12		0
	1997	757	734	7	9		0
	1998	651	480	56	97		11
	1999	581	401	55	99	11	10
	2000	477	314	17	-	8,601	38
	2001	448	273	22	-	110	37
	2002	448	191	16	169	-	67
	2003	415	146	16	182	-	68
	2004	391	92	4	220	-	72
総生産額	1996	580,877	522,274	432	1,688	72,042	0
	1997	652,668	539,411	326	1,142	100,753	0
	1998	671,547	413,144	25,563	22,164	167,437	16,875
	1999	679,918	379,162	24,476	28,199	199,465	17,666
	2000	674,349	362,556	10,088	-	225,291	35,397
	2001	740,401	291,434	8,093	-	334,320	70,951
	2002	676,644	266,764	8,270	85,772	-	287,616
	2003	941,947	515,353	8,384	119,224	-	273,437
	2004	1,232,230	91,414	669	172,111	-	946,079

注：1）『黒竜江墾区統計年鑑』各年次により作成。
　　2）企業数の合計には個体企業を含まない。
　　3）新型企業は、株式合作、有限責任、株式会社の合計である。
　　4）空欄については未記入である。

じく14.0％を占めるようになる。表出はしなかったが、国有ならびに国家株企業は118企業あり、総生産額は100億元に達しており、これは総生産額の80.9％を占め、依然として農墾によるコントロールが行われていることがわかる。このうち、「集団総公司」による出資会社は13企業であり、大型化と集団化を進めている（**表2.3**）。

3．「北大荒農業」の上場と企業構成

　「北大荒農業」は1998年11月に「集団総公司」の全額出資で設立されたものである。「集団総公司」は16子会社の資産評価額116,960万元を現物出資したわけである。そして、2002年には「北大荒農業」は中国初の農業企業とし

表2.3 「集団総公司」の出資会社の概要（2004年）

会社名	出資者および出資率	概要
北大荒農業	総公司 79.59%、市場調達 20.41%	1998年11月設立、2002年3月上場、総資産額 86.5億元、耕地面積 63.7万 ha、穀物年間生産量 322万トン
ハルビン龍墾麦芽	総公司 49%、北大荒農業 51%	固定資産総投資額 5億元、敷地面積 9.7万 m²、大麦栽培基地面積 10万 ha、年間麦芽加工量 20万トン、ドイツ最新加工設備使用
北大荒米業	総公司 1%、北大荒農業 99%	「国家農業産業化重点竜頭企業」、資本金 5.1億元、5つの生産子会社と8つの出資会社を所有、年間精米加工量 150万トン、9銘柄のブランド米創設、ISO9001、ISO14001、HACCOP 認定取得
北大荒紙業	総公司 10%、北大荒農業 90%	登録資本金 6千万元、資本規模 1.4億元、業務内容：紙製品の生産、加工、販売
完達山乳業	総公司 51%、台湾「統一」49%	総資産額 29億元、7つの出資会社、41生産工場、6シリーズ 91品種の製品、ISO9001、ISO14000、HACCOP 認定取得
北大荒肉業	総公司 100%	業務内容：飼料加工、養豚の繁殖・肥育、屠殺、肉加工年間屠殺量 400万頭、年間肉加工量 3万トン、ISO9001、HACCOP 認定取得
北大荒種業	総公司 100%	業務内容：穀物種子の育成、栽培、加工、販売
北大荒麦芽	総公司 100%	「国家農業産業化重点竜頭企業」、総資産額 3.2億元、従業員 586人、技術員 80名、業務内容：大麦の品種開発、栽培、加工、販売。栽培面積 8万 ha、種子育成基地 333ha、大麦年間加工量 10万トン、ISO9001 認定取得
北大荒糧油卸売市場	総公司 100%	業務内容：有機農産物、緑色食品の現物取引、配送。敷地面積 4万 m²（取引センター、配送センター、場外市場、総合サービスセンター）、年間配送量 10万トン、売上高 3億元
九三油脂	総公司 100%	「国家農業産業化重点竜頭企業」、純資産額 6.5億元、業務内容：大豆を原料とした飼料、食用油、健康食品、医薬品の加工。傘下には9つの生産子会社、年間大豆加工量 500万トン、栽培基地 200万 ha
九三豊緑麦業	総公司 100%	7シリーズ 24品目「緑色食品」認定取得、ISO9002 認定取得 「国家農業産業化竜頭企業」、資産額 4.1億元、年間小麦加工量 36万トン
完達山薬業	総公司 100%	総資産額 4.1億元、漢方薬（刺五加）の54種類の製造、販売
多々集団	総公司 51%	業務内容：缶詰食品、医薬品の加工、製造、販売、輸出。 食品加工については、ISO9001、HACCOP 認定取得

注：『2005 北大荒集団』および『黒竜江墾区統計年鑑 2005』により作成。

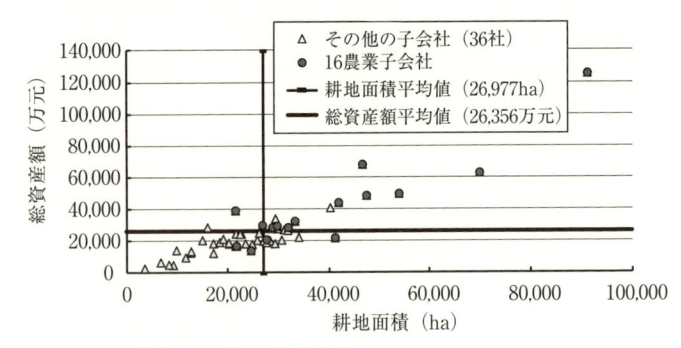

68　第1編　国営農場の展開と再編

```
        140,000                △ その他の子会社（36社）
              ┤               ● 16農業子会社
        120,000 ┤              ━━ 耕地面積平均値（26,977ha）
   総    100,000 ┤              ━━ 総資産額平均値（26,356万元）
   資     80,000 ┤
   産     60,000 ┤
   額     40,000 ┤
  (万元)   20,000 ┤
              0 └─────────────────────
                0   20,000  40,000  60,000  80,000  100,000
                           耕地面積（ha）
```

図2.2　16農業子会社の位置づけ

注：1）『黒竜江墾区統計年鑑』（2002年、2005年）により作成。
　　2）耕地面積は2001年、総資産額は2004年のデータである。

て上海証券取引所に上場し、A株^(注4) 3億株を発行して3億元の資金を調達している。その結果、「集団総公司」の出資金比率は79.6％となっている。

「北大荒農業」の傘下企業は、全額出資が16の農業子会社と浩良河化学肥料工場であり、他の3社（米業、紙業、麦芽）は「集団総公司」との共同出資である。そのうち、「北大荒米業」が主力企業であり、当初の出資比率は90％であったが、2004年には追加出資し99％となっている。「北大荒紙業」は90％、「ハルビン龍墾麦芽」は51％である（前掲**表2.3**）。

農業子会社は、「集団総公司」の中心地である三江平原に位置する4つの分公司の52子会社の中から16の優良子会社を選定したものである。選定基準は明確ではなく、「基本方針」といわれるものは以下の4点である^(注5)。第1に、一定の経営規模に達し、耕地面積が大きく、開発可能な未墾地資源が存在すること、第2に、農場指導部の経営管理水準が高く、経営管理制度も整備されていること、第3に、外部との法的トラブルがなく、経営面での負債がない、または処理可能な範囲にあること、第4に発展の可能性がある、ことである。

以下では指標となる耕地面積と資産総額を比較してみよう。**図2.2**に示したように、耕地面積では、子会社16社のうち13社が平均面積（4分公司の平

表2.4　「北大荒農業」の主要業務の実績の推移

単位：万元

年次 項目	2001 収入	コスト	収益	2002 収入	コスト	収益	2003 収入	コスト	収益	2004 収入	コスト	収益
地代	86,790	0	86,790	89,524	0	89,524	91,166	0	91,166	99,050	0	99,050
農産物販売	45,811	46,448	-637	39,934	38,713	1,221	80,158	79,521	637	194,076	164,885	29,191
化学肥料販売	8,031	9,005	-974	17,685	18,584	-899	15,309	16,758	-1,449	19,723	18,331	1,392
製紙販売	-	-	-	-	-	-	-	-	-	7,655	5,320	2,335
合計	140,632	55,452	85,180	147,143	57,298	89,845	186,633	96,280	90,353	320,504	188,536	131,968

注：『黒竜江北大荒農業股份有限公司年度報告』各年次により作成。

均は26,977ha）を超え、4万haを超える会社8社のうち7社までを子会社が占めている。資産総額では、4分公司の平均値は26,356万元であるが、子会社16社中12社がそれを上回り、7社は4億元を超えている。また、土地生産性についても、穀物の農墾平均値5トン/haを超えるものが12社あり、6トン/haを超える会社が7社存在している。さらに、職工1人当たりの純収入の水準では、農墾平均値5,593元を上回る子会社が12社ある。このように、選定された16社は規模においても、生産性や純収入においても優位性を示している。

「北大荒農業」の業務内容は主に次の4つである。第1が水稲、小麦、大豆、トウモロコシ等糧食の生産、加工、販売であり、第2が化学肥料の生産、販売、第3が紙製品の生産、加工、販売、第4が農産物の加工関連の技術、情報、サービスシステムの開発と運営である。米の販売に関しては、主に「北大荒米業」が担い、肥料については、浩良河化学肥料工場が担っている。表2.4は2001～2004年までの主要業務実績の推移を示している。収入源は地代収入が最も大きかったが、2004年には農産物販売収入が逆転し、化学肥料販売と製紙販売と続いている。収益は、当初は地代収入以外は赤字であったが、2004年には各部門が黒字になり、2004年の収益13億元のうち農産物販売が2.9億元となっている。とはいえ、現状では地代収入への依存は圧倒的である。

以上、「集団総公司」と「北大荒農業」を中心に「政企分離」、株式会社化

についてまとめてきたが、以下では二九一農場を事例として取り上げ、こうした改革が農場組織および職工農家に及ぼした影響を明らかにする。

注
（1）初期の農場改革については、朴紅・坂下明彦『中国東北における家族経営の再生と農村組織化』御茶の水書房、1999年、第7章を参照のこと。
（2）全国的に農業分野で企業集団化を図ったのは「中国農墾集団総公司」とその他の4つの企業集団である（中国水産集団有限責任公司、中国牧工商集団総公司、上海市農工商集団総公司、吉林省吉発集団公司）。
（3）「撤隊建区」の内容に関しては、第1章第3節の注（2）を参照のこと。
（4）中国には上海と深圳に株式市場があり、それぞれA株、B株を上場している。A株はもともと中国国内投資家限定の市場であり、人民元で取引を行っていたが、現在では外資にも開放している。B株は当初は外国投資家限定の株式市場であったが、現在では国内個人投資家にも開放している。将来的には、この2つの株は一本化される見通しである。
（5）選定の「基本方針」については、「北大荒農業」農業生産技術部所属（当時）の祖小力氏へのインタビューによる。

第2節　二九一農場における組織再編と機能変化

1．農場の概要と株式会社化による組織の変化

　二九一農場は第1章第2節で述べたように、集団帰農した「中国人民解放軍農業建設第2師第6団」により1954年に設立されている。この農場は、三江平原の中心地ジャムスの東に位置し、車でおよそ2時間の距離にある。総人口は18,066人、耕地面積は33,197haであり（2004年）、所属する紅興隆管理局の13農場の中では中規模農場である。総生産額38,034万元のうち第1次産業が27,343万元（71.9％）、第2次産業が3,864万元（10.2％）、第3次産業が6,827万元（17.9％）であり、農業の割合が圧倒的である。
　農場は、2002年の株式会社化以前には生産部門、経済発展部門、社会発展部門（文化、教育、衛生、福祉）、政党・行政管理・司法部門の4部門からなっていた。生産部門のうち、農業部門は4つの分場と39の生産隊から構成

表 2.5　二九一農場の耕種部門の構成（2004 年）

	面積(ha)	単収(kg/ha)	総生産量(トン)	生産額(千元)	単価(元/kg)	ha 当たり生産額(元)
水稲	20,000	8,924	178,486	282,344	1.6	14,117
小麦	267	3,700	988	1,483	1.5	5,554
トウモロコシ	7,634	8,922	68,114	54,473	0.8	7,136
大麦	5,333	3,001	16,004	24,012	1.5	4,503
大豆	2,067	3,018	6,238	15,598	2.5	7,546
ビート	2,000	37,337	74,673	24,606	0.3	12,303
合計	37,677		344,503	442,800		11,753

注：農場資料による。

され、工業、建築業部門はそれぞれ9企業と2企業からなり、経済発展部門には小売企業と物流企業がそれぞれ2企業ずつ存在した。

　2002年の株式会社化により、農場は「北大荒農業二九一子会社」と「社区管理委員会」（以下「管理委員会」と略する）とに二分割された。子会社は、耕種部門[注1]ならびに傘下企業であり、後者の内訳は水利公司（従業員37名、費用108万元）、物資公司（同46名、化学肥料取扱高1,200万元）、種子公司（同28名、取扱高780万元）、糧食流通公司（同49名）、科学技術センター（同21名）となっている。

　耕種部門は、旧農場の組織が移行しているが、管理機関（従業員46名）の他に野菜公司（同9名）が設置されている。作付面積37,677haのうち、水田が20,000haで基幹であるが、畑作面積はトウモロコシ、大麦、大豆、ビートの順となっている（表2.5）。水稲は、単位面積当たり粗収入が最も高く、職工農家の初期投資は大きいものの、1996年の10,010haから2倍にまで拡大したものである。それに伴って、耕種部門の総生産額は1996年の11,756万元から2000年には15,628万元となり、2003年には29,618万元、2004年には44,280万元に上っている。こうした農業生産の伸張が子会社化としての選定に大きく影響したことは言うまでもない。

　「管理委員会」は、農業部門中の林牧畜漁業、工業、商業部門の企業と建築業、社会発展部門、政党・行政管理・司法部門から構成されている。

まず、教育機関は、小学校（教師96名、在校生1,364名）、中学校（教師92名、在校生1,416名）、合わせて就業者は281名である。農場直営部門は、道路事務所（102名）、水道局（60名）、宿泊所（22名）、道路管理所（56名）、テレビ中継局（19名）、職工病院（146名、うち医生90名、ベッド数60床）、警察分局（66名）、社区機関（79名、図書館、文化施設各1）で、合計550名である。これらを合わせると、総人数は831名となる。この部門の費用は1,800万元であり、うち賃金が845万元を占める。

　農場内の工業企業は4企業（機械工場、木材工場、鉱物工場、乳製品工場）であるが、これらは全て「分公司」（旧管理局）に統合されている。従業員数は113名であり、販売収入は387万元であるが、営業利益は出ていない。建築業は1社であり、これは「管理委員会」の管轄であるが、従業員数が186名、事業高は600万元であり、営業利益は86万元となっている。

　この他に、農場内には個人企業として私営化された製粉（従業員23名）、有機肥料製造（同19名）の2企業があるほか、軽工業（合計従業員63名）、重工業（同90名）、建築業（同80名）があり、その売り上げは8,235万元、税支出466万元、営業利益1,728万元となっている。また、個人の運輸業（従業員306名）、商業（同420名）、飲食業（同310名）、サービス業（同83名）があり、その総産出額は8,026万元、納税額が373万元、営業利益が1,429万元となっている。

　農場のバランスシートを耕種部門が分離される前後の2001年と2003年で比較してみると（**表2.6**）、資産、負債・所有者権益総額は3億2千万元から半分の1億5千万元に大きく減少している。資産については、固定資産には大きな変化はないが、資材購買部門が分離されたことで在庫が大きく減少するとともに、主に職工農家との間で発生した未収金が大幅に減少を見せている。負債・所有者権益については、未払い金の減少はわずかであるが、所有者権益が急速に縮小している。これは内部留保が子会社化の過程で吸収されたこと、未収金の処理が行われて損失の繰り延べが行われたことによっている。また、当年度の利潤も前年度の858万元の黒字から、1,769万元の赤字へと転

表2.6 二九一農場の財務と収支

単位：万元

		2001	2003
流動資産	合　計	20,881	5,927
	未収金	11,378	3,579
	うち職工農場	4,085	559
	在庫	4,806	812
	未処理損失	3,367	1,283
長期投資		623	661
固定資産		10,842	9,243
無形資産		340	1
資産合計		32,686	15,832
流動負債	計	12,331	11,682
	未払金	8,357	10,770
	うち職工農場	2,813	0
	うち上納金	569	559
	未払賃金	1,149	525
長期負債		6,719	2,177
所有者権益	計	13,636	1,973
	実収資本	6,281	6,029
	資本公積	1,306	1,596
	剰余公積	2,147	−605
	未処分利益	3,902	−5,047
負債・資本合計		32,686	15,832
（費　用）	管理費用	3,362	1,464
	財務費用	−2	165
	営業外支出	1,007	245
	うち政社支出	772	67
（利　潤）		858	−1,769
	うち農業企業	858	−1,769
（上納税金）		300	2
	うち農業税	335	0
職工農場	総収入	24,908	
	総支出	12,113	
	利潤総額	5,867	

注：農場資料により作成。

化している。これは、管理費用の存在が減少しているとはいえ大きい。

　このように、一部の財務資料を見ただけでも、取り残された旧農場部分である「管理委員会」の収支状況は厳しく、その再建には多くの課題があるといえる。

2．「社区管理委員会」と農業子会社における資金の流れ

　2002年の株式会社化以前は、生産隊は職工農家から徴収した「費税糧」（「利

費税」の物納）のうち、「隊管費」を留保した上で、残りは分場を経由して農場に上納していた。農場はこの上納金のうち「農業税」を地方政府に納付し、残りの「地代」を総局に上納し、総局がそれをプールして国の交付金とともに各農場に再配分していた。

　このような単純な資金の流れは、株式会社化後は複雑となっており、それはおよそ2つに大別できる。まず、農業子会社については、2002年に「隊管費」が、そして2004年には農業税が廃止されたため、作業ステーション（旧生産隊）が職工農家から徴収できる費用は「地租」[注2]のみであり、これを「管理区」を通さずに直接子会社（旧農場）に上納し、その中から子会社は「北大荒農業」より課されたノルマ（年度当初に決定）のみを上納する。ノルマ以外の収益は子会社の収入となるが、作業ステーションに対しては幹部（ステーション長、会計、党書記のうち前2者分）の給与のほか、少額の雑費のみを支払う。その他の支出、例えば、ステーション幹部の出張費用等については、その都度申請、審査の手続きが必要である。

　ノルマは事実上の地代として耕地面積と土地生産力に応じて決定されるが、二九一子会社の2005年度のノルマは1ha当たり880.5元であり、総額は2,900万元、月額はおよそ240万元である。ノルマは毎月納めるが、職工農家からは耕作前の3月に一括前払いで徴収し、12回に分割して「北大荒農業」に納入する。ノルマ達成のために、「北大荒農業」は役員に対し、職務に応じて1,000〜50,000元の抵当金の設定を行っている。

　「北大荒農業」は本来であれば16農業子会社および出資会社に指定した上納金の一部を最大の株主である「集団総公司」に配当しなければならないが、現状では市場株のみの配当となっている。

　もう1つの資金の流れは、「総局」系統（「政社」系統）である。「北大荒農業」は「総公司」に対し、出資配当を行っていないため、「総公司」に出資している農墾総局への配当もない。したがって、「総局」の運営資金は、国の交付金と系統内の国有工業企業の上納金からなっており、必ずしも十分とはいえない。16の上場子会社の「管理委員会」については、「総局」はそ

れらの規模に応じて、4つの管理局を通して各農場に予算配分を行う。2003年の二九一農場「管理委員会」の年間運営費はおよそ1,500万元であったが、農場責任者によると、運営交付金は当然ながら不足状況にある（前掲表2.6）。その不足分の補填は、過去の債権の回収によっている。この債権は、職工農家の借入金、非農墾系企業の借入金を内容とする。「管理委員会」は自らの経費のほか、「管理区」と作業ステーションの経費（主に役員の給料）の一部を負担することになっているが、「管理区」の役員は作業ステーションの人員が兼任しているため、「管理区」への経費支出は皆無である。役員の給料以外の出費については、子会社同様、その都度申告する方式を取っている。

このように、基幹である農業部門の株式会社化とその収益確保のために、旧農場の行政機能のための資金が縮小を余儀なくされているというのが実態である。

3．作業ステーションの組織

つぎに、作業ステーションの機能について、第3管理区第1作業ステーションを事例としてみてみよう。作業ステーションの役員会は生産隊時代の半数の7名構成であり、ステーション長1名、党書記1名、副ステーション長2名、会計1名、統計1名、技術員1名である。ステーション長は農業生産全般を統括し、副作業ステーション長は農業と農業機械をそれぞれ分担して補佐する。党書記の職務は多岐にわたるが、共産党・共青団関連の業務以外に、計画生育、環境保護、争議仲介等の行政管理業務も行っている。

役員の本業は農業であり、職務は兼任である。このうち、上部組織から給料を支給されるのはステーション長、党書記、会計の3名のみであり、前2者は900元/月、後者は800元/月である。作業ステーション長と会計は農業子会社から、党書記は「管理委員会」から支給されている。他の役員は給料を支給されず、幹部手当が「農業協会」から支給されている。

「農業協会」は2004年に総局の指示に従って各農場に設立されたものである。「協会」の下には幾つかの「分会」が設けられ、「農業機械分会」、「流通分会」、

「植物保護分会」、「作物分会」等がある。各分会の責任者は作業ステーション幹部が兼任し、費用は各子会社、「管理委員会」、職工農家が支払う。「農業協会」のなかで、特に注目されるのは「作物分会」である。これは作物別に「水稲分会」、「大豆分会」、「トウモロコシ分会」、「小麦分会」、「経済作物分会」等に分かれ、職工農家に対して生産技術指導、生産資材の供給、農産物の販売というサービスを提供することになっている。ただし、これらの組織は「農業機械分会」以外は組織化されて間もないため、本格的な業務を行っていない。

このように、作業ステーションは従来の生産隊の諸機能を基本的に受け継いだが、効率化のために役員数を大幅に削減して役割分担を明確にする一方、「農業協会」により職工農家の組織化を図ろうとしている。

注
（1）2002年時点での第1次産業総生産額は23,018万元であるが、うち耕種業19,160万元（83.2％）、林業84万元（0.4％）、牧畜業3,369万元（14.6％）、漁業359万元（1.6％）、第1次産業サービス業46万元（0.2％）である（『紅興隆分局経済和社会発展統計資料』）。
（2）「地租」には土地請負費（事実上の地代）、医療保険、養老保険、計画生育費、農業リスク保険等が含まれている。農業リスク保険は「陽光リスク保険」という農業自然災害（特に稲熱病など）保険であり、2004年に国有農場独自の保険としてスタートしたもので、104の農牧場が全て加入している。また、農場によって「地租」の名称は異なり、例えば新華農場では「利費」と呼ばれている。

第3節　作業ステーションと職工農家

1．作業ステーション内の職工農家の構成

第1作業ステーションの前身である第1生産隊は1954年の農場設立当初から存在する生産隊の1つである。1984年の組織再編により「原種場」（穀物種子栽培の専門生産隊）となり、2002年に第1生産隊として復帰、その後第1作業ステーションに改称された。

二九一農場本部の周辺にあるため、職工のなかには市街地で商業に従事するものも多く、農業部門で雇用されるもの、畜産業に従事するものも存在している。第1作業ステーションの人口は243人、89戸であり[注1]、2004年の農業従事戸数はわずか7戸に過ぎなかったが、2005年には46戸（51.6％）にまで激増している。その背景には農業税の廃止（150元/ha）、穀物栽培直接支払い、優良種子補助金の支給という優遇政策がある[注2]。46戸の職工農家のうち、水稲農家が9戸、畑作農家が37戸である。このほかに、第1作業ステーション内で水稲経営を行う農家が40戸あるが、そのうち20戸は招聘農家（五常市80％、綏化市20％）、他の20名は農場関係者（電話局職員と種子公司職員がそれぞれ3名、他の作業ステーション所属の農家が14名）である。招聘農家は、1995、96年に大規模な水田開発に対応するため、稲作先進地域の一般農村から多数導入したが、2004年からは受け入れを中止している。これは水田開発が飽和状態にあることと、職工農家の農業復帰が増加したことによる。2002年以降は、一部の職工農家が招聘農家の水田を強制的に譲り受けるというケースが続出した。現在では、表面上は招聘農家の同意を得た上で職工農家に水田を譲渡することになっているが、「利費」の高騰、前払いの導入により、比較的弱い立場にある招聘農家を排除する傾向が続いている。また、「土地を篤農家に集中する」、「金のある人が土地を耕す」という政策は、招聘農家のみではなく、職工農家間の激しい競争をもたらしている。

　第1章で述べたように、職工農家の農地の使用権の配分は「両田制」によって行われており、「基本生活田」（「口糧田」）と「市場田」（「責任田」）とに区分されている。二九一農場の場合、前者は、一人に対し畑地と水田をそれぞれ2haを配分し、後者は水田のみで申請によって配分されている。「基本生活田」は文字通り生活保障用であり、「利費」の支払いでは1ha当たり150元、1人当たり300元が減免されている。しかし、2003年までは各種の公租公課が過重であったため、「基本生活田」を放棄する職工農家が少なくなかった。今後は、農地配分を求める職工が続出すると予想されるが、新たな「農村土地請負法」では「両田制」を禁止する改訂がなされたため、「一田制」

表 2.7 第1作業ステーションの規模別稲作農家の分布

単位：戸

面積（ha）	農家戸数	種子生産専門		他の作業ステーションの職工農家	招聘農家
		第1作業ステーション農家	職員		
14	1	1			
12	1			1	
11	2			2	
10	9	3	1	5	
8	4	2	2		
7	7	1		1	5
6	6	1			5
5	16	1		5	10
合計	46	9	3	14	20

注：聞き取り調査により作成。

（「均田制」）のもとでの新たな配分が行われると予想される。

　耕地面積は540.5haであり、うち水田が335.5ha、畑地が205haである（2005年）。畑作は、トウモロコシが102ha（うち飼料用40ha）、大麦が70ha、ビートが33haである。農地は10区画に分けられ、それぞれがさらに2～5区域に分割されている。

　灌漑は地下水灌漑である。現在の井戸は60本であるが、うち畑作用が8本、稲作用が52本となっている[注3]。水田1本の井戸の灌漑可能面積は6.5haである。これは井戸の大きさに規定されている。井戸の深さは28～40m（地下水位は8mであるが、長期使用のため深く掘り下げている）であり、直径は6cmと12cmの2種類であるが、前者が3割、後者が7割である。掘削費用は前者が4,700元、後者が9,000～10,000元である。

　稲作農家46戸のうち、第1作業ステーションの9戸と職員3戸は単価の高い種子栽培を行っており、かつ面積的にも大きく（120ha）、全体の35.8％を占めている（**表2.7**）。その他の作業ステーションの職工農家14戸のうち、10ha以上の農家も8戸存在する。これと対照的に、招聘農家は全て7ha以下の小規模経営であり、水田配分についても職工農家を優先させている。2004年度の農業総生産額832万元のうち、水稲が占める割合は80.6％（671万元）であり、基幹的な位置づけである。

2．作業ステーションの機能変化

　つぎに、第1作業ステーションの役割の変化を明らかにする。まず、作付計画については、水田と畑作で大きく異なる。水田については、圃場が固定化されているために規制は少ないが、種子に関しては品種の指定が行われている。畑作の作付については、従来は農家が自主的に決定していたが、現在では作業ステーションが一元的に作付計画を立てている。農業子会社は「北大荒農業」から指定される買上量に応じて、「管理区」を通して各作業ステーションに作付の指令を行う。作業ステーションはそれに従って地域内の各作物の作付を決定し、職工農家に作付申請をさせる。例えば、大豆の作付希望者は圃場図上で作付が決定される。多くは申請が認められるが、調整を行うケースもある。また、輪作を確実に実施させるため、春先に職工農家から1ha当たり2,250元の管理費を徴収し、ローテーションを遵守した場合には秋に返却し、違反した場合には没収するという方法を取っている。一部には連作畑の発生も見られるが、耕地利用の統制は強化されている。

　第2に、機械利用については、「農業機械分会」によって運営されている。これは従来の「機務隊」を再編したものである。1980年代の前半は全て畑作生産であったが、第1生産隊にはトラクタ7台、コンバイン7台、耕耘機3台があり、全て生産隊所有であった。機務隊長1名、技術員1名、統計1名、修理2名、部品管理1名、油管理1名、計7名の管理体制のもとに、55～62名の職工がオペレータとして所属していた。1993年に全ての機械の個人への払い下げが行われ、その支払いにはローンが組まれた。その後、機械の個人所有（「有機戸」）が進展し、作業受委託が行われるようになった。委託農家は秋に一括して委託料を会計に支払い、それが「有機戸」に支払われた。その後、受委託料は直接支払われるようになった。しかし、作付計画が実施されるようになり、再び「農業機械分会」を通しての支払いとなった。稲作については、圃場が固定しているため、受委託関係は個別対応となっている。「農業機械分会」は機務隊長と修理担当の2名体制となり、隊長は副ステーショ

ン長が兼任し、修理は職工農家が兼務することとなった。修理費用は修理を依頼した農家の自己負担である。作業受託は「有機戸」が担当するが、現在の機械台数はトラクタ11台、耕耘機7台、田植機33台、自走式コンバイン5台である。受託の割り当ては機務隊長が行い、受託料は作業委託農家から徴収し、全額が「有機戸」に支払われ、手数料はない。機務隊長の手当は「農業協会」より支払われ、修理担当の手当は修理費用のなかから支払われる。機械の保管はステーションの格納庫で集中管理し、保管費用を農家から徴収している。格納庫には管理人が常駐し、保管費からその手当が支払われる。

第3が農業技術の普及である。これは「農業協会」の設立により強化が図られつつある。稲作を例に取ると、シーズン毎に技術講習会が開催される。春期には耕起、代掻き、育苗の方法、夏期には水管理、肥料と農薬管理、秋の収穫期には増収技術である。冬期間には外部の技術員を招き、篤農家を対象に講義を行っている。また、病害虫発生時等の緊急時には、対策会議（現場会議）を開催し、子会社の生産担当部長、農業生産技術部[注4]の職員、各ステーション長および技術員が対策を検討する。その内容は、各ステーション長および技術員によって職工農家に伝達される。

3．株式会社化による農家支援と農家負担の変化

(1) 販売体制

「北大荒農業」の設立に伴い、穀物販売のための「原糧」確保のための「任務糧」制度が新設された。2003年は強制的に徴収したが、2004年からは農家と協議して徴収するようになった。稲作については、2004年の「任務糧」は1ha当たり籾3トンであったが、2005年には5トンに増加している。これは、春先に「北大荒米業」を通じて各子会社、各作業ステーションに通達される。これに基づいて、農家は「北大荒米業」の精米場、二九一の場合は「北大荒米業御緑分公司二九一精米所」に納入する。

買上価格は「保護価格」を基準にしている。これは「集団総公司」で一律に定められており、1kg当たり1.5元となっている。「任務糧」以外の籾は、

別のルートへの販売が可能であるが、集荷商による庭先集荷がないため、大半の農家は「北大荒米業」に販売している。その際の販売価格は市場価格が基準である。代金精算は売買時に行われるが、「良種補助金」(225元/ha)、「糧食補助金」(180元/ha)、運搬費(0.02元/kg)を買上価格に上乗せて支払われる(2004年)。2005年からは「二九一糧食貿易公司」が農家の庭先で買付けし、「北大荒米業」に運搬する体制を採っている。補助金については、「良種補助金」は、稲以外は毎年支払面積の枠が設けられており、「糧食補助金」は全ての作物が該当する。補助金の支給は2004年から開始され、2005年には「糧食補助金」については若干高く設定されている(203.7元/ha)。種子生産農家の場合は、契約生産であり、「任務糧」は設定されず、全量を「二九一種子公司」に販売することを義務づけられている。販売価格は前述のように「保護価格」より1kg当たり0.12元高く設定されており、1.62元となっている。

(2) 融資体制の変化

1988年に「両費自理」政策が提唱された。当時の職工農家は自立経営を行う経済力がなかったため、農場による資金供給はその後も継続した。1996年からの水田開発に伴い、一部に富裕な農家が現れ始め、ごく一部の貧困農家を除いて、生活費は完全に自己責任で賄えるようになり、営農資金についても徐々に農家自らが調達するようになった。

2002年の農場子会社化により、農場は法人格を失ったため、銀行から融資を受けることができなくなった。また、農家もある程度経済力がついてきたことを機に、「両費自理」が一般的となってきている。ただし、農家が水田開発に対する投資を行う際や営農資金の不足農家では融資が必要になるが、農業銀行あるいは信用合作社から機械担保や職工間の相互保証により融資を受けるようになっている。また、作業ステーション幹部が間接的な保証人になるケースもある。招聘農家についてはこうした人脈も財力もないため、5人以上の連帯保証が求められ、返済不能の場合には作業ステーションの責任が追及される。

融資の時期は３〜４月に限定され、かつ上限も設定されている。2004年には１ha当たり700元であり、2005年には1,000元となっている。返済期限は１年であり、翌年に融資を求める場合には、前年度の融資の全額返済が条件となる。利息は、農業銀行の場合は2004年と2005年にそれぞれ年利7.7％と8.2％を示し、信用合作社の場合は同8.8％と9.3％である。この他に手数料、公証費、保険料が上乗せされ、2005年の農業銀行の実際の利息は9.0％であった。信用社の場合はさらに高い。

　実際には、上層農家はかなりの経済力があるため、金融機関からの融資を必要としない。他方で、小規模職工農家や招聘農家等は融資が必要であるが、条件が厳しいことから、融資を受けられないケースが多く存在している。また、従来の生産隊による支援策は株式会社化によって皆無となったため、下層農家の資金確保は厳しくなっている[注5]。

（３）「利費」の徴収

　水田の「利費」は、1995〜99年までは籾納入であった。その水準は、1995年は600kg/ha、1996年は900kg/ha、1997年は1,200kg/haであり、1998年と99年はそれぞれ1,700元/haと1,860元/haに相当する籾の納入となった。2000年以降は金納となったが、2000〜2003年は毎年2,190元/haであった。

　株式会社化後は、2004年に春季前払いが30％に、2005年からは100％となるとともに、2005年には2,600元/haへと大幅に増額している。その理由は、農業税の廃止や補助金支払いとされたが、本来合計で578元/ha（2005年）受けるべき利益は、利費の値上げにより３割弱の168元/haに縮小されている。

　2005年の「利費」2,600元の内訳は、第１が「北大荒農業」へのノルマ880.5元/ha、第２が職員の給与などの変動費用304.5元/ha、第３が減価償却などの固定費用593.9元/ha、第４が各種基金の代理回収分821.1元/haである。代理回収分はノルマに次ぐ金額の大きい項目であり、それは農業災害保険（「陽光リスク保険」）、水利発展基金、牧畜発展基金、養老保険、医療保険、教育保険等からなり、なかには離退職者の年金支払いのような重い負担も含

まれている。これは養老保険が実施するようになって間もないため、それまでの世代の生活の一部を負担しているからである。現在二九一農場全体の7,604人の職工農家のうち、離退職者が1,861人（24.5％）存在していると推定できる^(注6)。

注

（1）『二九一農場統計年報　2004年』では職工農家の所属を二通りに分け、1つは上場子会社の所属（24戸）であり、もう1つは「社区管理委員会」の所属（65戸）である。しかし、これは実際には意味がなく、名目に過ぎない。
（2）農業税の廃止は、農墾系統では2003年から実施している。穀物栽培直接支払いについては、従来の穀物栽培補助金の間接支払い政策の変更版である。つまり、これまで政府は農民から穀物を買い上げる際に、「保護価格」（市場価格との差額）を設定し、国有糧食企業を通じて支払ってきたが、これを「間接支払い」という。2004年からは穀物市場の全面的開放により、政府は国有企業を経由しないで「保護価格」を直接農民に支払うようになった。この窓口は一般農村では郷鎮政府であるが、農墾系統では従前の通り農場である。また、優良種子補助金は、2001年から実施されている新政策であるが、対象品目が毎年増加し、2004年には大豆、小麦、トウモロコシ、水稲の4品目となっている。前3品目については、2004年と2005年に全国でそれぞれ13省と17省が指定され、150元/haが支払われている。水稲については、2年間ともに同一の7省が指定され、225元/haが支払われている。黒竜江農墾と新疆農墾は全ての品目が対象となっている。ただし、農墾系統内部では、地域の割当制を実施している。また、補助金の支払い窓口は種子供給部門とされるが、実際には入札により供給部門を確定し、そこを支払い窓口としている。
（3）畑作用8本のうち、4本は第1作業ステーションが整備したものである。ステーション所属の農家であれば、油と揚水機を持参して井戸の無料使用ができる。2004年と2005年は雨量が多かったため、畑作での井戸利用は行われていない。
（4）「農業生産技術部」は、従来の農場の農業課、機務課、水稲弁公室が合併して作られたものである。他に、「社区管理委員会」にも農政課が存在するが、農業生産以外の事務的な仕事のみを担当する（車検等）。
（5）『黒竜江北大荒農業股份有限公司年度報告　2004年』によると、2004年度「（株）北大荒農業」が職工農家の生産資材、取りわけ種子、肥料、機械の購入、作業委託のために立て替えた金額は13.2億元にものぼり、16子会社平均8.3万元に達しているという。これは、かなりの部分が過去の負債である。また、機械

購入のためのローンについては、小型機械は2年、大中型機械は3〜8年となっている。
（6）中国では定年退職者の年齢設定を一般的に男性60歳、女性55歳としている。したがって、『二九一農場統計年報　2004年』によると、二九一農場には60歳以上の人口が1,426人であり、55〜59歳の女性が435人となっている。両者を加えた合計は1,861人である。

第4節　改革と農場機能の変化

　以上、黒竜江省の国有農場の株式会社化の内実を明らかにしてきた。農墾は、「政企分離」の一環として集団総公司を分離するとともに、北大荒農業を設立して一部上場を図っている。これは、優良農場を選択して分離を図ったものであり、徐々に収益も向上を見せている。その意味では、国有農場経営改革としては大きな成果をみせているといってよい。しかし、多くの課題が残されている。ここでは主に3点を取り上げ、今後の展望に変えたい。
　まず、北大荒農業株のなかの国家株つまり集団総公司の出資率が79.6％であり、非常に高い。株主としての政府の支配力が圧倒的である一方、「政企分離」という企業改革を強行しようとする矛盾を抱えている。そこで、2005年5月の株主総会では集団総公司の出資率を73.6％まで引き下げると決定したが、国家株の位置づけは依然として不動である。しかし、かつて日本でも国有企業の民営化には長い歳月がかかった。もともと公有制の中国であるからその期間は長期的となろう。「政企分離」するためには、国家株の引き下げは避けて通れない道である。
　つぎに、上場した16子会社とその他の農場の関係である。現段階では16子会社の上納金はその他の農場より多いため、事実上、資金分配の不平等が生じている。また、上場子会社と上場していない農場の間ではますます経済的な格差が広がり、農墾の地域社会の不安定な一因ともなっている。そこで、様々な模索が行われているが、その1つが農業産業化の一環である竜頭企業化である。つまり、上場子会社とその他の農場を契約栽培等で結合させ、産

地形成を図ることである。また、加工に関しては、北大荒米業等のグループ企業を十分利用し、農産物の付加価値の向上を図ることが考えられる。

　最後に、職工農家の負担増の問題である。農場の運営体制ならびにその経費は大幅に圧縮され、行政組織の運営は大きな問題を孕んでいるが、一方では所得格差の是正として実施された農業税の廃止や補助金支出もかなりの部分が「利費」の値上げとして吸収されている。そのため、改革の成果は職工農家の経営向上に直結せず、むしろ負担の増加に結果している。ただし、「農業協会」の設立にみられるように、商品生産の拡大に向けた組織化の方向が示されており、株式会社化の成果が農業生産に振り向けられるならば、農業基盤の強化に繋がると考えられる。

第3章

畑作の「双層経営システム」と職工農家の展開

　本書の中心的な課題は水田開発とそれにもとづく稲作職工農家の展開にあるが、2010年における国有農場の総耕地面積は280万haであり、稲作は128万haと最も比重が高いものの、畑作が残り152万haを占めている。このうち、大豆、トウモロコシがともに62万haを占めており、小麦作は大きく後退している（前掲図1.5）。したがって、国有農場全体の土地利用を考える上では畑作の動向にも注意を払う必要があるため、本章では第5章以下で対象とする新華農場に即して畑作における「双層経営システム」の実態と職工農家の形成過程を明らかにすることにする。第1章第3節において示した農業生産の請負制改革の補完も意図している。

　国有農場における畑作大規模職工農家の存在は統計的にも明らかであり（前掲表1.9）、一般農村とは比較にならない圃場の大規模性や大型機械の利用など、景観としても確認できるが、その実態に関する研究はほとんど行われてこなかった。この大規模経営の存在は、一般農村における人民公社の解体と均分的な請負農家の創設とは異なり、国有農場が存続し、しかも農場直営時代の生産隊の機械オペレータ層に厚く土地配分がなされた結果である。また、改革初期には小麦、トウモロコシ、大豆の3年輪作の確保のために生産隊の機能が存続し、いわゆる「双層経営システム」が存在しており、この点が国有農場における畑作経営を一般農村とは異質なものにしている。

　本章が対象とする期間は、請負制が試行される1984年から2000年代前半の時期であり、現在までをカバーしていないことをお断りしておく。ただし、この時期の生産主体の変化は著しく、職工農家の安定化までの経緯を明らかにするものとして重要な意味を持っている。調査は、2000年9月と2003年9月の2回にわたり生産隊と職工農家を対象として実施している。

第1節　畑作生産隊における職工農家の形成と共同経営

1．第10生産隊における農場改革と土地分配

　新華農場は、中国東北、黒竜江省のジャムス市の近郊に位置する耕地面積27,146haの中規模国有農場である（2003年現在）。農場改革以前の生産の基礎単位である生産隊数は36隊、そのうち稲作中心の生産隊が16、畑作中心の生産隊が20となっている(注1)。

　対象とする第10生産隊は1953年に設置され、新華農場のなかでは旧開地として位置づけられている。当初は農場の耕作区の１つに過ぎなかったが、その後、農場の規模拡大に伴い1955年には第３生産隊、1958年には第３分場、1964年には第６生産隊、1969年には第10生産連隊、1977年には第10生産隊と、名称を常に変えながら農場の内部編制に対応してきた。1984年に職工による生産請負制へと転換し、「大農場・小農場」制ができあがり、職工農家が生産、経営の単位になった。そのため、農場は生産隊を職工農家のための各種のサービスを提供する組織（作業ステーション）へと組織換えした。しかし、畑作生産隊においては、機械作業は生産隊による統一管理が実施されており、実態に適合しなかったために、生産隊は再度復活されることになる。

　農場改革前の第10生産隊の職工戸数は111戸であり、５つのチームに分けられていた。第１チームは機務隊であり、60名の構成で主に機械の操作、修理を担当していた。第２、３、４チームは農工隊であり、女性職工が多く、手作業がメインである。第５チームは総務隊であり、主に建物・施設の建設、養豚、食堂の運営を担当していた。作付は農場が決定し、職工は月給制であり、職種により格差が存在し、技術職が高かった。

　農場改革は1984年から始まり、当初はグループ請負制を採っていたが、1985年に機械の払い下げを行い、共同経営を含みながら個別経営化されている。クローラトラクタ６台、ホイルトラクタ３台、自走型コンバイン３台、牽引型コンバイン２台が11戸の農家（グループ）に払い下げられ、その他の

中小機械も払い下げられた。ただし、管理権は生産隊が持ち、機務隊が運営するようになっている。実質的にはオペレータに賃金を払って、剰余金が所有者のものとなる仕組みである。

　この時点での借地権の分配は、機械を所有していない「無機戸」については職工1人当たり2ha、その家族構成員1人当たり0.5haであった。「有機戸」については、機種に応じて大面積が分配され、トラクタ所有者で50ha程度が分配された。圃場整備は改革以前の1972年から継続的に行われており、最大の1圃場は62haとなっている。農地の分配は農場の規約に基づいて原案が作成され、職工代表大会で決定された。借地は1年契約であり、毎年割当地が変更されていた。この割当は、圃場毎にくじ引きで決定され、トラブルが回避されている。毎年の借地の分配は、機務隊による耕起の終了後に行われ、「無機戸」は管理作業のみを行うことになっている。1999年からは、請負農家が減少したために、最低2haの基準がなくなり、1戸当たりの請負面積の増加がみられる。

　以下では、2つの職工農家のケースを取り上げ、機械の払い下げとその移転に伴う「共同経営」の再編の実態を明らかにする。

2．No.1農家のケース

　No.1農家の経営主（1964年生）は1979年に単独で山東省から入地している[注2]。No.1農家の農地配分の変遷をみると**表3.1**の通りである。1984年の農地の個別配分では、11名の職工とともに60haの圃場を請負い、まだ独身であった経営主は2haの持ち分を受けていた。契約は1年ごとであり、圃場の割当は輪作に対応して変化し、面積は同一であるが、圃場はくじ引きにより決定された。

　1987年に11名の作業グループが解散し、1988年に結婚して以降は7戸の共同経営グループに参加するようになった。機械は3台所有したが、そのうちコンバイン（90ps）とクローラトラクタ（75ps）は中古であり、払い下げ価格はアタッチメント込みでそれぞれ20,000元と4,000元となっている。新規に

表3.1 No.1農家によるグループ請負制の変遷

期　間	1984～1987	1988～1992	1993～2000
グループ No.	1	2	3
戸数	11戸	7戸	4戸
請負面積	60ha	83ha	1993～　　40ha 1997～　　76ha 1999～　　136ha 2000～　　206ha
個人持分	2ha	11.9ha	1993～　　10ha 1997～　　20ha 1999～　　30ha 2000～　　50ha
機械所有	－	コンバイン・90p.s クローラ・75p.s 耕耘機・15p.s	クローラ・80p.s
機械価格	－	払下 20,000元 払下 4,000元 新規 10,000元	68,000元
資金調達	－	1989 現金 1988 現物払 1989 現金	1993 現金 24,000元 93～94 現物払 95～96 現金各1万元 97 トラブル
土地利用	1年契約、面積固定で割当地移動	小麦・トウモロコシ・大豆の3年輪作	表3.2参照 耕起・播種の共同 2000年 100psＴＲ借入 耕起以降はくじ引き 個別管理

注：1）2000年の聞き取り調査による。
　　2）山東省から1979年、単身で入地。

耕耘機 (15ps) を10,000元で購入している。代金の支払いは、クローラトラクタ (4,000元) は同年秋に現物で生産隊に支払い、残りの30,000元は翌89年に1人当たり4,200元を負担して支払っている。請負面積は83haであり、1戸平均11.9haであった。圃場は60haと43haの2ヶ所であったが、前者の圃場は分割されて他のグループが20haを耕作していた。共同経営は1992年まで行われ、作物は小麦、トウモロコシ、大豆の3年輪作が行われていた。

　1993年に、このグループは機械をすべて売却して解散した。そこで、No.1農家は他の3戸 (No.1の弟、No.A、No.B) と4戸のグループを結成し、共同経営を再開した。新規に80psのクローラトラクタを68,000万元で購入した

第3章　畑作の「双層経営システム」と職工農家の展開　　*91*

が、24,000元（1戸当たり6,000元）のみを現金で支払いし、残額の44,000元は農場本部の立替となった。1993、94年の資金返済はグループと生産隊が3:7の比率で農場本部に現物で支払い、1995、96年には残りの1万元をグループで支払った。しかし、このトラクタの所有権を明確にしなかったため、生産隊が購入価格で売却し、他の機械と合わせ99,700元をグループの負債とした。それを1997年から3年間の各戸割で返済した。

　請負地は1993～96年が40ha、1997～98年が76ha、1999年が136ha、2000年が206haであり、規模拡大が進行している。農作業は、1999年までは、共同所有の80psのクローラトラクタで耕起、播種を共同で行ったが、2000年には面積が拡大したため、他のグループから100psのクローラトラクタを借入して耕起のみを共同で行った。それ以降の作業はくじ引きで担当の圃場を決め、個別に行うようになった。No.1農家が管理する面積は1993～96年が10ha、1997～98年が20ha、1999年が30ha、2000年には50haへと拡大している。作付については基本的には各農家ないしはグループが決定しているが、生産隊による定期的な検査が実施されている。**表3.2**はこのグループの1997～2000年の作付と輪作の推移を示しているが、1998年以降は圃場ごとに作付を分割して、毎年輪作を行うようになっている。これにより、大豆と小麦のような収益性に格差のある作物を各戸が均一に分担することが可能となった。販売については、大豆とトウモロコシは「利費」（ha当たり1,700元）を支払った残りは商人に販売し、小麦は商人が買わないので全量を農場に販売している（**表3.3**）。

　しかし、面積が大規模となり、4戸での管理が不合理となったために、このグループは2001年春に解散している。206haの農地は、4戸の他に10名余りを含めて再分配されている。No.1農家は35ha、No.1の弟が17ha、No.A農家が10ha、No.B農家が20haの再配分を受けている。この他に、121haが13戸に割当てられている。機械の評価額は8万元とされ、No.B農家が継承し、2001年と02年で他の3戸にそれぞれ2万元が支払われている。

表 3.2 No.1 農家グループの作付と輪作の推移

単位：ha

圃場	面積	1997年	1998年	1999年	2000年
10-2	42	大豆 42	大豆 37 トウモロコシ 5	小麦 22 トウモロコシ 15 大豆 5	小粒大豆 6 大豆 36
10-3	34	小麦 34	大豆 21 小麦 13	大豆 13 小麦 21	大豆 21 小麦 8 大豆（新技術）5
9-2	60	(不明)	(大豆 60)	小麦 50 トウモロコシ 10	大豆 60
10-1	46	(トウモロコシ 46)	(大豆 46)	(大豆 46)	小麦 6.5 トウモロコシ 19.5 小粒大豆 20
4の一部	24	(不明)	(トウモロコシ 24)	(大豆 24)	小麦 24

注：1）2000年の聞き取り調査による。
2）（　）は前耕作者の作付。
3）2000年の大豆の新技術栽培というのは、畦を従来の70cmからその2倍の140cmに深め、さらに株数を2株から6株に増やしたため、密度が10％も増加した。コスト削減と単収向上につながっている。

表 3.3 作目別の作付面積、収量、販売価格

単位：ha、トン/ha、トン、元/kg

		1998年	1999年	2000年
作付面積	大豆	58.0	18.0	122.0
	小粒大豆	–	–	26.0
	トウモロコシ	5.0	25.0	19.5
	小麦	13.0	93.0	38.5
単収	大豆	2.1	2.5	
	トウモロコシ	6.0	5.7	
	小麦	4.5	4.2	3.0
総収量	大豆	121.8	45.0	
	トウモロコシ	30.0	142.5	
	小麦	58.5	390.6	115.5
販売価格	大豆		農場 1.8 商人 2.0	
	トウモロコシ		農場 0.6 商人 1.2	
	小麦		農場 1.1 商人なし	

注：1）2000年9月の聞き取り調査による。
2）調査時点では小麦しか収穫されていないため、大豆とトウモロコシの収量などは不明である。1998年の販売価格は不明である。

3．No.2農家のケース

経営主（44歳、1956年生）は、1958年2歳の時に祖父母、両親を含む親族10名と吉林省双陽県から入地している[注3]。入地当時は帰農軍人の叔父のもとで大家族として生活したが、1984年の請負制実施を契機に分家している。2000年現在では母親（76歳、父親は1971年没）、妻（49歳）、長男（18歳、高3）の4人暮らしである。母親は1970年代まで職工として働き、定年となっている。農場改革以前は経営主は妻とともに「機務隊」でオペレータとして勤務していたため、機械作業は熟練している。改革後の農地の動きを示すと**表3.4**の通りである。

1984年にNo.2農家は「機務隊」の元メンバー11人（No.2夫婦、No.2の弟夫婦2人、No.2の妻の弟1人、その他6人）を組織し、生産隊の機械5台の

表3.4 No.2農家によるグループ請負制の変遷

期　間	1984	1985	1986	1988～95	1996～97	1998～2000
グループNo.	1	2	3	4	5	6
戸　数	11名	12名	36名	親族5名	妻の弟	4戸
請負面積	200ha（機械1台に50ha上限）	200ha	800ha	120ha	20ha	60ha
個人持分	共同経営	共同経営	1人純収入2,000元	共同経営	共同経営	15ha ほかに個別 1999年7ha 2000年16ha
機械所有	クローラ2 ホイル1 コンバイン2	機械払下	機械11台追加	クローラ1 コンバイン1 クローラ2	クローラ1	－
機械価格	賃料1台 1,000～2,000元	82,000元	30万元	9,000元 45,000 21,000		－
資金調達	現物支払	5年払い 85年2万元	2年間で6万元支払	3年返済 3年返済 自己資金		－
土地利用						1998 一部固定 1999 固定自由

注：1）2000年9月の聞き取り調査による。
　　2）1958年吉林省から家族10名と入地。1983年に分家。
　　3）夫婦とも機務隊出身。

払い下げを受け、200haの農地を借地している。当時は機械1台に付き50haの借地が認められていた。機械は、クローラトラクタ2台、ホイルトラクタ1台、自走式コンバイン2台である。これは実質的にレンタルであり、1台当たり料金は1,000～2,000元で、合計10,000元に達し、農場本部に現物で支払われている。

　1985年には親族と他人を合わせて12人のグループを結成し、前グループの使用していた機械5台と農機具を合計10万元で引き継いでいる。その明細は、クローラトラクタ2台が18,000元、ホイルトラクタが14,000元、コンバイン2台が50,000元、付属農機具が18,000元である。農場本部への支払い期間は5年間である。1985年の借地面積は前年度と同様200ha余りであるが、1年契約であるため、圃場も変化している。1985年には2万元の機械代金を支払い、負債残高の8万元はNo.2農家の個人名義に変更している。

　1986年には36名（うち親族5名）の職工農家を組織し、「有機戸」からクローラトラクタ4台、ホイルトラクタ2台、コンバイン5台（合計30万元）を購入している。借地は前年度の4倍の800haであった。1987年までの2年間は、機械代金6万元を返済し、1人当たり年間の2,000元の純収入を確保している。しかし、グループの規模が大き過ぎ、管理が困難になったため、解散を余儀なくされた。機械は生産隊に回収され、再分配が行われた。

　1988年には、再び1985年と同じ親族5名で120haの共同経営を開始している。機械については、クローラトラクタ1台（9千元）とコンバイン1台（4.5万元）の払い下げがあり（3年返済）、さらに自己資金（2.1万元）で中古のクローラトラクタ2台（55psと75ps）を購入している。このグループは比較的安定し、1995年まで7年間継続している。その間、借地面積は常に100～120haを維持し、機械の代金（5.4万元）を全額返済し終えている。

　1996年からは妻の末弟（20歳）と共同経営を行うようになった。機械はクローラトラクタ（75ps）1台を残して、残り3台はNo.2の弟（クローラトラクタ55ps、1.5万元）、妻の弟（コンバイン、2.7万元）、他人（クローラトラクタ75ps、1万元）に売却している。少人数の共同経営に転換したのは、長

期間に継続してきた大規模な共同経営の管理に疲労を感じたためであるという。妻の末弟は高卒後、新規参入者になり、最初の2年間は補助的な作業のみを行ったため、1996、97年は夫婦で20haの経営を行った。1998年には妻の末弟は独立したため、「無機戸」2戸を加え、4戸で60ha（1戸当たり15ha）を経営するようになった。No.2農家は共同経営の分担の15haのほかに、1999年に7ha、2000年には16haの個別耕作地を持っている。圃場は、従来は毎年の契約更新時に移動を余儀なくされたが、1998年からは一部圃場の固定化が実施されている。

注
（1）新華農場の土地利用の展開については本書第5章を参照のこと。
（2）No.1農家のデータは、2000年9月および2003年9月の実態調査による。
（3）No.2農家のデータは2000年9月の実態調査による。

第2節　畑作生産隊における「双層経営システム」と土地利用

1．生産隊における「双層経営システム」の特徴

　以上の改革以降の動きを受けて、2000年代初頭に生産隊のシステムが形成されてきた。まず、生産隊の概要について触れよう。2003年の第10生産隊の人口は484名、職工は234名（男124名、女110名）であり[注1]、世帯数は179戸である。2001年の人口は525名であったが、2003年の人口減少の要因は、学生の就職のための転出、規模拡大のための他の生産隊への移転のためである。職工は160戸余であり、非職工の農家が18戸存在している。農地の請負農家は126戸であり、残り53戸はほとんどが定年退職者である。農業生産は畑作が基幹であるが、糧食が過剰のため副業が奨励されている。職工農家のうち、一般農村から転入した農家が存在しているが、これは稲作地域の「招聘農家」と異なり、単なる外部に流出する職工数が増加することへの対応であり、1990年代末から実施されている。この生産隊の2003年の1人当たり純収入はおよそ10,000元であり、比較的裕福である。カラーテレビ・エアコン・

ガスはほぼ全戸に普及しており、電話も44戸に設置されている。

職工農家は居民区に2戸から5戸の平屋建ての共同住宅に居住し、中心には生産隊本部と農機具庫、乾燥場がおかれている。生産隊本部は6名の専従からなり、生産隊長、党書記、副隊長、会計、統計、農業技術員が配置されている。会計は独立採算制であり、給与は年俸制で、年頭に仮払いされ年末に勤務評定の後に確定される。

生産隊の最大の機能は、農地が国有地であり、実質的にその賃貸契約を生産隊が担っていることにある。農地の等級は26の圃場(最高80ha、最低60ha、平均40ha)ごとに決定されており、4〜5級に細分され、借地料は2000年には1等地でha当たり1,345元、以下50元程度の格差が付けられている。職工農家への農地貸付は1年更新であり、「機務隊」の耕起後に配分される仕組みとなっている。これは、畑作の輪作体系を維持するために行われている。後に詳しく述べるように、これによって零細な「無機戸」においても輪作が可能となっている。ただし、1998年からは、大規模経営については、圃場の固定化を可能とするように緩和処置が取られるようになっている。借地料は、農場の管理経費、農業税と合わせて「利費税」と呼ばれている。これは、物納(「費税糧」)が一般的である。1等地においては、「利費税」が1,500元程度になる。このうち、ha当たり220元が生産隊に還元され、これが生産隊の経費となる。その他の農産物販売は庭先での商人への販売が一般的である。

こうした農地分配は、主要農作業を大型機械により実施することを前提としている。大型農業機械は、トラクタはホイールが9台、クローラが7台、コンバインは5台で、総馬力数は2,400ps、3,360psであり、これらは全て個人所有(共同所有を含む)となっている。すでに、2つのケースで見たように、改革当初は「有機戸」を中心としたグループに対し、大型機械が払い下げられ、代金は現物で生産隊に回収されたが、グループの解散と再結成が繰り返される中で、機械そのものの売買は個人間の取引となってくる。ただし、1990年から93年にかけて、農場の政策として「有機戸」に補助金を出し、更

新事業を推進した。2003年現在では、補助事業は存在せず、機械所有に関しては全て職工農家の自己責任となっている。現在「有機戸」は30戸余り存在しており、「共同経営」も含め所有面積は700ha余りで、全体（1,050ha）の67％を占めている。反対に「無機戸」は110戸存在するが、所有面積はわずか300haであり、1戸当たり2.7haの小規模経営である。

　ただし、大型機械は生産隊本部に隣接する農機具庫で管理されており、グループ有の機械もグループ内のみの使用ではなく、生産隊の調整のもとで他の職工農家の作業受託も行っている。2001年の耕起料金は、1,000ha余りで総額155万元となっている。「無機戸」は春作業を委託し、管理作業を行い、収穫は小面積であるため、一般的には手作業で行われる。その意味では、機械所有は一種の「株」であり、併せてオペレータ賃金を得る手段となっていると考えられる。生産隊の所有・管理から生産隊の調整による個別（共同）所有・利用となっているのである。その意味では、農地貸付規制と併せ、機械の請負制が存続しているといえる。ただし、共同経営に関しては、当初の共同作業方式が崩れ、共同所有・個別利用へと変化しており、経営の個別化が進展する傾向にあるといえよう。このことが、借地の固定化をもたらしているのである。また、耕地面積1,000haに対し、機械能力は2,500haまで可能であるという機械装備の過剰もその背景にある。

　種子、化学肥料等の生産資材の供給体制については、改革後の最初の段階では農場が現物貸付を行い、職工は出来秋に一定の利子を加えて現物で精算を行っていた。しかし、1990年代に入ってからは改革は一層徹底され、生産資材の調達も自己責任とされるようになった。資金面についても同様である。

2．畑作的土地利用の特徴

　こうしたシステムのもとで、土地利用がいかなる方向を示しているかを明らかにしていこう。まず、農場全体での土地利用をみると、1990年段階では小麦35％、大豆36％、トウモロコシ8％、水稲14％であったが、水稲がピークを示す1999年にはそれぞれ13％、15％、13％、55％となり、畑作の縮小が

見られるもののトウモロコシの比重が高まって、畑作の3年輪作が確立しているようにみえる。しかし、2000年には東北全省で品質問題から小麦の国家買付が中止されたことを背景に、小麦の作付が激減し、2002年の畑作3品の作付割合は、1％、24％、22％となっている。

第10生産隊のここ3ヵ年の作付構成をみると、2000年の作付面積は1,050haであり、うち春小麦が280ha、大豆600ha（うち小粒120ha）、トウモロコシ120haとなっている(注2)。これに対し2003年では春小麦300ha、大豆438ha（うち小粒138ha）、トウモロコシ280haとなっている。この生産隊では、一般的傾向とは逆に大豆が減少して、トウモロコシが増加し、小麦が維持されていることで、3年輪作が比較的守られているといえる。農家は市場価格を重視しているものの、連作で病害虫の発生や生産力の低下が見られたための対応である。

やや古いが、**表3.5**により1997年の規模別の作付形態をみてみる。総戸数115戸のうち、「無機戸」を多く含む5ha未満層は51戸（44％）であるが、1作物のみの作付や大豆－トウモロコシ作が多くなっている。1作のみの作付は圃場の変更によって可能となっている。中規模クラスの5～10ha層の38戸（33％）では、3作物の作付割合は高くなるものの、大豆－トウモロコシ作の割合も同様の比率となっている。それに対し、10ha以上層の26戸では3年輪作の形が一般的になっている。

聞き取りによると、ha当たりの各作物の粗収入とコストは、小麦が4,300元に対し3,300元、トウモロコシが5,000元に対し3,400元、大豆が4,450元に対し3,000元となっている。一人当たり純収入は4,500元であり、家族数を3名とすると、1戸当たりの純収入は13,500元となる。この純収入を得るためには、畑作では7ha程度の規模が必要である。「無機戸」の場合、面積は2～3haであるため、畜産と経済作物が導入されている(注3)。

次に、個別農家の土地利用を含めた経営実態をみてみよう。

No.1農家は、2001年からは35.4haの個別経営となっている。3年間の作付は**表3.6**の通りである。小麦は価格が低下しているが、輪作維持のためと位

第3章 畑作の「双層経営システム」と職工農家の展開　99

表3.5　第10生産隊における規模と作付形態（1997年）

単位：戸、％、元

規模別(ha)	S	C	W	SC	SW	CW	SCW	合計	1戸当たり所得
～2	4	1	1	2			1	9	1,178
2～5	2		5	20		1	14	42	3,007
5～7.5			2	9	2	1	11	25	4,824
7.5～10			1	6	1		5	13	6,323
10～15			1	5	1		14	22	7,891
15～20							1	1	7,000
20～					1		2	3	15,500
合計	6	1	10	42	5	2	48	115	4,524
～2	44.4	11.1	11.1	22.2			11.1	100.0	26.0
2～5	4.8		11.9	47.6		2.4	33.3	100.0	66.5
5～7.5			8.0	36.0	8.0	4.0	44.0	100.0	106.6
7.5～10			7.7	46.2	7.7		38.5	100.0	139.8
10～15			4.5	22.7	4.5		63.6	100.0	174.4
15～20							100.0	100.0	154.7
20～					33.3		66.7	100.0	342.6
合計	5.2	0.9	8.7	36.5	4.3	1.7	41.7	100.0	100.0

注：1）第10生産隊「1997年家庭農場経営状況調査表」から作成。
　　2）Sは大豆、Cはトウモロコシ、Wは小麦を表す。

表3.6　No.1農家の作付形態（2001～03年）

単位：ha

団地No.	圃場No.	面積	2001	2002	2003
10-3	A	8.0	小麦	大豆	大豆（4.0）
					トウモロコシ（4.0）
	B	5.5	大豆	小麦	大豆
10-2	C	2.7	小麦	大豆	小麦
10-1	D	6.0	大豆	大豆	トウモロコシ（3.0）
					小麦（3.0）
9-2	E	6.6	大豆	トウモロコシ	大豆
4	F	6.2	トウモロコシ	トウモロコシ	大豆
面積(ha)	小麦		10.7	5.5	5.7
	大豆		18.1	16.7	22.1
	トウモロコシ		6.0	12.6	7.0
	合計		35.4	35.4	35.4
価格(元/kg)	小麦		1.12	1.00	0.94
	大豆		1.56～2.00	2.00	
	トウモロコシ		0.55～0.88	0.90	

注：2003年9月の聞き取り調査による。

置づけられている（5.7ha）。トウモロコシは機械収穫が部分的であるために作付を増加することができない（7.0ha）。したがって、大豆の過作傾向が強まっている（22.1ha）。ただし、大豆の過作による収量低下は意識されている。

　機械については、独立により以下のものを購入している。トラクタ（32ps）26,000元、プラウ1,500元、ローラー2,000元（中古）、播種機（４条）4,000元、スプレア5,000元（中古）、ワゴン3,700元、合計42,200元の投資である。この他に、古いトウモロコシの収穫機があるが、一部にしか使用していない。コンバインは持っておらず、経営主の弟から借入している。作業受託については、播種が35ha（60元/ha）、鎮圧が100ha（15元/ha）、スプレア200ha（20元/ha）である。他方、面積が増加したため、春作業が間に合わず、小麦・大豆の整地（160元/ha）、深耕（80元/ha）と小麦の播種・鎮圧（80元/ha）の作業委託を行っている。

　つぎに、各作物の収支を1999年と2002年とで比較してみる。大豆は単価がkg当たり1.8元から2.1元に上昇したため、粗収入は4,500元から5,040元に増加している。他方、直接経費（生産資材、雇用労賃のみ）は1,620元から1,450元に減少したため、収益は向上している。ただし、借地料1,450元の存在は重い負担となっている。トウモロコシも、単価の0.6元から0.9元への上昇と、単収の増大（5.7トンから6.5トンへ）により、粗収入は3,420元から5,850元に大幅に増加し、大豆を越える水準になっている。他方、直接経費は2,000元で変化がないため、収益は向上している。小麦については、収量4.2トンから4.5トンへとやや増加したが、単価が1.1元から１元へと低下したため、粗収入は4,620元から4,500元へと低下している。直接経費は1,893元から1,400元に低下しているが、作業委託費やコンバインの借代を加えると収支はゼロとなっている。トウモロコシと大豆のha当たり純収入は1,500元の水準にある。このように、小麦の収益性の悪化が激しく、輪作体系維持にとっても大きな問題となっている。

　調査時点は異なるが、次にNo.2農家の実態をみてみよう。1999年の作付面積は22haであり、大豆が17ha、小麦が５haの２作物の作付構成となっている。

総収量は大豆が37.4トン（単収2.2トン）、小麦が19.5トン（単収3.9トン）であり、そのうち農場への販売量は大豆が12トン（32％）、小麦が19.5トン（100％）である。1kg当たりの販売価格は大豆が1.7元に対し、小麦はわずか0.6元に過ぎない。それにもかかわらず、全てを農場に販売したのは、商人が集荷を行っていないためである。農場では小麦全量を買い上げ、この段階では加工用に回している。大豆の商人への販売価格は1kg当たり農場より0.3元高く2元となっている。1999年の穀物の総販売額は82,900元に達している。しかし、2000年には大豆が5ha、小麦が17haの作付体系となるため、収入は激減する。この点は、先に述べたように一般農村とは異なり、改革後においても作付に関する生産隊の調整機能が強固に働いていることを示している。

1999年の経営費は、生産資材が4万元であり、これに作業委託費と雇用費が付け加わる。機械所有はクローラトラクタ1台のみであり、収穫作業は委託している。ha当たりの料金は、大豆の刈り倒しが150元、運搬が30元であり、小麦は刈り倒しが120元、運搬が30元である。合計は3,810元である。また、雇用は大豆の選別と小麦の乾燥で導入しているが、前者は1袋（90kg）当たり0.8元、後者は1トン当たり32元であり、合計は332元と624元である。このように作業委託と雇用の経費を合わすと4,766元であり、これは生産費のおよそ12％に過ぎない。

他方、作業受託は畦立て（3回）、プラウ耕、播種であり、ha当たりの料金はそれぞれ110元、162元と68元である。1999年の作業受託の粗収入は48,000元であり、31,200元の純収入（利益率65％）を得ている。このように1999年には、借地料を支払っても収益を出しうるような経済状態にあったといえる。

以上の2つの農家の経営状況は、調査時点が異なるため一概には言えないが、小麦作の限界と輪作体系の乱れを共通して指摘することができる。

注
（1）改革後は職工農家の設立によって「職工」自体の意味は失われたように思わ

れる。しかし、各職工の人事記録、特に給料明細は残され、形式上では職歴に従って給料の昇級が行われている。これは職工の老後を考慮したためである。1990年代半ばから養老基金制度が導入されており、その掛け金は給料の数％に相当するが、その支払いについては、当初は農場から一定の補助金が支出され、以降は全てが職工の自己負担となった。養老保険を受け取る年齢と金額については、男性が60歳、女性が50歳であり、旧農工隊員が480元、機務隊員が510元、事務職は800〜1,000元、特殊職種が650元、学校教師が1,100元である。2000年代には都市部へ出稼ぎを行う職工が増加しているが、掛け金さえ払い続ければ老後には一般の職工と同様の待遇を受けることができる。職工の子供は18歳になると高校を卒業さえすれば無条件で職工に就けるが、現実はほとんどが転出してしまう。一般農家の転入の場合は、3年以上農地の借地を続け、「利費税」を支払い、さらに高卒であれば職工の資格を取得できる。
（2）小粒大豆は糧油公司との契約栽培であり、この時点では全量が納豆の原料用として日本に輸出されている。1999年の買上げの予定価格は1トン当たり2,400元であり、これは一般大豆価格1,700元の1.4倍となっている。
（3）ブロイラー農家は47戸であり、2002年の販売羽数は10〜12万羽である。ジャムスや鶴岡市の商人が買付に来る。養豚農家は70戸であり、2002年は600頭の出荷、年末頭数は200頭（うち繁殖母豚60頭）であり、商人による庭先買付である。酪農は4戸で、乳牛は60頭、完達山乳業（**表2.3**、「集団総公司」傘下の企業）の製乳場に販売している。

第3節　畑作職工農家の性格

　国有農場は一般農村とは異なり、土地が実質農場有であり、しかも畑作においては輪作体系の維持が必須の条件であるため、「双層経営システム」が形成されている。これは1980年代末の農業不況期に理論化されたものであり、個別農家経営を補完するものとして村レベルでの生産過程にかかわる組織化を行おうとするものであった。しかし、その実現には至らず、むしろ流通に関わる組織化が進展をみせている。畑作地帯である東北地方においては、一般農村においても機械利用組合の組織化が一定の進展をみせているが、国有農場はまさにそのモデルとして位置づけられている。
　このシステムは、農場改革による職工農家の形成と相互補完的に位置づけられている。職工農家の創設は一般農村とは異なり、「有機戸」と「無機戸」

を区分した傾斜配分型の農地分配により行われ、しかも機械化農業と3年輪作の土地利用を前提としたものであった。また、創設された職工農家は借地農である。このため、生産隊所有の機械の払下げが行われ、その受け皿として多くの共同経営が形成されたが、機械利用に関しては生産隊による調整が継続されたのである。農地の分配は1年更新であり、機械所有者によって構成される機務隊による耕起後に配分されることとされた。したがって、作付決定は少なくとも当初は生産隊によって行われていたのである。これにより、小規模な「無機戸」においても輪作が可能となった。機械所有は一種の資本所有による配当と受託作業収入を生むものと意識されていた。

　共同経営は、解散・創設を繰り返したが、それが大規模組織になるにつれて、機械の共同利用から共同所有・個別利用の方向に転換し、農地の個別持ち分の意義が大きくなり、次第に個別経営化の方向に向かっている。また、大型機械の稼働能力が拡大したため、受託作業には余力が生まれ、大規模経営に関しては農地配分の固定化と土地利用の自由度が高まってきている。この点は、生産隊と職工農家による「双層経営システム」が緩やかな関係に変化していることを物語っている。ただし、それが実現したとしても、借地経営としての借地料負担の重みは軽減されたわけではない。事例でも、小麦作においては粗収入の33％、トウモロコシにおいても25％の割合を占めるからである。国有農場は、一般農村において人民公社が解体されたのとは異なり、巨大な加工・流通企業を有し、また地方行政機関でもある。この負担が農業部門にかぶせられた結果が、この高借地料の存在となって現れている。畑作収益が縮小する中で、土地利用における輪作体系を守り、なおかつ農場合理化によって借地料をいかに軽減するかが今後の国有農場における畑作経営の将来を決定すると思われる。

第2編

三江平原の水田開発と稲作経営の展開

第4章

三江平原の水田開発過程

　本章は、アムール川上流域に位置する世界三大湿原である三江平原における急速な水利・水田開発の特質をマクロ的視点から明らかにすることを課題としている。

　ここでは蒐集した水田開発に関する資料や統計データをもとに、三江平原全体というマクロ的な視点から水利・水田開発の特質を明らかにすることにした。その場合、後に述べるようにこの地域の広範な水利開発は国有農場の存在をその特徴としており、そこに焦点を当てることとした。その開発主体は、重層性を有しており、第一が国家プロジェクトによる総合開発の存在、第二が国有農場の管理機構である農墾総局とそのブランチである管理局および基礎をなす国有農場の存在、そして第三が職工農家の存在である。この主体を規定しているのが大湿地開発という条件である。三大河川の合流部に位置し、その氾濫源であったことから大規模なインフラ投資が必要となり、これが治水のための国家プロジェクトを必然化させた。また、国有農場という特異な地方「行政組織」の存在が農業開発の促進に寄与した。そして、地下水灌漑形式による個の優位と稲作経営の受け皿としての職工農家の存在が稲作生産の安定性を可能とさせたのである。

　以下では、第一に、三江平原の水田開発の特徴を概観した後、国有農場と一般農村における水田開発の到達度を比較分析する。第二には、水田開発におけるインフラの整備過程の段階を平原内の地域性を意識しながら明らかにする。第三には、以上に述べた3つの開発主体のうち、主に国家および国有農場の役割を明らかにする。このことにより、三江平原の水田開発の特徴を開発主体の側面から整理することを意図している。なお、職工農家の分析は第5章以下で行う。

第1節　三江平原の水田開発の特徴と国有農場

1．黒竜江省における三江平原の位置づけ

三江平原はおよそ1,065万haの範囲からなり、3つの大河と多数の支流が蛇行を繰り返し、河道の移動が激しく、沖積土が累積されている。そのため、洪水が頻繁に発生し、氾濫原となっていた。平均海抜は40〜60mであり、そのうち76％の土地が完達山の北部の「小三江平原」に位置し、黒竜江省の中でも最も低い海抜（34m）となっている[注1]。

そのため、治水対策にほとんど手が付いていなかった第二次大戦以前においては、未利用地が大半を占めており、アムール川-松花江と続く水運の最終地点である中心都市ジャムスの周辺に「満蒙開拓団」が入植したのが、組織的な農地開発の初歩となった[注2]。戦後は、1940年代末から人民解放軍の集団帰農があり、これが今日の国有農場の始まりである。この入植を基点として三江平原の農地開発が開始されることになる。2005年現在、黒竜江省の国有農場は104農場存在するが、三江平原には53の農場が集中している。

三江平原の面積は、つぎに示す地域区分によると総耕地面積は346万ha、うち国有農場が145万ha、一般農村が201万haである[注3]。省全体の播種面積が1,132万haであるから、30.6％を占める。また、国有農場のそれは、216万haであるから、その67.1％を占める（2005年）。

国有農場は、一般農村とは独立した行政組織を形成しており、黒竜江省政府のもとに独自の農墾総局（かつては本部はジャムス、現在ではハルビン）が存在し、ブランチである管理局を有している。

三江平原の「農墾」ならびに一般農村の系統組織を予め示すと、農墾は4管理局-53農場、一般農村は5地区（市）-23県となっている。水利開発を考察する際には、公的セクターの役割が重要であり、国有農場を統括する管理局の存在にも注意しておく必要がある。

第4章　三江平原の水田開発過程　　109

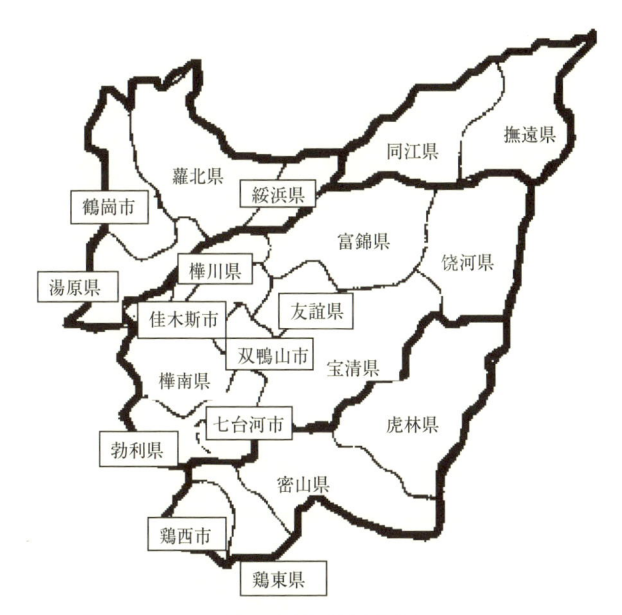

図4.1　三江平原の地域別県市配置

図4.1付表　三江平原の地域別の県域

管理区	市区・県数	対応する地区市（県）
宝泉嶺	4	鶴崗市（市区・蘿北県・綏浜県） 湯原県（佳木斯市管内）
紅興隆	11	佳木斯市（市区・樺川県・樺南県・富錦県） 双鴨山市（市区・集賢県・友誼県・宝清県・饒河県） 七台河市（市区・勃利県）
建三江	2	同江県・撫遠県（佳木斯市管内）
牡丹江	4	鶏西市（市区・鶏東県・密山県・虎林県）

2．三江平原の地域区分と水田の分布

　以下では、国有農場を統括する農墾の管理区別に三江平原を区分し、その特徴を見ていくことにする。三江平原の農墾管理区は4つに別れるが、それに対応した一般農村の県（県級市）の分布は**図4.1**、同**付表**のように区分される。すなわち、第一が宝泉嶺管理区の位置する黒竜江と松花江の合流部地帯の一般農村であり、鶴崗市（市区・蘿北県・绥浜県）と湯原県（佳木斯市

110　第2編　三江平原の水田開発と稲作経営の展開

表4.1　三江平原の地域別水田率（国有農場と一般農村の比較　2005年）

単位：ha、%、農場・県数

		耕地面積	水田面積	農場・県平均面積	水田率別農場・県数				
					平均	～25%	25～50	50～75	75～	計
宝泉嶺	農　場	297,212	97,560	7,505	32.8	7	4	2		13
	一般農村	249,455	57,310	14,328	23.0	3	1			4
	小　計	546,667	154,870		28.3					
紅興隆	農　場	420,216	141,242	11,770	33.6	4	4	2	2	12
	一般農村	1,188,486	153,756	13,978	12.9	9	2			11
	小　計	1,608,702	294,998		18.3					
建三江	農　場	393,897	245,732	16,382	62.4	2	2	7	4	15
	一般農村	235,662	17,466	8,733	7.4	2				2
	小　計	629,559	263,198		41.8					
牡丹江	農　場	341,290	197,353	15,181	57.8	5	1	5	2	13
	一般農村	332,728	103,465	17,244	31.1	4	2			6
	小　計	674,018	300,818		44.6					
三江平原	農　場	1,452,615	681,887	12,866	46.9	18	11	16	8	53
	一般農村	2,006,331	331,997	14,435	16.5	18	5			23
	小　計	3,458,946	1,013,884		29.3					

注：『黒竜江県（市）農村社会経済統計概要』および『黒竜江墾区統計年鑑』2006より作成。

管内）からなる。ここは、国有農場の耕地面積が30万ha、一般農村のそれが25万ha、合計で55万haであり、両者はほぼ均衡している（**表4.1**）。第二は、紅興隆管理区が立地する一般農村であり、ジャムス市（市区・樺川県・樺南県・富錦県）、双鴨山市（市区・集賢県・友誼県・宝清県・饒河県）、七台河市（市区・勃利県）からなり、面積は国有農場と一般農村を合わせて161万haに上る。宝泉嶺管理区と松花江を挟んで隣接する地域と暴れ川である掻力河の南部（右岸）の地域に農場の多くは分布している。前者には最大の国有農場である友誼農場（92,085ha）が位置する。一般農村の面積は119万haあり、地区耕地面積の73.8％を占めるが、国有農場の面積も42万haであり、大農場が分布していることが分かる。第三は、建三江管理区に対応した一般農村であり、同江県と撫遠県（ともにジャムス市管内）の2県からなる。この地区は、黒竜江とウスリー江の合流部にあり、しかも松花江と掻力江にもほぼ囲まれており、最も条件の悪いところであった。国有農場面積が39万ha、一般農村面積が24万haであり、その合計面積は63万haである。第四は

牡丹江管理区が立地する一般農村であり、ウスリー江の支流である穆棱江流域に位置し、鶏西市（市区・鶏東県・密山県・虎林県）と対応している。農場耕地面積は34万ha、一般農村面積は33万haであり、合計面積は67万haである。これら4地区を合わせた耕地面積は、国有農場が145万ha、一般農村が201万haでほぼ拮抗しており、総面積は346万haに及ぶ。

　本章の課題である水田について国有農場と一般農村を比較すると、合計で国有農場が68万ha、水田率47％であり、ほぼ半分の面積で水田開発が行われているのに対し、一般農村では33万ha、水田率16％であり、水田開発が低位であることがわかる。ここからも水田開発を主導したのが国有農場であることが確認される。地域別の水田率をみると、地域全体では牡丹江地区が44％と最も高いが、これは一般農村でのそれが31％と最も高いことに因っている。地区全体では、ついで建三江の42％、宝泉嶺の28％、紅興隆の18％の順となっている。しかし、国有農場のみでみると、最も高いのが建三江の62％、ついで牡丹江の58％、紅興隆の34％、宝泉嶺の33％となっている。水田率別の農場数を地域別でみても、75％以上の8農場のうち4農場が建三江にあり、50％以上の24農場のうち、建三江が11農場を占め、牡丹江が7農場と続いている。両者の地区では広域的に一気に水田開発が行われたことが予想される。

3．水田開発における国有農場と一般農村

　以下では、時系列的に国有農場と一般農村を対比してみていく。まず、三江平原全体をみると（図4.2）、耕地面積は1980年代末の一般農村での異常値を除けば、両者ともに100万haから140万haの幅で緩やかな変動をなす（一般農村は2003年から大きく伸長）。水田面積については一般農村では、1970年代末の5万haから2005年の33万haに漸増をみせる。これに対し、国有農場は、1970年代末には1万haを割る水準であったが、1990年代初頭に5万haと一般農村の初発段階の水準となり、1995年から伸び率が急上昇し（1996年には99％）、1998年までの4年間で10万haから66万haへと急伸するのであ

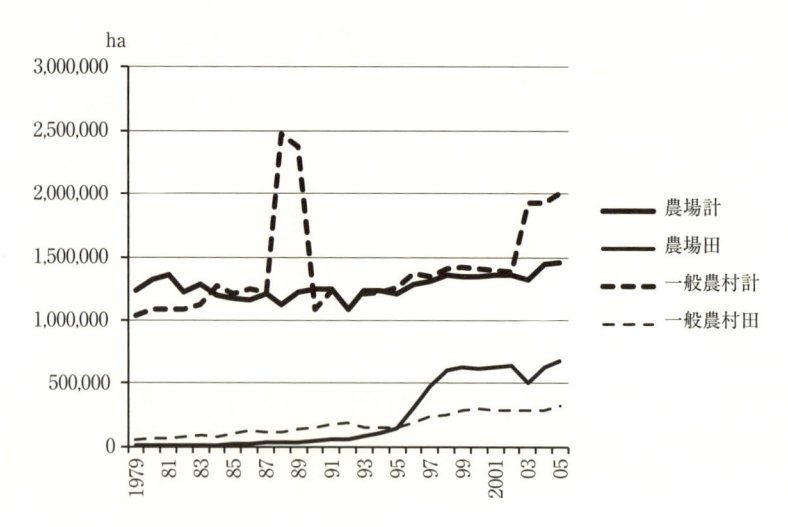

112　第2編　三江平原の水田開発と稲作経営の展開

図 4.2　土地利用の変化（三江平原全体）

注：黒竜江省統計局資料および『黒竜江農墾十年　1978-1988』中国統計出版社、
　　『黒竜江省農墾在騰飛　1989-2000』中国統計出版社、『黒竜江墾区統計年鑑』
　　中国統計出版社による。以下、同じ。

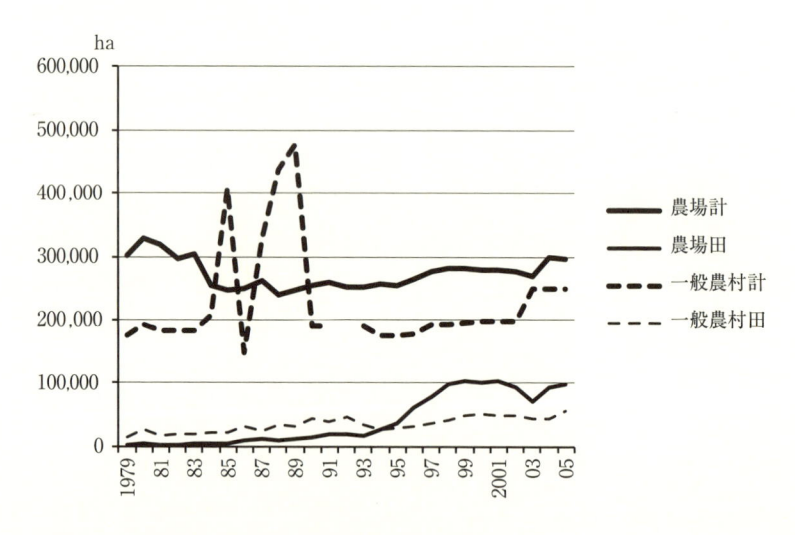

図 4.3　土地利用の変化（宝泉嶺地区）

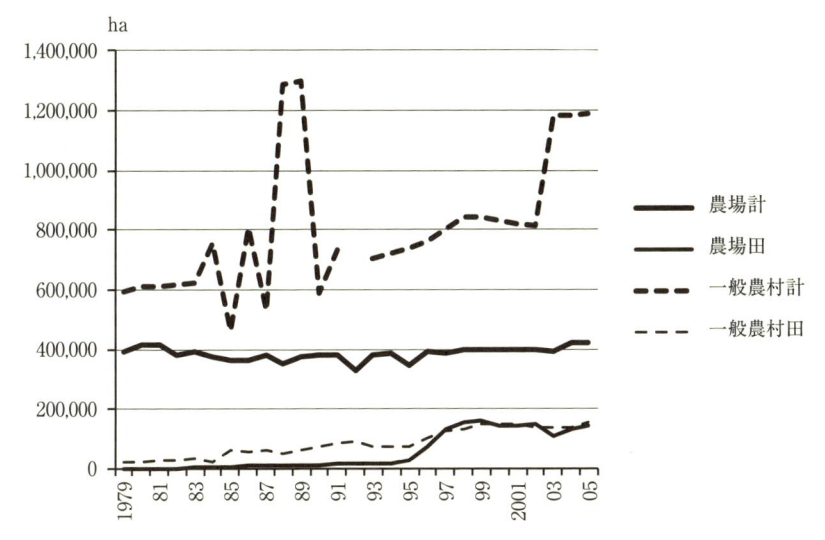

図4.4 土地利用の変化（紅興隆地区）

る。以降は、米価下落の影響があり、2003年までほとんどの年がマイナス成長となるが、2004年からは再び増加をみせ、2006年には81万haにまで伸張している。

　以下、4つの地区別に一般農村と国有農場の比較を行っておこう。第一が宝泉嶺地区である（**図4.3**）。総面積では、1980年段階で農場が30万ha、一般農村が20万ha前後で、以降は農場面積が減少をみせるものの農場の優位は一貫している。水田については、1980年段階で一般農村が2万ha台で1990年には漸増して4万haに至り、2005年には5万haとなり、水田率は23％となっている。これに対し、農場の1980年での水田はわずか3千haであり、1987年に1万haとなるものの畑作中心の土地利用が続いていた。しかし、1994年から急速な水田化が進行して、一般農村の水田面積を超え、以降2001年のピークの10万haにまで急増するのである。以降、いったん減少を見せるものの、2005年には9万7千haにまで回復をみせる（水田率は33％）。三江平原の動向とほぼ同様な動きを示しているといえる。

　第二が紅興隆地区である（**図4.4**）。ここは4つの地区のうち、耕地面積が

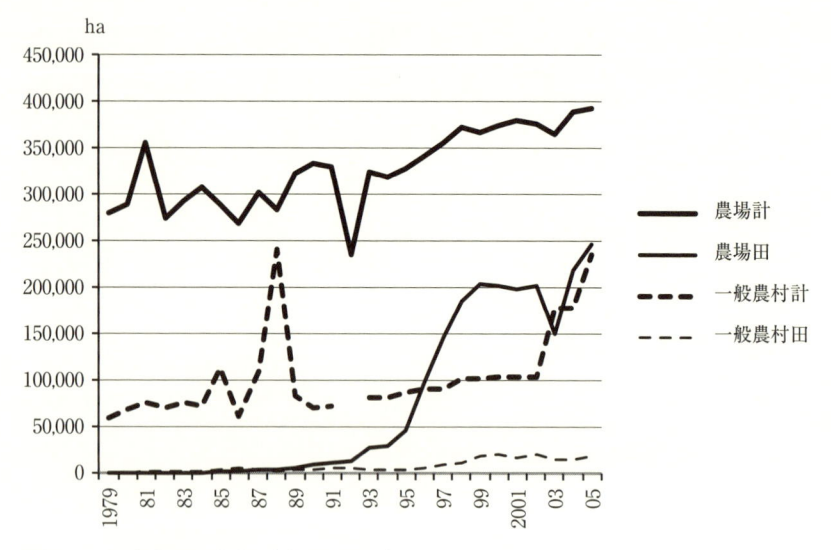

114　第2編　三江平原の水田開発と稲作経営の展開

図4.5　土地利用の変化（建三江地区）

　2005年で160万haあり、三江平原全体の2分の1を占めている。一般農村の割合も高く、耕地開発の歴史が相対的に早いことを示している。耕地面積全体では、1980年代初頭に一般農村が60万ha、農場が40万haであったが、農場面積が停滞的であったのに対し、一般農村では1990年代末に80万haの水準に、2005年には120万haに上っている。水田については、一般農村では樺川県を中心に一定の水田が存在したが、1980年代末から水田開発が国有農場に先行して進み、1992年には8万haの第一次ピークを形成する。しかし、1995年まで減退が続き、以降増大に転じ、13万haを堅持している。これに対し、国有農場においては1994年までは一般農村の1980年代の水準にあり、1995年から1997年の13万haにまで一気に伸張し、一般農村を上回る面積を確保しているのである。一般農村は水田率13％と畑作中心の土地利用にあるが、農場のそれは34％であり、先の宝泉嶺地区と並ぶ水田率を確保している。
　第三が、建三江地区である（**図4.5**）。ここは、国有農場地帯であり、農場面積が30万haから40万haに漸増してきたのに対し、一般農村は2002年まで

第4章　三江平原の水田開発過程　*115*

図4.6　土地利用の変化（牡丹江地区）

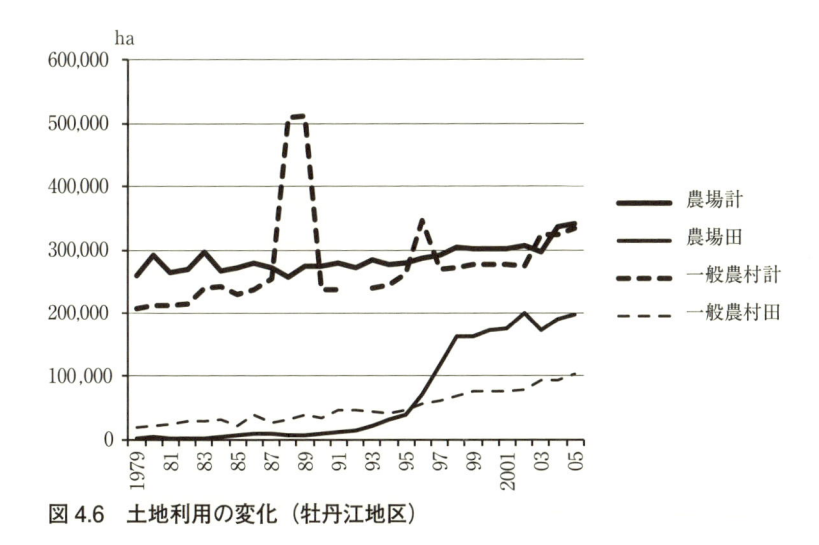

は10万haの水準にあり、ここ数年で20万haを超える動きを示している。現在も開発途上であるといえる。こうした限界地的条件にあるため、一般農村では水田化がほとんど進んでおらず、2005年で2万haを割っており、水田率も7％と極端に低い。それに対し、農場では1990年代半ばから急速な水田化が進展し、1995年の4万6千haから1999年の20万haへと4地区の中で最も大きな伸びを示している。さらに、若干の減退を見せた後、2005年には25万haにまで増加しており、図示していないが、2006年には33万haとなっている。このように建三江地区の水田開発は唯一継続中であるといえる。水田率は2005年時点で62％であり、4地区中最も高くなっている。

　第四は、牡丹江地区である（**図4.6**）。ここは、耕地面積が農場と一般農村で拮抗していて、農場は30万haで緩やかな増減を繰り返しており、近年では増加して34万haに至っている。他方、一般農村は20万haから緩やかな増加を示しており、近年では33万haと農場と並ぶ水準にある。水田に関しては、一般農村が1980年代に2万haから4万haへと増加を示した後、1990年代末から増加を見せ、2005年には10万haとなっている。水田率は31％であり、4

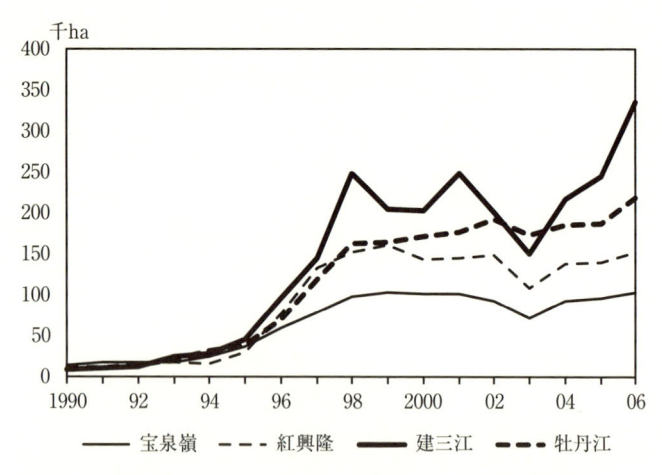

116　第2編　三江平原の水田開発と稲作経営の展開

図4.7　三江平原における国有農場管理区別の水田開発の動向

地区の一般農村のなかで最も高くなっている。農場に関しては、1995年の4万ha弱から急増をみせ、3年で16万haとなり、ピークの2002年には20万haとなっている。この特徴は、その後の水田後退が微弱である点で、17万haに減少した後、2006年には22万haとなっている。建三江についで現在も増加傾向にある。この結果、水田率は58％と建三江に次いで高い水準にある。

　以上のように、三江平原内部でも北西部、すなわちやや上流に位置する宝泉嶺地区と紅興隆地区では、畑作のウェイトが高く、国有農場の水田率は30％前半の水準に止まっており、2003年を底とする水田の後退は現在では回復してピーク水準に戻っている（**図4.7**）。これに対し、より下流の西南部の建三江地区、牡丹江地区では、耕地そのものが開発過程の中にあり、それは水田開発が牽引していることを示している。水田率はそれぞれ62％、58％を示しており、水田が冠水対策の大きな手段であることがわかる。一般農村については、建三江では水田率が極端に低く、水田化の難しい状況を示し、農家経済問題を強く抱え、逆に牡丹江では最も高い水田率を示しているのである。

注
（1）黒竜江省農墾水利誌編纂委員会『黒竜江省農墾水利誌　1947-2000』2006、および徐一戒主編『黒竜江農墾稲作　1947-1996』黒竜江人民出版社、1999を参照。以下の歴史的叙述については、これを参照している。
（2）三江平原に位置する当時の三江省、東安省における開拓団はそれぞれ115、109団体で、戸数は9,657戸、10,559戸であり、全体の団数881の25.4％、69,822戸の29.0％であった（満洲開拓史復刊委員会『満洲開拓史』1980、pp.465～466）。東安省は、牡丹江管理局にほぼ対応するが、三江省は方正、通化を含み、中央部よりに入植がなされており、現在の建三江管理局内での入植はない。
（3）以下の分析では、「墾区」ならびに一般農村の県（市）に関する作成データを使用している（朴紅ほか「中国三江平原における水田開発の特質」『農経論叢』65集、2010、付表を参照のこと）。

第2節　水利開発におけるインフラの整備過程と地域性

1．築堤・排水事業による治水の展開

　三江平原においては、洪水常習地の面積は全体の36％を占めており、平原内の平坦部の58％を占めている。例えば、平原で最も有名な「暴れ川」である掻力河が氾濫すると平坦部の面積の12％が冠水するのである。したがって、洪水による災害は、国有農場地域の主要災害をなしており、洪水防止工事は水利工事における「重要のなかの重要」な事業である。さらに、洪水による冠水は二重災害を引き起こす。そのため、洪水防止は排水事業の前提となる。なかでも、堤防建設工事は洪水防止事業の中心に位置し、三江平原の国有農場では100％が堤防工事を必要としている。以下では、文献によりながら、三江平原での土地改良史を跡づけてみよう[注1]。

　第1期（1947年から1960年代の初期）は、国営農場が設立され、主に開墾事業とそれに伴う排水事業が土地改良事業の中心であり、堤防工事は個別農場の小さい範囲での洪水防止策として行われた（図4.8）。

　第2期（1960年代中期から70年代中期）は平原の下流地域で堤防の築造が開始された。この時期には国有農場は生産建設兵団に改組され、中ソ対立の激化から「辺境を開発して守る」というスローガンのもとで開墾面積は拡大

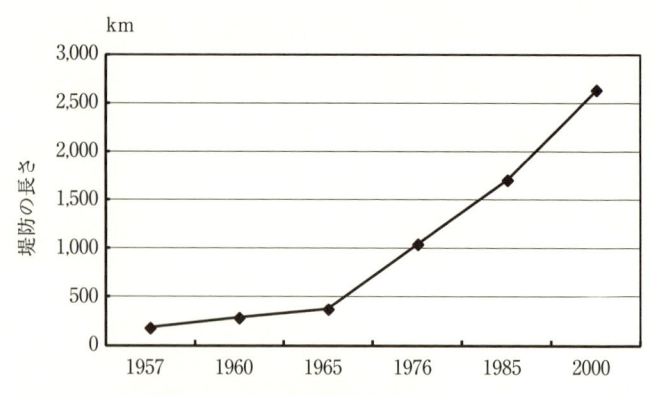

118　第2編　三江平原の水田開発と稲作経営の展開

図 4.8　国有農場における堤防建設の推移

注:『黒竜江省農墾水利誌』p.346 より作成。

し、地域範囲での洪水防止が行われた。堤防建設が農場外の一般農村を含み広域化したため、費用負担は一般農村区域が国、農場区域が農場という分担関係となった。

　第三期（1970年代中期から1980年代中期）においては、治水工事は「三江平原総合治水事業」（三江平原開発治理委員会）による流域毎の系統的な洪水防止・排水対策により計画的に実施されるようになった。国営農場の堤防建設は発展段階に入り、建設の基準が厳格化され、それまでの不合理な堤防が補強された。国、農場の他に国外と世界銀行から補償貿易の形で資金調達が行われ、水利機械を輸入し、5つの重点河川の治水を行い、下流の低湿地の排水工事が行われた。

　第4期（1980年代後半から2000年まで）では、全ての堤防建設は計画的に行われるようになった。工事は主に危険区間での補修・補強を対象とし、洪水防止の基準が高められた。1982年からは、三江平原の治水は国家計画の枠組みに入れられ、国有農場の基幹工事は国家投資によるものとなった。2000年には、堤防を中心とする洪水防止体系が初歩的に完成している。90の河川、56の農場に220カ所の堤防が設置された（総延長2,634km、主要堤防206km、主要河川堤防509km、重点河川310km、一般河川1,814km）。総投資額は6.2

表 4.2 三江平原における国有農場の自然保護区の分布状況（2000年）

単位：ha

保護区の名称	農場	面積	主要保護対象	設立年次	管理レベル
洪河自然保護区	同江、撫遠、洪河	21,836	水禽、自然沼湿地	1984 / 1996	国
興凱湖自然保護区	興凱湖、八五一〇	88,300	貴重・稀有な野生動植物、湿地生態環境	1987 / 1994	国
老等山自然保護区	梧桐河、嘉蔭	5,745	水禽、野生動物、湿地生態環境	1989	総局（地区）
長林島自然保護区	五九七	10,000	野生動物、湿地生態環境	1997	省
虎口湿地自然保護区	八五六、八五八	15,000	水禽、湿地	1997	省
雁ウォ島自然保護区	八五三	11,916	沼、湿地、生態環境	1999	省
撓力河自然保護区	勝利、八五九、紅衛、創業、七星、大興	58,922	水禽、湿地	1998	省
勤得力チョウザメ自然保護区	勤得力	36,663	チョウザメ、森林湿地	1998	省
七里沁自然保護区	紅旗嶺	7,199	水禽、湿地	1999	管理局（県）
饒河湿地自然保護区	饒河	8,190	湿地、生態環境	2000	管理局（県）
合計	20	263,771			

注：『黒竜江省農墾水利志』pp.202〜204より作成。

億元であり、保護土地面積は156万ha、耕地面積は70万ha、管内人口は62万人である。農墾水利局が設立され、事業型の水利工事を経営型に転換した。

また、1990年代には環境保護の法律が制定され、事業は環境保護にシフトし、「退耕還林・還草・還湿」政策が強化された。これに伴い「自然保護区」も設立された（表4.2）。

1990年代には、水稲の畑苗移植技術の普及により、畑作から水田への転換が進み、水田化による冠水対策へと大きく方向転換がなされた。1990年代後半は、農田水利開発の体制改革、構造転換、法的整備の時期である。この時期には、水利建設の一体化管理を指向するようになった。外部資金を積極的に導入するとともに、各農場でも水利資金を職工農家から徴収するようになった。多くのプロジェクトにおいては、国の投資と自己資金が結合されている。その比率は半々であり、自己資金は総局の補助金が50％であり、残りは

農場の自己資金である。1990年代以来の水利投資の原則は、次の7つである。第1は、投資額が少なく効率がよく、増産の潜在力が高いところに優先して投資すること。第2は、洪水防止、排水事業、地力の低い水田の改造に力を入れること。第3は、貧困地域の水利開発を積極的に支援すること。第4は、生態環境と人間の生活条件としての工場と水土保持を両立させること。第5は、水利投資を過去の供給型から経営型へ転換し、便益を得ること。第6に、多元化（次元）、多層化（レベル）、多チャネル化を行い、三点政策（上部組織からの補助金、農場自らの資金、職工農家の負担金の対等性）を実施すること。第7は、職工農家の個別投資を奨励することである。

2．水利組織の特徴と展開

こうした事業展開のなかで、2000年段階での種類別の水利事業の実績、水資源の開発・利用状況、農業用水の利用状況をそれぞれ示した。

まず、水利事業全体を通して指摘できるのは（**表4.3**）、三江平原の比率が圧倒的である点である。堤防建設については、面積の最も広い紅興隆地区の割合が大きいが、排水事業についてはアムール川とウスリー江の合流部で最も標高の低い建三江地区が第一位であり、灌漑については各地区が並ぶ状況になっている。また、ダムと灌水機については農墾での割合は比較的低水準

表4.3　国有農場における項目別の水利事業の実態（2000年）

	堤防 箇所	堤防 長さ(km)	排水 箇所	排水 面積(千ha)	灌漑 箇所	灌漑 面積(ha)	ダム 箇所	ダム 集水面積(km²)	排水機場 箇所	排水機場 面積(千ha)	灌水機 台数	灌水機 灌漑面積(ha)
農墾合計	222	2,875	159	2,870	174	531,073	162	7,492	133	755	518	64,144
三江平原	178	2,509	136	2,570	129	464,193	78	3,655	101	703	337	39,731
宝泉嶺	55	628	36	363	27	110,065	7	63	16	249	112	12,489
紅興隆	71	1,146	37	599	41	143,828	40	1,651	52	329	157	18,470
建三江	7	172	33	1,001	16	126,124	3	66	8	105	16	5,171
牡丹江	45	563	30	607	45	84,176	28	1,875	25	20	52	3,601

注：『黒竜江省農墾水利志』p.211により作成。

第4章　三江平原の水田開発過程　*121*

表4.4　国有農場における水資源の開発・利用状況（1999年）

単位：百万㎥

	合計	農業	井戸灌漑	ポンプアップ	自然流下	ダム	井戸灌漑率
農墾合計	5,309	5,236	3,476	489	980	290	66.4
三江平原	4,475	4,419	3,383	443	351	241	76.6
宝泉嶺	786	776	678	23	52	22	87.4
紅興隆	1,280	1,253	855	215	44	139	68.2
建三江	1,205	1,200	1,195	4	-	0	99.6
牡丹江	1,203	1,190	655	201	255	80	55.0

注：『黒竜江省農墾水利志』p.100 より作成。

表4.5　国有農場における農業用水の現状と構成（2000年）

単位：ha、億㎥

| | 灌漑面積 | 用水量 | 水田灌漑 |||| 畑灌漑（地下水） ||
| | | | 地下水 || 地上水 || | |
			面積	月用水量	面積	月用水量	面積	月用水量
農墾合計	730,667	52	530,000	34	160,667	18	40,000	1
三江平原	657,333	44	520,667	34	118,667	10	18,000	0.3
宝泉嶺	110,667	8	92,667	7	12,000	1	6,667	0.1
紅興隆	168,667	13	114,667	8	46,667	4	6,667	0.1
建三江	206,667	12	206,000	12	867	0	-	-
牡丹江	171,333	12	107,333	6	60,000	6	4,667	0.1

注：『黒竜江省農墾水利志』p.102 により作成。

である。これも三江平原の条件に規定されている。

　次に、水資源開発・利用（用水ベース）では（**表4.4**）、三江平原が圧倒的位置を占めており、灌漑方式では井戸灌漑が76.6％を占め、続いてポンプアップ、自然流下、ダムの順となっている。ここでも、自然流下よりポンプアップの割合が高いことが特徴である。また、井戸灌漑率をみると、特に建三江地区ではほぼ全ての灌漑が井戸灌漑によって行われており、先にみた急速な水田化が井戸掘削によって行われたことを示している。このことは、面積ベースでみた農業用水の利用状況でも同様であり（**表4.5**）、地下水利用面積が灌漑面積65万haの79.2％に当たる52万haに上ることにも現れている。

　また、**図4.9**は、取水別の実灌漑面積の動向を示したものであるが、水田

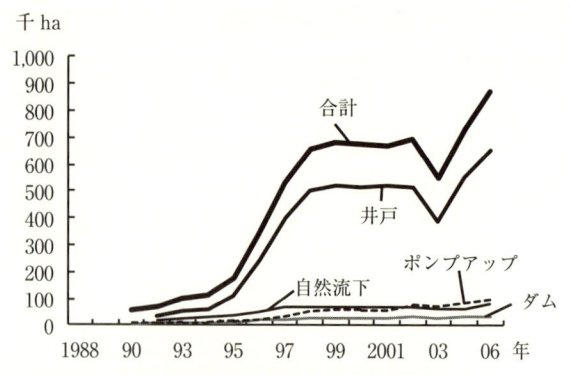

図 4.9　水田実灌漑面積の動向（国有農場）

注：『水利統計年鑑』黒竜江省農墾総局水務局（各年次）より作成。

表 4.6　井戸の新設数の動向

単位：本

	農墾合計	宝泉嶺	紅興隆	建三江	牡丹江	三江平原	うち電気
1993	783	150	79	472	82	783	47
94	510	229	126	56	99	510	147
95	4,540	1,393	1,467	1,305	375	4,540	0
96	12,867	2,010	3,528	3,003	3,755	12,296	67
97	8,922	1,587	1,569	2,717	2,693	8,566	0
98	6,959	830	1,704	2,020	2,354	6,908	25
99	3,948	1,453	1,318	1,067		3,838	280
2000	1,471	543	536	132	240	1,451	70
01	1,408	417	310	66	563	1,356	277
02	1,464	62	105	230	785	1,182	521
03	21		21			21	0
05	2,759	323	567	1,647	217	2,754	334
06	3,123	382	147	2,283	1	2,813	1,018

注：『水利統計年鑑』黒竜江省農墾総局水務局（各年次）より作成。

開発が井戸を主体としていることが改めて確認できる。さらに、**表4.6**によって井戸そのものの設置の推移をみると、先にみた地区別の水田開発の動向に対応しており、特に1996年での投資の多さが際だっている。また、2003年には水田の後退を反映して井戸掘削はほとんど行われていないが、その後、建三江に集中的に投資が行われていることがわかる。

こうした取水方式の特徴は、水利組織の存在にも反映している。ダム、自然流下、ポンプアップによる取水の場合には灌漑区が設けられているが、この統計は1万ムー（667ha）以上の灌漑区のみ把握することができる。これによると、農墾全体で2万haが8灌漑区、6,700ha以上が1灌漑区、667ha以上が34灌漑区で合計43灌漑区に過ぎない。灌漑面積も全体で13.5万ha（総面積73.7haの18.3％）、宝泉嶺管理区では2灌漑区、1.1万ha（同9.7万haの11.3％）、紅興隆管理区では15灌漑区、3.6万ha（同14.1万haの25.5％）、建三江管理区では2灌漑区、0.8万ha（同24.6万haの3.2％）、牡丹江管理区では7灌漑区、4.1万ha（同19.8万haの20.7％）である。

したがって、井戸灌漑を行う地区においては、水利管理は個々の職工農家によって行われており、個別完結しているといえる。

注
（1）黒竜江省農墾水利誌編纂委員会『黒竜江省農墾水利誌　1947-2000』2006、pp.338〜345を参照のこと。

第3節　開発主体とその役割

1．事業別投資の動向

事業の財源について考える前に、種類別の水利事業の動向を事業費の側面から概観しておこう。表4.7は、資料の関係から黒竜江省の農墾全体の事業動向をやや長期的に示したものである。

事業費は、1990年代前半には1億元台であったが、1995年から急速に増加をみせ始め、1999年の5億8,000万元をピークに以降減少傾向にある。拡大以前は排水事業が最もウェイトが高かったが、拡大期に増加したのは灌漑事業である。これは1996年から1億元の水準に達し、事業量がさらに伸びた排水事業には及ばないものの、第2位の位置を占める。さらに、2000年代に入ると、排水事業が縮小するのに対し、事業額を伸ばし、現在では2億元水準

表 4.7 国有農場の水利工事投資の動向

単位：万元

	合計	灌漑	ダム	排水	堤防	その他
1991	11,728	2,676	1,239	5,709	1,157	945
92	14,499	3,464	1,463	6,369	2,087	1,109
93	15,025	2,024	1,171	7,123	1,567	3,138
94	14,341	1,333	723	7,785	2,240	2,259
95	23,047	6,031	547	9,742	3,365	3,359
96	28,007	10,053	393	13,150	2,102	2,307
97	31,823	8,836	774	14,432	2,447	5,331
98	45,589	8,002	762	21,931	7,337	8,292
99	57,823	13,012	2,894	16,429	16,588	8,899
2000	52,975	13,165	4,541	17,496	9,602	8,170
01	52,063	15,779	3,004	16,875	9,001	7,402
02	52,716	25,011	3,680	11,197	7,156	5,670
03	44,514	20,277	2,549	11,394	2,673	7,620
05	41,908	19,910	1,060	11,769	289	8,879
累計	647,857	188,056	37,648	251,058	81,901	89,192

注：『水利統計年鑑』(各年次) 農墾総局水務局より作成。

で推移しており、水利事業費の5割近くを占めるようになっている。1980年代のデータを入手することはできなかったが、この時期には堤防建設事業が中心であったと思われ、長期的には堤防建設事業、排水事業、灌漑事業の順に事業の中心が変化してきたことを示している。すなわち、治水から利水へのシフトである。

2．水利開発資金の財源

水利投資資金の内訳については、これまで紹介がないので、やや立ち入って分析を加えておこう。表4.8は、黒竜江省全体について水利投資の内容と資金の源泉について整理したものである。水利資金は、2005年で総額236,253万元に上るが、そのうち国の基本建設投資がおよそ50％の123,212万元、中規模投資が28％の66,366万元、小規模投資と水利管理が17％の39,685万元の構成となっている。

基本建設は、「大水」と呼ばれ、国家計画による基幹工事（国家水利基本

第4章　三江平原の水田開発過程　125

表4.8　水利投資の内容と資金源泉（2005年・黒竜江省）

単位：万元

			合計	県直営	灌漑	排水	供水	改水飲水	水土保全	ダム	堤防	小水電	その他	人件費
I	基本建設I	国予算	11,342	10,102						300	10,300	440	302	
	基本建設II	国債	30,362	800	10,700			7,600	1,562	500	7,793		2,207	
	基本建設III	省予算	5,643	979	622			700		3,002	4,490	400	919	
	基本建設IV	地区借入金	31,585							27,095				
	小計		78,932		11,322			8,300	1,562	30,897	22,583	840	3,428	
	県・農場負担	地方	44,280	7,077	10,048			8,921	737	5,799	15,242	1,533	2,000	
	計		123,212		21,370			17,221	2,299	36,696	37,825	2,373	5,428	
II	小水	地方	21,996		15,338	1,560		770	1,190	345	130	102	2,560	
	農業発展基金	中央	14,058		4,625	3,066	600	2,002	190	1,426	1,243		905	
	扶貧以工代賑	中央	10,970		3,840	445		6,385		300				
	地方財政	地方	8,586		4,130	13	70	572	149	220	1,609	1,061	761	96
	地方水利建設基金	地方	8,256	1,530	526	105			40	1,421	1,627	2,000	2,537	95
	中央水利建設基金	中央	2,500	360	30	100				840	750		780	
	計		66,366		28,489	5,289	670	9,729	1,569	4,552	5,359	3,163	7,543	191
III	水利事業費	地方	14,740	1,968	75	45				1,449	2,406		10,765	7,919
	水利費	農家	19,186	11,046	2,634	105	4,744					108	11,594	8,113
	水資源費	農家	5,759	1,900		8							5,751	691
	計		39,685		2,709	158	4,744			1,449	2,406	108	28,110	16,723
	その他	その他	6,986		3,258	1,901	500	668	254	5	27		370	30
合計			236,253	35,762	55,829	7,349	5,914	27,618	4,122	42,703	45,617	5,644	41,454	16,945
IV	農家拠出金	農家	13,820		4,818	849	1	3,583	1,450	2,033	477		607	27,638
	出役相当額	農家	9,068		2,490	1,042	120	747	2,752	890	897		129	18,135
	計		22,888		7,308	1,891	121	4,330	4,202	2,923	1,374		736	45,773

注：『黒竜江省水利建設統計資料』黒竜江省水利庁より作成。

建設投資）であり、重点的な河川堤防・流域洪水防止・排水事業を含み、A級の農墾観測設計研究院が設計の担当をする[注1]。省の水利庁が審査し、中央の水利部の許可が必要である。中央負担（41,704万元）、省・市（地区レベル）負担（37,228万元）、県・国有農場負担（44,280万元）からなるが、省・市負担は例外的であり、用途は堤防建設、ダム建設、灌漑事業、飲用水事業が主なものである。主に市負担（ハルビン市、27,095万元、銀行借入金）であるダム建設を除いては、国と地方（県・農場）の負担割合は50％ずつである。堤防建設については中央予算（水利専項資金）・国債と地方負担、灌漑・飲用水事業については国債と地方負担となっている。

これに対し、中規模投資は、「小水」と呼ばれる国の財政部からの小型水利補助金（小型農田水利建設補助金）を中心とする「小型」水利工事である。これは、総局・管理局・農場の財務部門と水利部門が共同管理するものである（21,996万元）。国の資金はこの他に農業発展基金（14,058万元）と貧困扶助資金（10,970万元）などの専門資金がある。地方財源では、省財源（8,586万元）と地方水利建設資金（8,256万元）がある。これには地元（県・農場）負担がない。用途は「小水」を中心とする灌漑事業（28,489万元）、貧困扶助資金を中心とする飲用水事業、地方資金を中心とする堤防建設、「小水」と発展基金を中心とする排水事業が主なものである。

小規模投資と水利管理については、地方負担が14,740万元、職工農家負担（水利費・水資源費）が24,945万元であり、職工農家の負担割合が高い。事業内容はその他が70％を占め、その60％を人件費が占めている。灌漑区の管理費用がその多くを占めていると考えられる。

用途別の資金総額をみると、灌漑事業（55,829万元）、堤防建設事業（45,617万元）、ダム建設事業（42,703万元）の順となっており、灌漑事業の割合が高いが、これは中規模投資のなかでの比重が高くなっているからである（42.9％）。

このほかに、外数として職工農家拠出金（13,820万元）と出役相当額（9,068万元）があり、水利投資資金総額と比較すると合わせて10％程度のウェイト

表 4.9 水利投入資金の源泉（2005 年）

単位：万元

		省全体	基本建設	省直営	水利庁資料 農墾	水利庁資料 三江平原	農墾資料 農墾	農墾資料 三江平原
中央投資	中央予算	11,342	11,342	10,102				
	扶貧以工代賑	10,970		0			1,402	0
	中央水利建設基金	2,500		360	500	430	500	430
	財政専項資金（国債）	30,362	30,362	800	3,807	2,035	3,807	2,035
	農業発展基金	14,058		0	6,039	3,610	6,039	3,610
	小計	72,197	41,704	11,262	10,346	6,075	10,346	6,075
地方投資	省予算	5,643	5,643	979				
	銀行借入金	31,585	31,585	0				
	地方財政	8,586		0				
	水利事業費	14,740		1,968				
	地方水利建設基金	8,256	2,000	1,530				
	水利費	19,186		11,046	2,326	1,528	2,326	1,528
	小農水及び水保補助金	21,996		0	9,990	5,180	9,990	4,293
	地方自賄い	44,280	41,292	7,077	3,348	1,949	13,246	11,828
	水資源費	5,759		1,900	121	59	121	59
	その他	6,986		0	5,877	4,474		
	小計	164,056	80,520	24,500	21,662	13,190	25,683	17,708
合計		236,253	122,324	35,762	32,008	19,265	36,029	23,783
外数	農家拠出金	13,820					4,474	4,474
	出役相当額	9,068						

注：1）『黒竜江省水利建設統計資料』黒竜江省水利庁、『水利統計年鑑』黒竜江省農墾総局水務局により作成。
　　2）中央予算は水利専項資金（1億元）、水利部補助、その他からなる。

となり、灌漑事業の割合が高い。

次に、省の水利投資の中での国有農場の割合をみたのが、**表4.9**である。省統計と農墾統計で相違があるため、両者を示している。農墾統計でみると、その総額は36,029万元で15％を占めるが、中央資金、地方資金での割合もほぼ15％である。ただし、中央資金では農業発展資金の割合が43％、地方資金では「小水」の割合が45％と高く、基本建設投資における地元負担割合も30％となっている。この3項目で全体の81％を占めている。財源としてはより単純であり、自己資金割合（37％）もその分高いといえる。このうち、三江平原の水利投資の総額は23,783万元で、農墾全体の66％を占めており、集中的に水利投資が行われていることがわかる。

128   第2編　三江平原の水田開発と稲作経営の展開

表4.10　灌漑工事費の財源（国有農場　1995～2005年）

単位：万元、％

	1995	96	97	98	99	00	01	02	03	05
国　　債	80			800	1,260	610	1,240	4,915	900	1,990
水利建設資金				600				2,135	3,259	30
農業発展基金	1,323	2,905	1,681	1,730	1,565	1,766	1,433	2,587	3,520	2,334
扶　　貧	294	1,358		935	486	200			80	420
水利発展基金		2,256	2,077	2,856	3,333	1,912		60		
小　　水	286	455	359	517	2,325	3,939	5,906	6,656	5,085	7,159
有利子借入	103		1,200		2,400	2,095	420			
小計	2,086	6,974	5,317	7,438	11,369	10,522	8,999	16,353	12,844	11,933
農場負担	1,417	2,435	2,106	119	1,027	1,872	6,173	7,877	6,585	4,597
水資源費			31	32						
水利費		632		414	816	771	606	781	828	791
農家負担		340	2,905	3,185	3,164	92	92	0	0	2,588
小計		972	2,936	3,631	3,980	863	698	781	828	3,379
合　　計	6,031	10,383	11,741	11,187	16,376	13,257	15,871	25,011	20,257	19,910
国家・省負担	34.6	67.2	45.3	66.5	69.4	79.4	56.7	65.4	63.4	59.9
農場負担	23.5	23.5	17.9	1.1	6.3	14.1	38.9	31.5	32.5	23.1
農家負担		9.4	25.0	32.5	24.3	6.5	4.4	3.1	4.1	17.0

注：1）『水利統計年鑑』（各年次）農墾総局水務局より作成。
　　2）農家負担は、農家拠出金、出役相当額の合計で外数表示であるが、合計に加えた。

　職工農家の拠出金を加えた合計額で、農場と職工農家の負担額（水利費等を含む）の割合を算出すると、農場総体では前者が32％、17％であり、三江平原の農場では41％、21％となる。両者を合わせると、農場総体では49％、三江平原では62％に達しており、三江平原での負担の高さが目につく。
　つぎに、**表4.10**により比率の高まっている灌漑投資の資金内容を、国有農場に即して時系列的にみてみよう。灌漑工事費総額は、1995年の6千万元から大幅な増加をみせ、1999年には1億6千万元を示すが、一時停滞し、2002年からは2億元の水準となっている。資金の給源をみると、国家資金が60％前後を占めており、なかでも農業発展基金がコンスタントに一定の割合を占め、1999年からは「小水」の割合が高まっている。農場負担は基本建設投資の割合により変動しているが、2000年代になると30％程度の割合を占めるようになっている。職工農家の負担には直接負担の他に水利費等を含めているが、統計上外数扱いされているため、計上されていない年もあり、趨勢的に

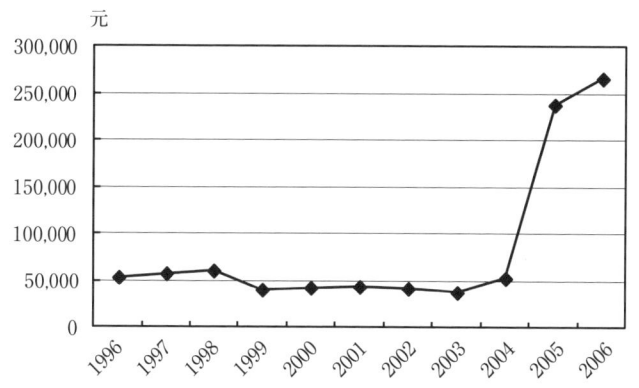

図 4.10　国有農場における職工農家の借地料負担（総額）

注：『黒竜江省墾区統計年鑑』（各年次）により作成。

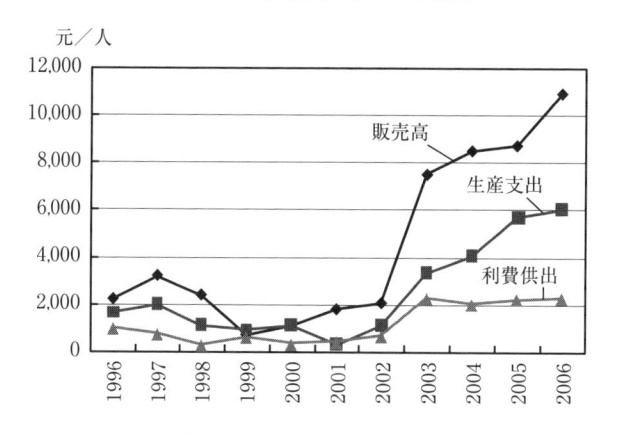

図 4.11　国有農場における職工農家の現金収支

注：『黒竜江省墾区統計年鑑』（各年次）により作成。

は年額3,000万元程度が支出されていると考えられる。この仮定によれば、職工農家の負担割合は25％程度になると考えられる。

　つまり、水利投資は、施設建設後の維持管理費を含め、地元負担の割合が50％を越え、資金の自賄い化が進んでいるのである。国有農場自体は資材製造工場や農産物加工工場を経営し、商業流通も担っているが、その収益は悪

化しており、職工農家の「利費税」の負担が高まっていると考えられる。
　そこで、農墾総体での「利費税」徴収の総額の動向を示したのが、図4.10である。1980年代中期からは総額5万元の水準で推移していたが、2005年には24万元、2006年には27万元の水準に一気に上昇しており、職工農家の負担の増加を見て取ることができる。
　また、職工農家の現金収支における販売高、生産支出、「利費税」の水準を示したのが図4.11である。2002年から1人当たりの販売高、生産支出が急増し、それに伴って「利費税」も増加したが、これは2,000元水準で停滞的である。しかし、「利費税」は販売高から生産コストを差し引いた剰余から支払われるのであるから、その水準はかなり高いといえる。

注
（1）資金の内容については、黒竜江省農墾水利誌編纂委員会『黒竜江省農墾水利誌　1947-2000』2006、p.617を参照のこと。

第4節　三江平原開発の特質

　本章では、まず、三江平原における近年の急速な水田化の過程を詳細な地域分析により明らかにし、一般農村とは異なる規模とスピードで水田開発が行われたことを明らかにした。三江平原では一般農村と国有農場の耕地規模はほぼ拮抗しているにもかかわらず、水田率が大きく異なる点は、単に国家プロジェクトによる推進があったと言うことでは説明ができず、国有農場の系統（農墾総局－国有農場－職工農家）の存在が大きく影響していることを物語るものである。
　第二には、水利開発の過程を振り返り、それが治水を前提として利水である水田開発にシフトしてきたことを明らかにした。畑開墾と度重なる洪水への対応としての築堤、さらには排水事業を通して畑作経営の安定化（この時代は農場直営経営）を目指してきたが、これは湿地問題一つをとっても容易

に改善できるものではなかった。しかし、稲作経営を農場直営で行うことは技術的にみても困難であった。

ここに、改革・開放路線のもとでの農家請負制への転換が1980年代半ばに起き、この新たな主体が稲作経営の担い手として登場するのである。ここでは、稲作経験のある招聘農家を移住させ、稲作技術の移植を行うとともに、機械オペレータ層で経済蓄積のあった職工農家が後に続く形で担い手形成が行われたのである。井戸１本10haという規模は新たな家族経営にとって最適規模であったといえる。

こうして、国家、地方「行政組織」でありながら経済団体でもある国有農場、10ha規模の家族経営がそれぞれの役割を果たしながら、水田開発が行われ、稲作経営が一定の確立をみたといってよい。

ただし、土地改良の追加的投資や水系の維持管理に関しては、国が後背に退き、国有農場も民営化の中で経営問題に直面しているため、その費用負担は職工農家の肩に重く圧し掛かっている。米価水準にもよるが、「利費」や水利費として徴収される農家負担は、一方で農業税が廃止されたにもかかわらず、増大しているのである。今後、三江平原での稲作経営が持続的に営まれるかどうかは、この課題をいかに解決するかにかかっていよう[注1]。

注
（１）職工農家の負担軽減のために、中央や地方政府ではこれまで数回にわたる対策を打ち出したが、2006年の中央財務部による「国有農場における税金・費用の免除による収入補填の方法」がその一例である。それまでは、国有農場も一般農村と同様、職工農家に対して５つの費用（９年義務教育費、計画生育費（一人っ子政策）、優撫費（戦没者の家族や傷痍軍人などに対する優待措置）、軍事訓練費、道路修繕・建設費）を徴収していたが、2006年からは全てを免除することになった。不徴収による国有農場の損失は、国と地方財政より補填するということである。詳細に関しては、中国財政部および黒竜江省政府のホームページを参照のこと。

第5章

水田開発と米過剰局面の稲作経営

　本章から第7章までは、第3章でも取り上げた新華農場を対象として、農場・生産隊・職工農家の各レベルについて水田開発の動向、職工農家の形成とその経営内容の変化を後付けていく。本章においては、まず新華農場全体にわたる水田開発を概観したうえで、稲作経営における生産隊、農場本部の機能を明らかにする。ここでは畑作におけるそれらの機能との相違を意識している。第二には、1994年からの本格的な水田開発が行われた後発的な第29生産隊を対象に、稲作経営の動態を3戸の事例に即してトレースする。また、2000年からの米過剰局面における水田の縮小と農家の変動を観察することで農家経営の流動性を検証する。第三には、2003年までの稲作技術の変化を主に機械化の進展に即して整理するとともに、米の販売対応と農家経済収支について同じ3戸の事例に即して分析を行う。

　なお、実態調査は2000年の2回と2003年9月に実施しており、生産隊に関する分析対象期間は水田開発が始まった1994年から2003年までである。

第1節　新華農場における水田開発の概況

1．作付構成の変化

　新華農場は、三江平原の中心地ジャムスから北へおよそ70kmの地点に位置する中規模の国有農場である[注1]。

　前述のように、国有農場は一般農村における人民公社の解体とは異なり、流通・加工の直営部門を存続させているとともに、行政組織としての機能をも有している。新華農場の場合、総生産額38,030万元のうち、請負制に転換した農業部門が22,268万元であり（58.6％）、直営部門は食品加工部門が8,745

万元（23.0％）、商業部門が4,950万元（13.0％）、建築部門が1,070万元（2.8％）である（1999年の数字、以下同）。農業部門では、36の生産隊がそれぞれ集落を形成しており、この生産隊の枠組みの中で生産請負制が1984年から実施されている。農場内の総世帯数は7,712戸、総人口は25,599人であり、職工農家は4,373戸である。

　農場の総面積は55,873haであり、総播種面積は26,921haで48.6％を占めている。主作物は、小麦、大豆、トウモロコシ、水稲であるが、調査時点でその割合が大きく変化している。表5.1は1980年以降の播種面積と単収を示したものである。改革が開始された当初の1980年時点では、小麦が41％、大豆が33％と圧倒的であり、水稲は1％に過ぎなかった。しかし、1988年に開始された井戸灌漑事業により水稲は急拡大をみせ、1996年には1万haを上回り、1999年には14,669haに達している。しかも、拡大当初は4トン台であったha当たり籾単収も1990年代後半から増大し、99年には7.5トンの水準に達している。これに対し、小麦は1980年代中期から減少傾向にあり、1990年代中期から減少が始まる大豆と合わせ、その割合を低下させている。1999年のそれぞれの作付割合は13％、15％である。これに替わってトウモロコシが1990年代中期から増加をみせ、99年には13％にまで相対的地位を増加させている。畑作の単収をみても、小麦が3トン台、大豆が2トン前後で停滞しているのに対し、トウモロコシはかつての1トン台から7トンにまで増加しているのである。

　しかし、1999年を境として作付構成に大きな変化が生じている。水稲面積が減少に転じ、2002年には1万ha台に、2003年には6,245haへと急速に縮小をみせているのである。この要因は、後に詳しく述べるように基本的に米価の低落にある。また、2000年からの不作、特に2002年の不作が追打ちを掛けた感がある。さらに、小麦についても、2000年以降の政府買付の中止を受けて一層の減少を続けており、2002年には351haと消滅寸前にある。これを受けて、大豆とトウモロコシが不安定性を持ちながら増加傾向にある。

　作付決定はかつての農墾管理局による一方的な通知から、農場長責任制や

第5章 水田開発と米過剰局面の稲作経営

表 5.1 主要作物の播種面積と単収の動向（1980〜2004年）

単位：ha, %, kg/ha, 元

年次	播種面積 合計	小麦	大豆	トウモロコシ	水稲	構成比 小麦	大豆	トウモロコシ	水稲	単収 小麦	大豆	トウモロコシ	水稲	一人当純収入 農場	管理局
1980	31,667	13,122	10,352	4,609	369	41.4	32.7	14.6	1.2	2,310	1,140	1,845	630		
84	25,076	9,731	12,675	865	262	38.8	50.5	3.4	1.0	1,980	1,090	1,320	2,655		
85	24,181	10,012	12,316	223	447	41.4	50.9	0.9	1.8						
86	23,875	10,848	9,851	1,485	808	45.4	41.3	6.2	3.4						
87	24,862	8,422	12,276	1,187	1,137	33.9	49.4	4.8	4.6						
88	21,181	6,708	11,500	623	982	31.7	54.3	2.9	4.6						
89	21,399	7,889	9,222	1,302	1,715	36.9	43.1	6.1	8.0						
90	22,987	8,029	8,296	1,864	3,138	34.9	36.1	8.1	13.7	3,015	1,845	4,695	4,830	1,082	1,216
91	23,279	7,337	9,514	1,821	3,733	31.5	40.9	7.8	16.0	2,100	1,410	4,440	4,410	1,061	1,114
92	22,216	6,994	9,020	1,389	4,000	31.5	40.6	6.3	18.0	3,210	1,350	4,785	4,980	1,251	1,252
93	21,665	5,793	9,241	1,474	3,895	26.7	42.7	6.8	18.0	2,895	2,010	5,040	5,490	1,600	1,716
94	21,484	4,373	7,963	2,760	5,002	20.4	37.1	12.8	23.3	1,815	1,605	5,475	6,030	2,138	1,994
95	24,000	3,558	6,570	4,053	7,200	14.8	27.4	16.9	30.0	3,224	2,270	8,850	8,845	2,565	2,554
96	25,826	3,227	4,400	5,500	12,000	12.5	17.0	21.3	46.5	2,850	2,149	7,845	7,086	3,413	3,276
97	26,688	2,928	5,354	4,500	13,334	11.0	20.1	16.9	50.0	3,702	2,009	7,770	7,566	3,605	3,665
98	26,957	1,977	8,249	4,527	14,204	7.3	30.6	16.8	52.7					3,649	3,954
99	26,921	3,556	4,047	3,593	14,669	13.2	15.0	13.3	54.5	3,296	1,935	6,681	7,550		3,869
2000	26,055	1,551	8,624	1,717	12,741	6.0	33.1	6.6	48.9	2,275	2,047	6,026	6,900	4,015	4,204
01	26,879	645	10,164	2,931	11,105	2.4	37.8	10.9	41.3	2,682	1,775	5,626	7,043	4,208	4,360
02	26,213	351	6,274	5,848	10,719	1.3	23.9	22.3	40.9	4,365	1,638	5,901	6,085	4,231	4,002
03	24,973	1,000	4,514	7,724	6,245	4.0	18.1	30.9	25.7				6,315	4,669	5,177
04	26,200	110	6,515	6,370	10,557	0.4	24.9	24.3	40.3				7,665		

注：農場資料による。空欄は資料無し。

職工農家の請負制によって自主的判断に任されるようになったが、市場・価格条件が農家の作付行動を規定する段階に入ったといえる。

2．水利開発と生産隊の分布

農場内には、松花江とその支流である5つの河（伏爾基河、石頭河、鶴立河、阿凌達河、烏龍河）が流れている[注2]。年間降水量は550～600mmであり、降雨は7～8月に集中する。

管内は大きく3つの地区からなり（**図5.1**）、西部、東部、東南部に分かれている。西部はやや高台であり、阿凌達河が貫流し、元宝山ダムがあるが、このダムの利用は農場外部の一般農村であり、現在のところほとんどが畑作である。東部は、東西に流れる伏爾基河と鶴立河に挟まれた地域であり、伏爾基河ダムによる灌漑区（第18生産隊）と1989年から実施された井戸灌漑による灌漑区からなり、水稲が基幹となっている。第16、第18生産隊の一部は畑作である。東南部は鶴立河沿いの低湿地の貯水池（第1～5ダム、衛星ダム）からの灌漑区（第12生産隊）と1992年から開始された井戸灌漑による水田地帯からなっている。

農場の水利開発は、東南部の鶴立河の堰堤（日本の「満蒙開拓団」による柳製のものが原型）からの取水が最も古く、1998年にはコンクリートの固定堰に改築され、鶴崗市、湯原県を含め1,000haを灌漑している。農場内の灌漑面積は300haである。これは第2、第3ダムを経て第12生産隊に給水している。第二は、東部の伏爾基河ダムによる灌漑であり、ダムは1982年に竣工している。設計面積は400haであるが、実際には667haが第18生産隊で灌漑されている。1982年には第20、第21生産隊および第27生産隊の一部がこのダムの取水区域とされている。さらに、このダムから引水する第16生産隊ダムが1999年に建築され、133haの灌漑面積を有しているが、1999年は干害のため貯水していない。

現在の農場の水田開発の多くは1989年からの井戸灌漑による造田によっている。これは、「三江平原農業総合開発計画」の一環であり、1987年に新華

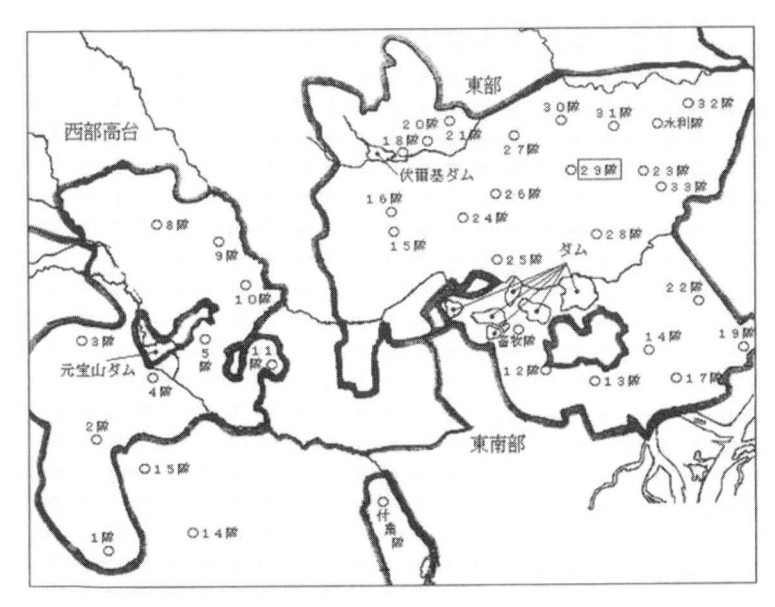

図5.1　新華農場エリアと生産隊

注:『新華農場志』により作成。

農場の所属する宝泉嶺管理局によって設計が行われ、1989年から工事が実施されている。これは東部地区の第29生産隊を中心とした10の生産隊で実施され、1991年までにおよそ4,667haが灌漑されている。続いて、1992～93年にかけて、東南部の第13生産隊から東の部分で実施され、5つの生産隊、4,000haが造田されている。その後、1996年から1997年にかけて、東部の第15、16、24、25および第27生産隊の一部で4,000haが開田されている。

この結果、ピーク時の1999年では、井戸灌漑面積が1万2,666ha、ダム灌漑面積が2,000haとなり、残り13,333haが畑作となっている。

表5.2は有効灌漑面積の拡大過程を示しているが、1995年前後がピークをなしていることがわかる。これに伴い井戸数も増加をみせるが、1井戸当たりの稲作作付面積は水田化が完了した時点で10ha規模を示しており、しかも1戸が1井戸を占有することが基本であることから、灌漑の設計上、稲作

表5.2 新華農場における灌漑面積の推移

単位：ha、万元

	有効灌漑面積	稲作面積	井戸数	井戸当面積	水利投資額	職工農家数
1991	3,888	3,733	519	7.2	71	3,059
1992	4,155	4,000	570	7.0	102	2,991
1993	4,017	3,895				
1994	5,124	5,002	604	8.3	481	3,786
1995	7,476	7,200	848	8.5	262	2,986
1996	12,565	12,000	1,175	10.2	1,634	4,122
1997	13,357	13,334	1,235	10.8		
1998	14,204	14,204	1,266	11.2		3,497
1999	14,669	14,669	1,374	10.7		
2000	12,741	12,741	1,493	8.5	517	
2001	11,105	11,105	1,319	8.4	274	
2002	10,719	10,719	1,209	8.9	0	

注：1）農場資料により作成。
　　2）1991年と92年の職工農家には内数で連合戸が各88戸、48戸存在し、1994～96年には「機耕隊」が3つ（合計面積1,689ha）存在する。

　農家の規模は10haを前提とすることになる。職工農家数は全期間を通じては明らかではないが、第3章でみたように畑作段階では機械の払下げを受けた農家を優先した農地賃貸が行われ、なおかつ共同経営も存在したが、稲作への転換に伴い、かなりの農家の入替えが実施されたことが想定される。毎年の職工農家の変動が極めて激しいことがそれを示している。
　生産隊毎の作物構成をみると（表5.3）、西部が水田率6％、東部が55％、東南部が93％となっている。以下で対象とするのは、井戸灌漑率が高く、水稲面積が大きい東部の第29生産隊である。

注
（1）朴紅・坂下明彦『中国東北における家族経営の再生と農村組織化』御茶の水書房、1999、第7章においても一定の分析を行っている。
（2）農墾には水利局（ハルビン市）があるが、かつては洪水対策が中心であり、堤防の総延長は110kmに上っている。排水ポンプ（能力15㎥/秒）3基が松花江、鶴立河と第19生産隊に設置されている。

表5.3 生産産隊別の水稲作の位置づけ

単位：戸、ha、％

生産隊名		生産農家数					作付面積					水田率	1戸当たり水稲面積
		合計	稲作	小麦	大豆	トウモロコシ	稲作	小麦	大豆	トウモロコシ	合計		
西部	1	91	0	74	89	91	0.0	144.0	306.7	198.7	649.3	0.0	
	2	37	0	28	37	34	0.0	56.7	90.7	66.7	214.0	0.0	
	3	118	0	118	113	87	0.0	206.7	326.0	153.3	686.0	0.0	
	4	121	0	121	121	89	0.0	273.3	300.0	200.0	773.3	0.0	
	5	82	14	0	19	68	80.0	0.0	80.0	191.3	351.3	22.8	5.7
	6	110	0	110	83	54	0.0	220.0	251.0	166.7	637.7	0.0	
	7	37	0	22	11	37	0.0	55.3	57.3	77.3	190.0	0.0	
	8	122	0	107	122	66	0.0	213.3	286.7	140.0	640.0	0.0	
	9	136	0	136	133	83	0.0	272.0	258.0	221.3	751.3	0.0	
	10	129	0	104	129	78	0.0	208.0	280.0	200.0	688.0	0.0	
	11	61	61	0	0	0	293.3	0.0	0.0	0.0	293.3	100.0	4.8
	小計	1,044	75	820	857	687	373.3	1,649.3	2,236.3	1,615.3	5,874.3	6.4	5.0
東部	15	240	134	106	32	67	366.7	203.3	111.3	173.3	854.7	42.9	2.7
	16	254	121	133	109	68	293.3	274.7	282.0	166.7	1,016.7	28.9	2.4
	18	141	0	141	118	101	0.0	280.0	266.7	248.7	795.3	0.0	
	20	229	94	135	108	54	300.0	270.0	265.3	144.0	979.3	30.6	3.2
	21	329	161	168	131	88	333.3	400.0	326.7	217.3	1,277.3	26.1	2.1
	23	69	69	0	0	0	500.0	0.0	0.0	0.0	500.0	100.0	7.2
	24	189	83	106	87	96	440.0	213.3	213.3	233.0	1,099.7	40.0	5.3
	25	121	74	0	19	47	360.0	0.0	73.3	166.7	600.0	60.0	4.9
	26	101	69	0	16	32	366.7	0.0	57.3	80.0	504.0	72.8	5.3
	27	116	81	0	25	35	313.3	0.0	82.7	100.0	496.0	63.2	3.9
	28	246	93	153	23	60	533.3	220.0	112.0	200.0	1,065.3	50.1	5.7
	29	151	136	15	0	0	680.0	45.3	0.0	0.0	725.3	93.8	5.0
	30	108	108	0	0	0	493.3	0.0	0.0	0.0	493.3	100.0	4.6
	31	131	131	0	0	0	536.0	0.0	0.0	0.0	536.0	100.0	4.1
	32	121	121	0	0	0	493.3	0.0	0.0	0.0	493.3	100.0	4.1
	33	99	99	0	0	0	600.0	0.0	0.0	0.0	600.0	100.0	6.1
	小計	2,645	1,574	957	668	648	6,609.3	1,906.7	1,790.7	1,729.7	12,036.3	54.9	4.2
東南部	12	120	87	0	11	33	433.3	0.0	20.0	74.7	528.0	82.1	5.0
	13	68	68	0	0	0	366.7	0.0	0.0	0.0	366.7	100.0	5.4
	14	165	165	0	0	0	426.7	0.0	0.0	0.0	426.7	100.0	2.6
	17	89	89	0	0	0	366.7	0.0	0.0	0.0	366.7	100.0	4.1
	19	134	134	0	0	0	466.7	0.0	0.0	0.0	466.7	100.0	3.5
	22	189	189	0	0	0	866.7	0.0	0.0	0.0	866.7	100.0	4.6
	34	33	0	0	0	33	0.0	0.0	0.0	73.3	73.3	0.0	
	35	37	11	0	0	37	133.3	0.0	0.0	100.0	233.3	57.1	12.1
	36	32	32	0	0	0	560.0	0.0	0.0	0.0	560.0	100.0	17.5
	小計	867	775	0	11	103	3620.0	0.0	20.0	248.0	3888.0	93.1	4.7
合計		4,556	2,424	1,777	1,536	1,438	10,602.7	3,556.0	4,047.0	3,593.0	21,798.7	48.6	4.4

注：1）農場資料により作成。
　　2）作物別の農家数しか分からないため、稲作農家と畑作物のうち作付農家が最も多い戸数を合計した。実際の農家戸数は4,373戸であり、183戸が田畑作経営である。

第2節　稲作経営における生産隊・農場本部の機能

1．井戸灌漑による稲作の拡大

　第29生産隊の戸数は117戸であり、人口は378人である。生産隊本部を中心に集落が形成されている。耕地面積は888haであり、2000年の作付は水稲805ha、畑作（大豆、トウモロコシ、小豆、瓜類）83haであり、ほぼ水稲単作である。水稲作付農家が85戸（実際には78戸）、畑作農家が20戸であり、残り12戸は定年あるいは副業農家である。

　この生産隊の入植は遅く、1969年である。その構成は、退役軍人、「知識青年」、山東省からの移民であった。農場改革は1984年から行われ、生産隊所有の機械の払い下げによって職工農家の個別あるいは共同経営が設立された。機械を持たない農家には2haの農地が配分され、「機務隊」による作業受託が行われた。共同経営は後の事例にみるように徐々に解体し、個別経営が支配的になっている。

　井戸灌漑による水田化は1994年から実施されている（畑作時代には、畑地灌漑のために12本の井戸が掘られていた）（表5.4）。初年度は、4本の井戸が掘削され、40haの造田が行われている。井戸の掘削の申し込みについては、生産隊員の集会を開催して意見を聞き、農家の申請を生産隊が審査（技術、資金面）して決定し、農墾水利局の「水資源管理弁公室」に申請する。それをもとに、農墾の観測設計隊が調査を行って掘削地点を決定している。1995年には345haの造田が行われ、1997年には600ha台に、2000年には831haにまで拡大されている。2000年現在の井戸数は80であり、1個の井戸の灌漑面積は平均10haであり、稲作農家数は77戸であるから、ほぼ1戸に1つの井戸を保有していることになる。

　こうした水田開発に対応して、招聘農家の入植が行われている。これは、全国に向けて農墾が募集したものであり[注1]、この生産隊には、黒竜江省の五常県、賓県、明水県出身の招聘農家が多く、そのほかに吉林省の楡樹県、

表5.4　第29生産隊の水田開発と農家所得の変化

	水田面積（ha）	井戸数（個）	招聘農家（戸）	人当所得（元）
1994	40	4	4	3,050
1995	385	38	20	3,540
1996	590	55	22	2,980
1997	605	60	25	3,125
1998	650	63	29	3,380
1999	680	65	29	3,270
2000	831	80	31	2,880
2001	809	75	31	4,480
2002	809	78	31	2,100
2003	283	35	15	3,120

注：1）生産隊資料による（2000年3月、2003年9月調査）。
　　2）井戸数、移民数は累計値である。

表5.5　第29生産隊の経営規模別農家戸数（2000年）

単位：戸、ha、％

経営規模	戸数 稲作	戸数 畑作	面積 稲作	面積 畑作	稲作割合 戸数	稲作割合 面積
～2 ha	1		1.5		1.3	0.2
2～	5	10	19.2	29.0	6.5	2.1
5～	19		212.6		24.7	23.4
7.5～	4	2	32.7	15.5	5.2	3.6
9～	17	1	168.3	9.0	22.1	18.5
11～	19		238.5		24.7	26.3
15～	8		139.5		10.4	15.4
20～	3		66.0		3.9	7.3
25～					0.0	0.0
30～	1		30.0		1.3	3.3
合計	77	13	908.3	53.5	100.0	100.0
平均			11.8	4.1		

注：生産隊資料により作成。

舒蘭県からも入植している。すべて稲作を基幹とする県であり、移民総数は31戸である。

表5.5は2000年時点での農家の経営規模を示したものである。水稲の平均規模は11.8haであるが、階層的には大きなばらつきがある。基準規模を示す9～11ha層は17戸、22％に過ぎず、5～7.5ha層に19戸、25％が分布し、逆

に11〜15ha層、15〜20ha層に27戸、35％が分布している。最大規模農家は30haである。この基準規模10haを越える農家群は戸数シェアーでは40％、面積シェアーでは52％を示しており、規模を拡大して井戸を複数保有する農家が増加していることを示している。この点については後に述べる。また、畑作経営については13戸と減少傾向にあるが、13戸のうち5戸が2ha規模であり、農場改革期に機械を持たない農家に付与された規模に止まっている農家が多いことがわかる。

2. 生産隊・農場本部の機能

　生産隊本部の職員は、党書記、隊長、副隊長、会計、統計、技術員の6名体制である。人事は農場の党委員会が決定するが、生産隊からの推薦により生産隊員が専任されるケースが増加している。ただし、このケースでは隊長は1999年に第15生産隊からの移動によるものである。農場本部との関係では、稲作部門については水稲弁公室（栽培計画、栽培暦、機械）と種子公司との関係が密接であり、畑作時代に緊密であった農業課（旧生産課、畑作の技術指導）や機務課（畑作機械関係）との関係は希薄になっている（両者は2000年3月に農機課として合併）。以下では、職工農家との関係で生産隊ならびに農場の機能を明らかにしておこう。

(1) 生産資材の供給

　職工農家は、3月までに営農計画を立て、それを生産隊に提出するとともに、種子や生産資材の申し込みを行う。この品種別の稲作面積に基づき、農場の種子公司から種子が供給される。ただし、前年秋の収穫時に次年度の種子代を仮払いし、翌年度の秋に清算される仕組みとなっている。肥料・農薬については、生産隊が職工農家の需要を取りまとめ、農場の複合肥料工場から一括購入し、運搬費と労賃を加算して精算する（手数料はなし）。生産隊の申込は冬期間が多く、この場合には春までの期間は農場が代金を立て替える。

営農計画の提出の際、営農資金が不足する農家は、必要資金を生産隊に申請する。生産隊は、農場を通じて農業銀行から資金借入を行う。借入の名義は生産隊であり、農場本部が保証を行う。資金返済は、出来秋の農産物で清算される。しかし、現実には農家は資金借入を好まず、2000年春の資金申込はおよそ30戸、14万元であり、生産資材購入額169万元（水稲弁公室の推計）の10％程度に過ぎない。金利は月利であり、年利換算7.7％である。

農業機械に関しては、自己資金を有するものは近隣の鶴立市やジャムス市などの個人商店で比較的低価格で購入するが、一般的には生産隊、水稲弁公室を通じて購入する。自己資金の残余を水稲弁公室が農業銀行から資金調達し、職工農家は年賦支払いするシステムである（3年が一般的）。これも、出来秋の現物納入による清算が行われる。弁公室を通じた購入は、支払利息や手数料の徴収があるため個人商店より価格がやや高い。

稲作の場合には、畑作と比較して生産隊の生産過程への関与は少ないが、資材供給においては共同購入や信用供与などを行い、農場本部との仲介を行っているといえる。農場本部は、生産隊を通じて関連公司の資材供給を促進するとともに、次に述べる農産物調達機能と関連させた決済機能を持つことにより実質的な融資や現物貸付を行っている。

（2）新品種の導入と農場附属公司による籾の買い上げ

農場本部は1997年以降、輸出を含む米の販売戦略に乗り出しているが[注2]、そのことが従来の米をめぐる農場本部と職工農家の関係に大きな変化をもたらしている。

生産隊の品種の変遷をみると、水田化が開始された1986年にはジャムス近郊の合江稲作研究所で開発された「合江19号」、後に「合江23号」が主流であったが、1998年からは奨励品種である「合江93-341」、「合江202」に転換した。

1999年の作付をみると（表5.6）、作付面積は685ha、生産量は籾5,108トン、ha当たり収量は7トンであった。平年作は7.6トンであり、1999年は降雹に

表 5.6　第 29 生産隊の品種構成と農場の米購入（1999 年）

単位：ha、トン、％

品　種	1999 年 面積	生産量	公司購入	購入率	2000 年 面積	うち種子	備考
合江 341	450	3,450	1,402	40.6	0		
合江 188	31	230	170	73.9	0		
空育 131	200	1,400	1,400	100.0	108		
上育 397	4	28*	28*	100.0	528	19	全量買上
新越光					248	60	全量買上
合　計	685	5,108	3,000	58.7	805	79	

注：1）生産隊資料による（2000 年 9 月調査）。
　　2）*は種子販売。

よる不作であった。品種は、従来の「合江341」（中生）が450ha、「合江188」が31haであるほかに、輸出用品種である「空育131」（早生）が新たに200ha作付されている。混米を避けるため、1号地と2号地に作付けされている。2000年には、前年種子栽培がなされていた「上育397」が528ha、新たに「新越光」（こしひかり類似品種）が248ha作付されている。これは、農場附属公司の買上意向に添ったものであり（全量買付保証）、2001年度には完全に2品種へ転換することになっている。

　表5.7には、生産隊内の7つの大圃場区画の水稲品種の構成を示したが、各地区でのばらつきが大きく、大枠での品種選定は農場からの指示によるものではあるが、個別農家の品種決定は農家サイドに委されていることがわかる。

　こうした新品種導入のためには技術指導が不可欠であるが、農場水稲弁公室では、春先に技術員を派遣して、農家向けの講習会を開催するとともに、「栽培暦」に基づいて重要な時期に農場を3区に区分して、各生産隊から技術員を召集して指導を行い、彼らが生産隊内での技術指導を行う体制を確立している。

　農場の場合、「費税糧」といわれる農場への納入米が存在するが、その内容は「利費税」といわれる農場経費見合いの物納（借地料）と生産隊の経費である「隊管費」、農業税の3つの部分から構成されている。これらは、全

表5.7 第29生産隊における稲作品種の分布（2000年）

単位：ha、%

号　地	上育397	新越光	空育131	合　計
0	23.0	9.5	4.0	36.5
1	80.5	26.5	31.0	138.0
2	46.5	31.0	21.0	98.5
3	108.0	11.0	35.0	154.0
4	84.5	16.0	7.0	107.5
5	52.0	50.0	0.0	102.0
6	126.5	33.0	10.0	169.5
総　計	521.0	177.0	108.0	806.0
0	63.0	26.0	11.0	100.0
1	58.3	19.2	22.5	100.0
2	47.2	31.5	21.3	100.0
3	70.1	7.1	22.7	100.0
4	78.6	14.9	6.5	100.0
5	51.0	49.0	0.0	100.0
6	74.6	19.5	5.9	100.0
総　計	64.6	22.0	13.4	100.0

注：生産隊資料による（2000年9月調査）。

て「公糧」[注3]価格で換算されて農場に納入される。「公糧」価格は1990年代後半では市場価格を下回っていたが、1990年代末には「保護価格」化している。これらは、品種に関わりなく1～3等の品質別価格で換算される。1999年の「公糧」価格は籾1kgで1等品1.24元、2等品1.20元、3等品1.16元である。

「利費税」のha当たりの負担額については、12月に各生産隊の隊長・書記・職工代表が参加する農場の職工代表大会によって決定され、春先に農場本部と生産隊が契約を行い、その後に生産隊と職工農家が契約を行うという形式を踏んで正当化されている。

この水準は、開田時期で異なっており、3年以上の水田はha当たりで「利費税」と農業税が2,050元（うち農業税は200元程度）、「隊管費」が225元、作物保険が80元（年間農業災害に対し、保険会社から7～8万元の保険金が下りる）であり、合計でおよそ2,300元となる。2年地はマイナス200元、1年地はマイナス400元である。ha当たりおよそ2.5トンに当たる高水準である。

農場の公司は、超過分の良質米に対しプレミアムを付けているが（いわゆる「議価」購入）、良質米の拡大により「費税糧」のうまみも増すわけである。

このように、米販売に関しては、農場公司は竜頭企業の位置づけにあり、生産隊を生産基地と位置づけることで契約生産を強化する方向で組織化を進めているのである。

注
(1) 招聘農家については、朴紅・坂下明彦『中国東北における家族経営の再生と農村組織化』御茶の水書房、1999、pp.226～227を参照。招聘農家として入地する条件は、①法律の遵守、②一人っ子政策の遵守、③水田栽培技術を有する、④入植後2年連続して黒字経営を達成できる、⑤自己資金を有することであった。
(2) 新華農場では、1997年12月から日本の商社との合弁で新綿精米加工有限公司を設立し、色彩選別機を導入して日本以外の国への輸出を開始している。詳しくは、第8章第3節を参照のこと。なお、日本への輸出の実績は、1998年が6,700トン、99年が7,000トンである。詳細に関しては、村田武監修『黒竜江省のコメ輸出戦略』家の光協会、2001も参照のこと。
(3) 「公糧」とは、国に供出する穀物の意であるが、農業税の物納である。一般的には「公糧」というが、国有農場では「任務糧」という。

第3節　稲作経営の形成と過剰局面での変動

1. 稲作経営の形成過程

以下では、第29生産隊内の3戸の農家調査をもとに、過剰局面以前の2000年時点での稲作経営の実態を明らかにしていく。3戸の農家はNo.1（49歳）18ha（2000年に28ha）、No.2（26歳、後継者）16ha、No.3（23歳、後継者）8haの稲作専業農家である。

生産隊資料によると、1999年現在の農家戸数は79戸であり、1戸の畜産農家を除けば78戸が稲作農家である。粗収入規模から水田面積規模を推計したものが表5.8である。推計のため、実際の経営規模とは異なるが、No.1は15ha以上の最上層（6戸）に、No.2は10～15haの中規模層（19戸）に、No.3

表5.8 第29生産隊の農家の経営規模の推計と収支（1999年）

単位：元、％

規模別	戸数	稲作収入	経営費	剰余	経費率	備考
20～25	1	210,000	174,000	36,000	82.9	
15～20	5	142,240	117,478	24,762	82.6	No.1
10～15	19	96,311	77,702	18,609	80.7	No.2
5～10	38	60,592	48,889	11,703	80.7	No.3
～5	15	31,127	24,425	6,702	78.5	
平　均		70,776	57,203	13,572	80.8	
合　計	78	5,520,500	4,461,870	1,058,630	80.8	

注：1）農場資料による。
　　2）生産費調査から1ha当たり粗収入を8,340元として推計。

は5～10haの小規模層（38戸）に属していることがわかる。推計上の5ha以下層はここでは取り上げない。

　まず、**表5.9**によって各農家の稲作経営の形成過程をみておこう。No.1とNo.2は既存農家であり、No.3は外部からの招聘農家である。

　No.1は父が所属していた第32生産隊で1977年に結婚、独立している。改革時の1984年には、3戸共同で120haの農地を請負い、畑作専業で大豆・小麦を栽培したが、条件が悪く、1986年に第29生産隊に転居した。当初は畑作で、請負地は5～6haであり、輪作のため1年ごとに割当地は移動している。①稲作経営は1994年から開始された井戸掘削による水田化に参加したことを契機に始まった。1994年には1戸で、1995年には他の農家とともに井戸を掘削し、No.1は余水で8haを開田したが、水不足のために翌96年に独自に井戸の掘削を行っている。②1997年に隣の農家が第25生産隊に転出したため、跡地10haを「購入」し、水田面積は18haとなっている。1999年にトラクタ導入に伴い、区画整理を行って圃場を大型化している（枚数は不明）。③さらに、2000年4月に圃場番号5号2区（20ha）にある畑作用の井戸（40m×直径30cm、プラスチック製）を利用して10haの開田を行い、28haの規模となっている。これで圃場枚数は50枚であり、1枚平均は20aである。

　No.2の場合は、父が1969年に第29生産隊に入植し、手労働を行う農工隊の

表 5.9　調査農家の履歴（2000 年時点）

農家 No.（年齢）	No.1 農家（49 歳）	No.2 農家（26 歳）	No.3 農家（23 歳）
	28ha	16ha	8ha
改革前の状況	1964 年に父が吉林省から入植。1977 年に結婚して独立。機務隊に所属。	1969 年に父が山東省から入植。農工隊所属。	
改革後の動き	32 隊で 1984 年に3戸連合経営（120ha, TR75p.s×2, CB 1）1986 年に転入、5～6ha を毎年配分	2～4 ha、1985 年 20ha 請負、大豆作付	ハルビン近郊の賓県で 6 ha の畑作＋タバコ農家
開田の状況	1995 年 8 ha（余水開田） 1996 年井戸 9,000 元 1997 年 10ha 購入（20,000 元） 2000 年 10ha 開田（旧井戸、105,000 元）	1986 年 16ha 開田（直径 40cm の旧井戸あり）	1990 年異地入植（水田 4ha 開田、13.2cm 井戸）1992 年 8ha を購入（朝鮮族3戸が異地入植して 1990 年に井戸開田した土地）開田費用残高 13,000 元を3年払い
区画整理	16ha 分は 130 枚を 115 枚に（平均 15.6a）、新規開田 10ha は 50 枚（平均 20a）	150～160 枚から徐々に畔畔撤去をして 30 枚（平均 53a）	60 枚（最大 5.3a～最小 0.1a、平均 13a）

注：2000 年 9 月調査による。

所属であった。改革後は2～4 ha であったが、1985年に20haを請け負い、翌86年に旧井戸を使用して16haの開田を行っている。事例では最も早い開田である。当初150～160枚であった圃場の畔畔撤去を徐々に行い、現在30枚（1枚平均53 a）となっている。

No.3は、ハルビン郊外で6 haの畑作とタバコ栽培を行う農家であったが、1990年に第29生産隊に入植している。①当初は4 haを開田したが、条件が悪く、②1992年に朝鮮族が入植して開田した8 haを「購入」している。圃場枚数は60枚であり、平均13 aとなっている。

以上の事例から開田ならびに水田譲渡に関しては、幾つかのパターンが存在する。第一は、No.2（1985年）ならびにNo.1の③（2000年）のケースのよ

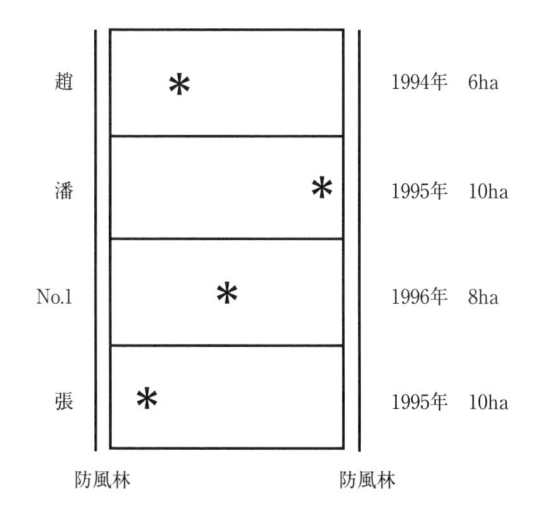

第5章　水田開発と米過剰局面の稲作経営　*149*

趙	＊	1994年	6ha
潘	＊	1995年	10ha
No.1	＊	1996年	8ha
張	＊	1995年	10ha

防風林　　　　防風林

図5.2　第29生産隊2号地第1区の開田事例
注：聞き取りによる。＊は井戸。

うに、畑地灌漑用に掘削されていた井戸を利用した開田である。No.2のケースは不明であるが、No.1の③のケースでは、井戸の使用権2,000元が支払われている。この場合、No.2のケースでは1区画20haを16haと4haに分割されており、No.1の③のケースでも1区画20haを10haずつ2戸に分割されている。したがって、次のケースと同様に生産隊の審査（経営能力と業績）を経て、希望者からの選別が行われていることがわかる。この場合の経費は自己資金によっており、No.1の③のケースではポンプなどの設置に3,500元、造田雇用費に5,000元、合計8,500元を支出している[注1]。

　第二は、新たに井戸掘削を行って開田する場合である。No.1の①のケース（1996年）では、**図5.2**に示したように、2号地第1区、34haが井戸掘削計画の範囲となり、No.1を含む4戸が順次掘削を行う計画（当初No.1は補水利用）が立てられている。職工農家の計画への参加の審査項目には、当然資金力が含まれており、開田費用は自己調達が基本である。No.1の場合には、井戸の掘削費6,000元、モーターなど3,000元を合わせ9,000元が必要であり、不足資

金の4,000元は親戚から無利子で借入している。

　第三は、水田の「購入」である。農地は農場有（国有）であるため、一般農村のような借地料支払いは存在しないが、ここでは井戸などの有益費補償を指している。No.1の②のケース（1997年）では、10haを20,000元で「購入」しているが、No.1の施設投資は8haで9,000元であるから、造田費を5,000元と見積もっても（No.1の③の数値）、プレミアムがついていることになる。このことは、水田「購入」が競争的であることを示している。No.3の②のケース（1992年）では8haの入植農家の水田を引き継いだが、その経費15,000元は生産隊が立替えており、朝鮮族が支払った2,000元を差し引いた13,000元を3年賦で生産隊に支払っている。外部からの招聘農家の場合には、優遇制度があるわけである。

　以上のことから、招聘農家を除き、開田費用の調達は基本的に自己責任制となっており、参入のためには一定の資金力が必要であること、招聘農家の多数の存在を考えると、現存の畑作農家や引退農家のほかにかなりの転出農家が存在すると考えられる。これによって、大規模な稲作経営群が形成されたといえる。また、畑作の場合には生産隊（あるいは個別農家の作業受託）による「双層経営システム」が形成され、輪作体系の維持ともあいまって、特に小規模農家による固定的な農地利用関係の形成は微弱であるが、稲作経営に関してはいうまでもなく固定的な土地利用が形成されている。さらに、井戸灌漑による稲作は、自然流下方式の灌漑稲作や一般畑作に対し、個別施設投資が必要であり、農地に対する所有権意識がより強固となると考えられる。水田の「売買」における競争的な「地価」形成がその一つの査証である。

2．稲作拡大・後退局面における農家構成の変化

　こうした過程を経てほぼ水稲単作に近い作付構造が形成されたが、**表5.10**に示すように稲作面積は2001年から微減し、2003年には一気にピーク時831haの34％水準である283haにまで後退をみせる。ここでは拡大期を含む1999年から2003年までの稲作の動向を職工農家個々のレベルで追跡してみよ

表5.10　第29生産隊の戸数・生産・経済の変化（1999～2003年）

単位：戸、ha、千元

		1999	2000	2001	2002	2003
戸数	1999在籍	102 (71)	75 (65)	61 (54)	61 (54)	47 (15)
	2000新規		15 (12)	10 (10)	10 (10)	6 (3)
	2001新規			12 (9)	12 (9)	4 (2)
	2002新規				2 (0)	1 (0)
	2003新規					16 (5)
	合　計	102 (71)	90 (77)	83 (73)	85 (73)	74 (25)
面積	水稲	689.4	831.5	809.5	809.5	283.0
	大豆	102.2	44.5	51.5	53.0	553.0
	トウモロコシ	98.4	14.0	29.0	27.5	13.0
	合　計	890.0	890.0	890.0	890.0	849.0
経済収支	総収入	5,646		6,717	6,524	
	糧食収入	5,520		6,559	6,349	
	畜産収入	123		158	176	
	総支出	5,155		5,388	5,295	
	農家経営費	4,558		4,698	4,580	
	施設機械投資	110		86	98	
	生活費	486		602	614	
	税金			3	3	
	収支	491		1,328	1,230	

注：1）生産隊資料による。
　　2）戸数の（　）内は稲作作付農家数。
　　3）1999年の経済収支は79戸の集計。

う。ここで使用するデータは5ヵ年間の職工農家の作付面積である[注2]。

　まず、拡大期である1999年から2001年の変化を示したのが、表5.11である。1999年時点の農家戸数は102戸であり、稲作農家が71戸、畑作農家が31戸である。稲作農家の内訳は、基準規模層（9～11ha）が13戸（18％）、2～9haの小規模層が32戸（45％）、11haを越える大規模層が26戸（37％）であり、これに平均規模6.5haの小規模畑作農家31戸が加わる構成であった。2年後の2001年をみると、このうち41戸が転出（ないし非農家化）している。半数が畑作農家で、水田化の進行のなかで排除されたのである。畑作から稲作に転換したのはわずか3戸であり、小規模農家として残存しているのは7戸（平均規模4.5ha）のみである。転出農家のうち、稲作農家は20戸であるが、小

表 5.11 入地時期別農家の 2001 年時点での経営規模の変化

単位：戸

	規模	\multicolumn{10}{c}{2001 年の経営規模}	計
		転出	～2	2～	5～	7.5～	9～	11～	15～	20～	25～	30～	畑作	計
1999年の経営規模	2ha～	1	3(2)											4
	5～	8		9	1		3	2	2					25
	7.5～	2			1									3
	9～	2			1		7(2)	3						13
	11～	6				1		10(4)**	1					18
	15～	1							3*	1*				5
	20～							1	1					2
	25～													0
	30～										1			1
	畑作	21					3						7	31
	計	41	3	10	3	13	16**	5*	2	1*	1	7		102
00年入地農家		5	1		3		4	2						15
01年入地農家		0		2			5	1		1		3		12
合　計		46	1	3	15	3	22	19	5	2	2	1	10	129

注：1）生産隊資料による。
　2）*は水稲の他に畑地を有する農家を示す。

規模層が11戸、基準規模層が2戸、大規模層が7戸であり、下層の割合が高いとはいえ、大規模層にも及んでいる。流動性の高さが目立っている。稲作の残存農家54戸のうち、同一規模層内での拡大の8戸を含め、規模拡大を行ったのは20戸である。このうち、5～7.5ha規模層で8戸が規模拡大を行っており、転出者と同数である。この層が規模拡大か転出かを迫られたといえよう。この結果、大規模層が25戸（383ha、62％）、基準規模層が13戸（128ha、21％）、小規模層が16戸（101ha、17％）となり、大規模層の厚みが増したといえる。この農家群は全体の稲作面積810haのうち、612ha、76％を占めており、稲作の平均作付面積は9.7haから11.3haへと上昇している。

　2000年の転入者は15戸であったが、このうち5戸が1年で転出しており、残存農家の階層構成はやや下層に偏っている。この合計面積は116ha、14％を占め、平均面積は11.6haである。2001年の転入者は12戸で、3戸が小規模畑作農家、9戸が稲作農家であり、合計面積は100ha、12％で、稲作平均面積は11.1haである。このように、造田と転出農家の土地の再配分によって全

表 5.12 2002 年から 2003 年における畑作への転換

単位：戸

		規模	～2	2～	5～	7.5～	9～	11～	15～	20～	25～	30～	畑作	計	転入
2003年の経営規模	稲作	2ha～			1*		1							2	
		5～			4	1								5	2
		7.5～				1								1	
		9～					3							3	1
		11～						3						3	1
		15～							3			1		4	1
		20～								1				1	
		25～									1			1	
		30～													
		小計		5	2	4	3	3	1	1	1			20	5
	畑作	2～		3									2	5	1
		5～			3								2	5	2
		7.5～				1								1	
		9～			1		7	1					1	10	1
		11～			1			9						10	2
		15～					1		1		1			3	4
		20～								1				1	
		25～													
		30～													1
		小計		3	5	1	8	10	1	1	1		5	35	11
	転 出		1		5		10	6	1				7	30	
	合 計		1	3	15	3	22	19	5	2	2	1	12	85	16

注：1）生産隊資料による。
　　2）*は水稲の他に畑地を有する農家を示す。

体として稲作経営の規模拡大が徐々に進行したのである。

　これに対し、2003年は稲作からの撤退が急速に進行している。先の**表5.10**で総面積をみると、2002年の890haに対し、2003年は849haとなっている。この減少分はいわゆる「退耕還林」（植林）である。**表5.12**は2002年から2003年にかけての経営規模の変動と畑作への経営転換の動きを示したものである。最下欄の合計が2002年の農家戸数を示しており、稲作農家が73戸、畑作農家が12戸、合計85戸からなっていた。それが2003年には右の計欄に示したように、85戸のうち実に30戸が転出し、存続しているのは55戸で、逆に16戸が転入している。農家戸数は差し引き14戸減少して74戸となっている。稲

作を継続している農家は20戸であり、3戸の面積減少を除き、ほとんどが同面積を維持し、拡大の動きは全くない。畑作に転換した農家は35戸であり、うち3戸が規模拡大し、2戸が規模縮小している。規模別にこの動きをみると、大規模層（11ha以上）は29戸のうち畑作へ転換した農家が13戸（45％）、稲作維持が9戸（31％）、転出が7戸（24％）である。基準規模層（9〜11ha）は同22戸、8戸（36％）、4戸（18％）、10戸（45％）である。小規模層（9ha未満）は同22戸、9戸（41％）、7戸（32％）、6戸（27％）となっており、大規模層で経営転換した農家の割合がやや高い程度である。むしろ、全層的に稲作からの後退現象が起こったとみたほうがよい。小規模畑作農家は7戸が転出、5戸が現状維持である。

　稲作については5戸が転入し、合計25戸、面積は283haであり、平均面積は11.3haである。畑作については、11戸が転入しており、経営転換と合わせて41戸、従来の小規模農家を加えて46戸となる。面積は566haであり、平均面積は13.8haで稲作より大きくなっている。面積シェアーでは、大規模層が356haで68％、基準階層が99haで19％、小規模階層が72haで13.7％となっており、大規模層のシェアーが高いが、畑作としては必ずしも大規模とはいえない。また、畑作化1年目であることもあり、作物が大豆553ha、トウモロコシ13haと圧倒的に大豆に偏っており（2作物作付は2戸のみ）、今後の輪作体系の確立のためには土地利用の総合的調整が課題となっている。

　こうした稲作の縮小の要因は、米価の下落による稲作経営の悪化にあるといってよい。この問題については農家の実態を示すが、生産隊資料においてもその傾向は現れている。前掲**表5.10**には生産隊全体の経済状況が示されているが、1999年から2001年の動きは米価上昇によって糧食収入が19％の増加をみせ、経済収支が好転をみせていた。これが水稲単作に接近する造田化をもたらしたと考えられる。しかし、2001年から2002年の動きは逆であり、糧食収入は3％のマイナスを示しているのである。実際には、この数字より遥かに収益の悪化が生じているのであり、それは作付動向に如実に現れているのである。

注
(1) 農墾水利局によると、ポンプは500元、発動機が1,500～2,000元であり、合計で2,500元程度の負担である。井戸の掘削費は地域によって異なる。1989～93年にかけて行われた東部地区の東側と東南地区については、地下水位が高いために井戸の深さは30m（東南部は松花江に近いので20～30m）であり、井戸の直径も狭く、プラスチック製の土管であったため、ポンプ代を含め、総経費は1.2万元であった。1996年の東部地区の西側については井戸の深さが60mとなり、直径も広く、鉄管を使用したため、総経費は3.8～4万元と3倍以上になっている。井戸灌漑を実施する職工農家（招聘農家を含む）は、この費用を農場に対して、4年間で現物払いする場合が多い。
(2) この名簿には世代交代による保有者の変更がありうるが、識別できないため転入者として扱っている。観察期間が5ヵ年と短期であるため、大きな影響はないと考えられる。

第4節　稲作経営の技術と経済

1. 稲作の生産技術の変化

　ここでは、先に紹介した経営規模の異なる3戸の農家の相違に着目しながら、稲作の各作業を順に追い、機械化の水準と作業別の特徴を明らかにしていこう（**表5.13**、**表5.14**）。

　事前に家族労働力構成をみると、No.1では夫婦2名のみ（ともに49歳、長男19歳は大学進学予定）、No.2では経営主夫婦（58歳、55歳）と長男（26歳）の3名、No.3は経営主（54歳）と長男（23歳）であり、経営規模による差はみられず、年雇も存在しない。大規模層は後に見るように、親戚の手間替えと臨時雇用にかなり依拠している。

　まず、播種・育苗（準備3/27～、播種4/8～20）であるが、育苗ハウスは農場による360㎡の規格品（4ha規模、6m×64m）を中心に、作付面積に対応した設置がなされている。すべて個別管理である。農用ビニールは4年間使用するが、これは農場から供給され、4年で資金返済する。種籾は農場の種子公司(注1)から購入し、自家更新はない。マット苗であり、播種作業の際には大規模経営では親戚や友人、あるいは雇用を導入している。No.1の

156　第2編　三江平原の水田開発と稲作経営の展開

表5.13　No.1農家の作業体系

単位：元

作業	労働力	実施時期	作業内容	支払労賃
耕起	経営主	秋耕中心（10/10～11/10）	プラウ耕は3～4年に一度、その間はロータリ耕、20～25cm	
育苗	経営主・妻	3/25～5/10	ビニール掛け、監督、マットは6枚で1m^2。3～3.5葉（13cm）マット播種、運搬	
	雇用	（9名×14日、20元/人日）		2,520
代掻	経営主	5/1～5/12	トラクタ（経営主）、耕耘機2台（雇用）	
	雇用	（2名×12日、40元/人日）		960
田植	経営主	5/12～5/31	田植機2台体制、オペレータ・苗供給・苗運搬・補植の4名	
	雇用	（260人工、平均25元/人日）		6,500
施肥	経営主	①代掻時（50%）	400kg（N:K=4:1）、新月光は320kg（N:K=3:1）	
		②5月末～6月初（20%）	新越光はタンパク値7%のチェックあり	
		③6/12～6/15（20%）	（分けつは6/10～6/25	
		④6/25～6/28（10%）	開花は7/20～7/31）	
防除	雇用	新越光5回、空育131は4回（130人工、40元/人日）	背負い式噴霧器3台、1本20a	5,200
収穫	経営主・妻	9/26～10/10	コンバイン1台、2.5～3.5ha/日	
	雇用	（5名×15日、40元/人日）		3,000
乾燥		なし	生籾販売（含水率16～17%）	
合計				18,180

注：1）2003年の農家調査による。
　　2）冷害対策はしていない。ポンプ付近の貯水池（温度を上げるため）も縮小している。

雇用は、125人日（日給20元）である。

　次に、耕起・代掻きであるが、耕耘機（12ps）はNo.1で2台、No.2、No.3で1台、1995年前後に導入されている。トラクタはNo.1、No.2がともに30psを1998年に導入している。耕起は収穫後の秋耕であり、No.1、No.2はトラクタのみであり、No.3も作業委託している(注2)。揚水は4月10日から断続的に行い、代掻きはロータリ耕1回（5/1～5/12）であり、No.1、No.2はトラクタと耕耘機、No.3は耕耘機のみで行っている。No.1の場合、代掻時に親戚・友人にオペレータを依頼する。No.2の圃場区画は平均53aであるが、No.1もトラクタ導入時に畦畔撤去を行っている。これに対し、No.3の平均圃場面積

表5.14 事例農家の機械・施設所有

農家No.	作業機	型式	購入年	価格	購入先	資金	備考
No.1農家 28ha 労働力 m49、f49	耕耘機	①12p.s.	1994	9,100	弁公室（資金全額）	籾で返済	
		②12p.s.	1995	9,000	弁公室（資金全額）	籾で返済	
	トラクタ	30p.s.	1998	45,000		自己	
	育苗ハウス	360m²×1	1999	7,000			以前は幅2mのトンネル50本
		360m²×5	2000	42,000			
	田植機	①6条	1994	8,700			→③へ更新
		②6条	1995	9,600			→④へ更新
		③8条	2001	10,200	ジャムスの農機公司	下取り（5,000元）	
		④8条	2002	9,300	弁公室（2,300元）	下取り（6,500元）	
	防除機	背負式×3					雇用3名
	航空防除						農場が実施
	カッター	4条	2000	24,300	弁公室（16,000元）	自己8,000元	3年賦
	コンバイン	5条	2002	47,000	ジャムスの農機公司	自己	
No.2農家 16ha 労働力 m58、f55、 m26	耕耘機	12p.s.	1994	9,200		自己	
	トラクタ	30p.s.	1998	32,000		自己	
	育苗ハウス	360m²×1 170m²×6					
	田植機	6条	1995	12,000	弁公室（9,000元）4年賦	自己3,000元	
	防除機	背負式（粉剤）					
	航空防除						農場が実施
	カッター	5条	1998	4,600	弁公室1回払		
	脱穀機	1台					
No.3農家 8ha 労働力 m54、m23	耕耘機	12p.s.	1995	9,300		自己	
	トラクタ	なし					
	育苗ハウス	250m²×1 120m²×6					
	田植機	6条	1997	8,300	中古	自己	
	防除機	背負式（液剤）					
	航空防除						農場が実施
	カッター	4条	1999	5,000	弁公室（4,000元）1回払		
	脱穀機	1台					

注：1）No.1は2003年、No.2・3は2000年の農家調査による。
　　2）No.1は航空防除を2002年まで実施、18haで3,900元。農薬の効果が悪く、2003年は実施せず。
　　3）No.1の収穫は1999年までは手刈り、450～500元/haの出来高払い（鶴岡市から）。

は13ａであり、トラクタ耕を行っていない^(注3)。

　施肥は、４回に分けて施用され（ha当たり200kg、N：K＝4：1）、代掻時に50％、田植え後20％、分げつ期20％、６月末に10％の割合となっている。No.1は10haを新綿精米加工公司と契約栽培を行っているが、買上時にタンパク値（７％）のチェックがあるため、アンモニアの施肥量を25％カットしている。

　田植え（5/12〜31）についても、1995年前後から田植機が導入されており（No.1は２台、No.2、No.3は１台）、組作業はオペレータ１名、調整２名、ハウス２名、補植２名の７名体制が一般的である。雇用は補助的であり、近隣の手間替えが一般的である。No.1の場合では、田植え期間は２週間であるが、雇用は延べ260名（日給30元）程度である^(注4)。

　防除は、空中散布（７月末〜８月中旬に１回）が行われており、1988年から試行され、1996年から一般化している（イモチ病の液剤と液肥）。費用はha当たり80数元である。この他に、背負いのミストがあり、全体の防除回数は３回程度である。

　収穫（9/26〜10/10）については、刈倒機によるものが一般的であり、結束は手作業で、地干しを行っている。ただし、No.1については2002年に５条刈りコンバインを導入し、併用している。この作業では、雇用が一般的であり、出来高払いで、結束が１ha当たり140〜170元、刈り倒し作業を含むと400〜500元である。No.1の雇用は75人日である。脱穀機は３戸とも所有しており、圃場で作業を行う。

　以上のように、規模別では25ha規模層では、トラクタ－田植機－コンバインの機械化一貫体系がまがりなりにも成立しているのに対し、20ha規模層ではコンバインが欠落、10ha規模層ではさらにトラクタが欠落するという相違を有していた。ただし、特に大規模層を中心に、親戚・友人の手間替え・援助、短期雇用がそれを支えていることも明らかである。

2．米の販売と経済収支の変化

　以上の稲作経営の規模拡大は、すでに述べたように農場によるインフラ整備や機械導入、米販売戦略に規定されていたことはいうまでもない。ここでは、米の品種選択と農場による買上の変化との関連で農家の経営収支の動向をみていこう。

　生産隊の品種の変遷をみると、水田化が開始された1986年にはジャムス近郊の合江稲作研究所で開発された品種であったが（表5.15）、1999年には主として日本向け品種である空育131が導入され、2000年には前年種子受託栽培を行った上育397の他に、「新越光」（こしひかり類似品種）が加わり、すべてが日本品種となっている。これは、新綿精米加工公司の戦略に沿ったものであり（全量買付保証）、2001年度には完全に２品種へ転換している。この時期には、糧油公司は超過分の良質米に対し、プレミアムを付けている。

　しかし、輸出不振となった2002年には新綿精米加工公司向けの買上は「新越光」の一部のみとなり、保護価格制度も廃止されている。ここにきて、農家は糧油公司からの買上制限と買い叩きに遭遇しているのである。

　農家経済の状況は、時期によって大きく異なっている。そこで、まず米価が堅調であった1999年の各農家の収支を見ていこう（表5.16）。まず、No.1

表5.15　第29生産隊の品種構成と農場の米購入

単位：ha、トン、％

品　種	作　付　面　積					1999年			2002年		
	1999	2000	2001	2002	2003	生産量	公司購入	購入率	生産量	公司購入	購入率
合江341	450	0	0			3,450	1,402	40.6			
合江188	31	0	0			230	170	73.9			
空育131	200	108	141			1,400	1,400	100.0			
上育397	4	528	10	491	297	28*	28*	100.0	3,437	0	
新越光		248	654	318	30				2,223	461	20.3
合　計	685	805	805	809	283	5,108	3,000	58.7	5,663	461	8.1

注：1）生産隊資料による（2000年9月、2003年9月調査）。
　　2）*は種子販売。

表 5.16 調査農家家の作付と収支（1999/2000 年）

単位：元

農家番号	No.1	No.2	No.3
水田面積	28ha	16ha	8 ha
1999 年品種	合 18ha	合 16ha	合 8ha
2000 年品種	上 18ha	上 16ha	上 4ha
	新 10ha		新 4ha
単収	7.6 トン	7.2 トン	7.0 トン
（費税糧/ha）	2.5 トン	2.5 トン	2.5 トン
総収量	137 トン	110 トン	50 トン
費税糧	45 トン	40 トン（1.24 元）	20 トン
糧油公司	−	10 トン（1.16 元）	−
商人	−	60 トン（0.94 元）	30 トン（0.94 元）
1999 総収入	150,000	80,000	30,000
経費	110,000	40,000	20,000
生産資材	−	14,000	10,000
労賃	12,000	10,000	2,000
純収入	40,000	40,000	10,000
糧食収入	126,700	115,500	44,800
支出	114,870	100,400	40,200
経営費	103,170	92,400	35,200
機械購入	1,700	−	−
家計費	10,000	8,000	5,000
剰余	11,830	15,100	4,600

注： 1） 2000 年の農家調査による。
　　 2） 品種の合は合江 341、上は上育 397、新は新越光。
　　 3） 費税糧の価格は 1 等米、1 等下落毎にマイナス 0.4 元。
　　 4） 糧油公司の価格から運賃を引くと 1.02 元。
　　 5） 下欄の収支は農場資料による。

は1999年では18ha経営であり、単収が7.6トン、総収量が137トンである。農場が徴収する「費税糧」（「利費税」の物納）はha当たり2.5トンであるため、総計で45トンとなり、33％に上る。それ以外の販売先は農場の糧油公司と個人集荷商である。経済収支については、総収入が126,700元であり、経営費が103,170元となっている。経費率は81％に上っている。聞き取りによると、経営費に占める労賃の割合は12％程度である。しかし、こうした経費と家計費を差し引いても1万元以上の剰余が発生しており、2000年の10haの規模拡大を可能にしているのである。

表5.17　No.1農家の籾の販売先

単位：トン、元/kg、元

	1999			2001			2002		
	販売量	単価	総額	販売量	単価	総額	販売量	単価	総額
糧油公司	45	1.24	55,800	90	0.94	84,600	60	0.77	46,200
糧庫				80	1.06	84,800	75	0.88	66,000
商人				30	1.06	31,800	45	0.88	39,600
合計	137	1.09	150,000	200	1.01	201,200	180	0.84	151,800

注：1）2000年、2003年の農家調査による。
　　2）政府購入価格はkg当たり3等籾で2001年は1.07元、2002年1.03元である。

　No.2は16ha経営であるが、単収がやや低く7.2トンであり、総収量は110トン、うち「費税糧」と糧油公司への販売が50トン、個人集荷商への販売が60トンである。総収入は115,500元、経営費が92,400元であり、経費率は80％、労賃割合は11％である。家計費8,000元を差し引いても投資が少ないだけ経費が抑えられており、この段階ではNo.1より高い1.5万元の剰余を得ている。

　No.3は8haの経営であり、単収がさらに低く7.0トン、総収量は50トン、「費税糧」が20トンで、残り30トンは個人販売である。総収入は44,800元であり、経営費が35,200元、79％であり、労賃の割合は6％である。経営費35,000元は最も少額であるが、それを差し引いた剰余は5,000元水準にある。

　以上のように、「費税糧」という負担の水準は33％となっているとはいえ、商人販売が多いNo.2の加重平均米価においてもkg当たり1.07元という水準にあり、家計費を控除した剰余は最下層の8ha層においても発生しているのである。

　しかしながら、その後、価格条件が大きく変化している。その一端をNo.1農家の追跡調査によって示そう。表5.17は籾の販売先と単価、総販売額を示したものである。2000年のデータは欠落しているが、1999年では最も高かった糧油公司の単価が2001年、2002年とも糧庫（穀物倉庫）・集荷商の庭先価格よりも低下している。また、全体として価格が急落しており、加重平均の販売単価は1999年の1.09元が、2001年には1.01元、冷害年であった2002年には0.84元となっている。このため、2002年の28haの総販売額は、1999年の

表 5.18　No.1 農家の経営収支

単位：元

費　目	1999	2001	2002
収入	150,000	200,000	155,000
籾販売	150,000	200,000	140,000
作業受託			15,000
支出	110,000	142,000	170,000
利費税		65,000	
航空防除		5,000	
支払労賃	12,000	20,000	18,000
電気代		10,000	
燃料費		10,000	
肥料		22,000	
農薬		10,000	
収支		58,000	
資金返済		15,000	
可処分所得	40,000	43,000	－15,000

注：2003 年の農家調査による。

18ha規模時と同額の15万元の水準にまで低下しているのである。

　経営収支をみると（**表5.18**）、1999年は収入が15万元、支出が11万元で4万元の可処分所得であったが、規模拡大した2001年には収入が20万元、支出が14.2万元であり、5.8万元の可処分所得水準であった。この年の資金返済1.5万元を支払っても4.3万元が残ったのである。しかし、2002年では収入14万元に対し、支出は増加して17万元となり、3万元の赤字に転落している。この年から作業受託を開始したが、その収入1.5万元によっても、赤字は解消されていない。No.1によると、稲作の採算価格は一般にkg単価で1元であり、作業受託を行っても0.96元が限度であるという。政府買上価格は3等のkg単価は1.03元であり、採算水準を満たしているが、糧油公司の買い上げにおいて、かつては問題とされなかった生籾の含水量や品質による落等が行れていることが大きな要因である。こうした籾価格の下落と冷害の打撃が、より価格条件のよい大豆作へとシフトさせているのである。その際、一般農村でいう「公糧」の2倍以上の水準にある「費税糧」の問題が強く意識されるようになっている。

新華農場は、新綿精米加工公司の独自性を強め、精米稼働能力（実績で2万トン）に対応した新たな生産基地3,000haを確保し、「保護価格」を設定して良質米原料の確保を図ろうとしている。その意味では、2003年の稲作作付面積6,400haは半減する可能性さえ残している。とはいえ、米価の上昇や「費税糧」水準の改訂などが実現すれば、逆に稲作の復活が行われる可能性もある。すでに一定の稲作生産技術の蓄積が行われているからである。その意味で国有農場の稲作は極めて大きな変動の線上にあると言っていいであろう。

注
（1）種子公司は北珠米業集団総公司の1企業であり、4,000トンの貯蔵能力をもつ。乾燥施設は台湾製で30トン処理が可能である。販売は農場内が65％、外部が35％である。4万ha、200戸の農家と契約している。処理量は小麦700トン、水稲1,600トン、大豆1,200トン、トウモロコシ200トン、小粒大豆100トンである。
（2）第29生産隊全体では、プラウ耕が秋耕400ha、春耕100ha、ロータリ耕が春耕200ha、秋耕105haである。No.1の事例にもあるように、プラウ耕とロータリ耕が一般的で、プラウ耕は3〜4年に一回行われている。
（3）農墾水利局における聞き取りによると、水路は用排分離されているが、造田は個々に行われるため、1枚の面積は5〜10aと小さい。
（4）かつては、大量の移動労働者による面積請負制が一般的であったが（給源については、朴紅・坂下明彦『中国東北における家族経営の再生と農村組織化』御茶の水書房、1999、第4章、pp.122〜123を参照）、低廉な国産田植機の普及によってほとんど見られなくなった。第29生産隊全体では、2001年時点で、田植機が68台、機械移植面積は300ha（37％）であったが、2003年には6条植203台、8条植80台となり、面積が縮小したこともあるが、100％機械移植となっている。

第5節　水田開発と稲作経営の到達点

本章では、三江平原に立地する新華農場を対象として、水利開発過程、農場・生産隊の機能、個別稲作経営の実態の一端を明らかにしてきた。事例とした新華農場は、農場長責任制のもとで、日本を含む米輸出に積極的な姿勢をみせる農場であり、輸出用品種の導入や精米施設の設置などで注目を集め

ている。

　農場・生産隊・職工農家の関連に注目してその特徴を整理すると以下の通りである。

　第一に、国有農場は、農墾総局ならびに管理局の強い管轄下にあるとはいえ、農場長責任制のもとで独自性を強めている。井戸灌漑を中心とした土地改良投資は、上部組織の許可のもとにあるとはいえ、個別投資は独立採算であり、職工農家に対してはha当たり2.5トンという高率な「費税糧」を課すことによって農場経営の自立化を達成している。さらに、輸出戦略を含む良質米生産の拡大は、種子公司による種苗確保を前提としており、各生産隊の「生産基地」化を図っている。特に、1999年以降は、優良品種の価格保証による全量買付を導入することで、いわば生産隊を「特約組合」化する方向で再編している。これは、加工企業＝竜頭企業による耕種部門における職工農家の組織化の動向に対応しており、一般農村とは異なる既存組織を解体しなかった国有農場の有利性が生かされているといえる[注1]。

　第二に、生産隊に関しては畑作と異なり、独自の生産的機能を有しないが（「双層経営システム」の未確立）、「大農場」と「小農場」の結節点として、職工農家の営農計画の取りまとめやそれを基礎とした生産資材の供給・融資・「費税糧」徴収などの取り次ぎ業務を行い、稲作技術指導の末端組織ともなっている。

　第三に、国有農場の農地はいわば農場有であり、一般農村とは異なり、平等性原理は働かず、請負制の実施は従来の職工の一部を「職工農家」へと転化した。水田開発においても、招聘農家を含み、技術力と経済力のあるものへの請負化が進み、一般農村にはない大規模経営を作り上げている。井戸灌漑によるため、自己完結性が強く、1995年前後から開始された機械化の進展によって、上層農家においてもかつての季節雇用依存の構造を脱し、機械化一貫体系の方向に向かっている。経営収支をみても、現在の米価水準で農場への重い賦課金の支払い能力を有しており、経営は安定している。農場へインテグレートされてはいるものの、それは契約関係によるものであり、その

ことは品種選定などに表れている。

　しかしながら、2000年代初頭には農場の米輸出戦略は日本国内の米価下落という落し穴に陥り、SBS米の減少によって低迷を経験している。国内市場への転換も米過剰基調のもとで思うに任せない状況にあった。そのツケが農家の手取り価格の激減という形でしわ寄せされ、灌漑投資を含む既存投資の廃棄を伴うかたちで稲作の縮小がもたらされている。その後、稲作は回復に向かうが、農場による「利費」徴収の高さは依然と続いている。

注
（1）黒河功・朴紅・坂下明彦「中国沿海部における農業合作社の展開と類型」『農経論叢』57集、2001、坂下明彦「中国の農村経済組織の展開と竜頭企業による産地組織化」『農業・農協問題研究』第32号、2005を参照のこと。

第6章

稲作経営の展開と機械化

　本章においては、前章と同様に水田開発とそれに伴う職工農家の稲作経営の展開を考察する。前章で対象とした第29生産隊は、水田開発が1994年からと後発的であり、2000年からの米価下落により水田の後退を招いた。これに対し、本章で対象とする第17生産隊は第二次大戦以前からの水田化の経験を持ち、灌漑方式も自然流下から井戸灌漑へと転換する形で水稲単作化を進めてきたことから旧開的な生産隊であるといえる。ただし、農場全体の井戸灌漑の実施からは10年ほど遅れているが、日本向け輸出米の生産基地に指定される優良生産隊である。このことから、稲作経営の展開を1980年代前半の水田開発初期から分析することが可能である。そこで、生産隊の水田開発過程に即してより詳細に跡づけるとともに、職工農家の規模拡大と稲作機械化の進展度を階層別に観察し、稲作経営の到達点を明らかにすることにした。調査は2006年と2008年冬に9戸の農家を対象として実施しており、分析期間は主に請負制が開始された1980年代初頭から2007年までである。

第1節　生産隊の特徴と水田開発過程

1．第17生産隊における水田開発の現段階

　新華農場の2006年現在の総面積は26,760haであり、稲作面積は10,987haである。農場内には下部組織として36の生産隊が存在しており、東南部に位置する第17生産隊[注1]は農家戸数65戸、耕地面積662.9haであり、農場の中では平均的な規模である。農場の本格的な水利開発は、1985年からの掘り抜き井戸による灌漑から始まったが、第17生産隊の区域では10年遅れた1993年からであった[注2]。

168　第2編　三江平原の水田開発と稲作経営の展開

図6.1　第17生産隊の圃場図

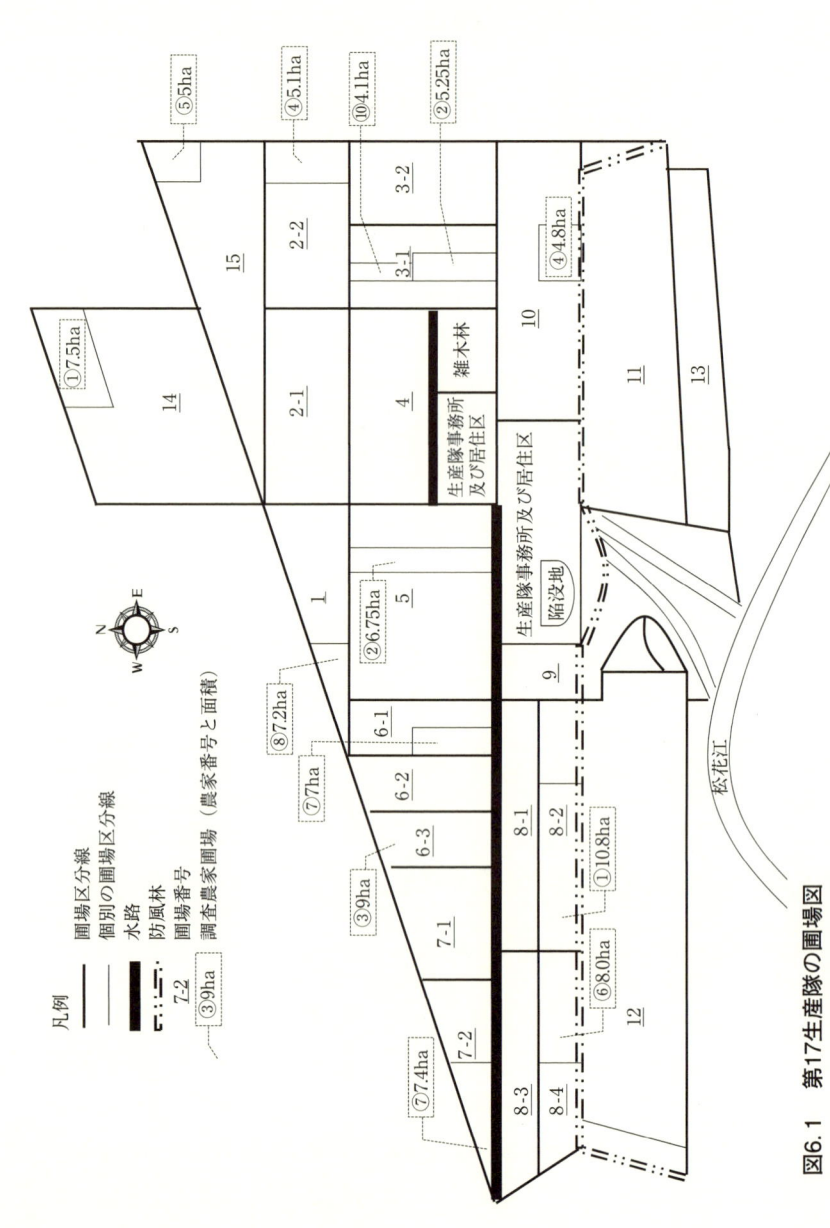

注：生産隊資料により作成。

表6.1　第17生産隊の圃場別面積
単位：ha

圃場番号	面積
1	18.6
2	52.9
2・1	26.5
2・2	26.5
3	64.2
3・1	30.6
3・2	30.6
4	29.3
5	61.7
6	47.5
6・1	15.8
6・2	15.8
6・3	15.8
7	32.8
8	71.4
9	3.0
10	42.4
14	78.1
水田計	501.8
11	25.8
12	75.6
13	19.7
畑　計	121.1
合　計	622.9

注：第17生産隊資料による。

1990年までは松花江の河川水による自然流下方式の灌漑が主流であったが、1991年から東南部の河川灌漑事業が中止され、ダムは排水対策向けとされた。これは、河川の水量不足により取水が困難となり、雨季に多発する水害対策に用途転換されたためである。

農場の水利開発計画の中で、この生産隊は1992年に井戸灌漑開発地区に指定され、1992年と93年には生産隊による井戸の一斉掘削が行われた。

井戸建設に伴い、水田化が急速に進展し、1994年には全面積673.7haのうち552.6ha（水はり面積は501.8ha）が水田化された。残りの121.1ha（11～13号圃場）は河川沿いの条件不利地であり、畑地のまま周辺農村の農家に貸し付けられている[注3]。そのため、第17生産隊の土地利用は1994年から稲作に特化している。表6.1と図6.1に示したように、水田は15のブロックからなり、それが細分化されて農家に賃貸されている。

農家戸数はすでに述べたように65戸であり、水田1戸当たりの面積は8.6haである。井戸数は70であり、1井戸の灌漑面積は7.9haであることから、平均しておよそ1戸1井戸となっている。経営規模別の農家数は後に詳しくみるが、5ha未満層が9戸、5～7.5ha層が19戸、7.5～10ha層が18戸、10～12.5ha層が11戸、12.5～15ha層が4戸、15ha以上層が4戸となっている。井戸の灌漑能力に規定され、5～10ha層が最も多く、37戸と57％を占めるが、零細規模層や大規模層も存在している。65戸の農家のうち、農場の元職工は

170　第2編　三江平原の水田開発と稲作経営の展開

表6.2　新綿公司における水稲基地の推移

単位：ha、元/kg

	2003	2004	2005	2006
基地面積	2,800	3,000	3,700	3,400
第12生産隊	480	480	540	520
第14生産隊	560	560	720	680
第17生産隊	520	520	530	530
第19生産隊	480	480	600	600
第21生産隊	300	300	330	310
第22生産隊	460	460	580	370
第33生産隊	0	200	400	390
空育163	800	1,200	1,700	1,000
空育131	2,000	1,800	2,000	2,600
買上単価	1.70	1.80	1.84	1.82

注：新綿公司の資料による。

36人（初代の職工が33人、2代目の職工が3人）であり、残りは後に述べる招聘農家である。

また、第17生産隊は**表6.2**に示したように、2003年より米の輸出企業である新綿公司に生産基地として指定され、9割以上の面積が契約栽培となっている[注4]。生産過程においては、稲の品種（空育163、空育131）はもちろん、肥料、農薬などの使用についても全て新綿公司の指示を受けている。

生産隊の組織は、幹部が隊長1名、書記1名、副隊長2名（うち1名は統計を兼任）、会計1名（管理区の会計を兼任）、技術員3名からなっており、基本的に専任である。生産隊の役割は、1999年に「両費自理」政策[注5]の実施を境に大きく変化している。これにより、生産隊は従来まで行ってきた生産資材の農家庭先への搬送サービスや、畑作時代の輪作のための作付け調整等の機能が無くなり、単なる農場の政策・命令の伝達機関と諸費用の代理徴収機関となっている。

2．水田開発の史的展開と特徴

以下では、農家のケーススタディを含め水田開発の史的展開を明らかにしておこう。第17生産隊の水田開発の歴史は1930年代にまで遡る。かつてここ

は「満蒙開拓団」の所在地であり、大規模水田開発が行われ、1940年代までは稲作単作の水田地域であった[注6]。現在でも当時の開拓団により作られた水路（水路の名称は「五支線」）が利用されている。その後、開拓団の撤退によって水田の大半は荒廃地となった。解放後の1952年にこの地域には鶴立河農場（服役囚労働改造農場）が設立され、残された水田と荒廃化していた水田の一部を復田し、当時としては珍しい水田農場を作り上げた。文化大革命期の1968年には、「知識青年」がこの農場に入植され、服役囚は他の地域に転移させられた。「知識青年」は稲作の栽培技術を持たないため、水田は徐々に畑に転換されていった。ただし、2-2号圃場（28.0ha）と5号圃場（61.7ha）の大半は水田のまま残された。1979年に鶴立河農場の一部が新華農場に合併され（第12、13、14、17、22、34、35生産隊）、鶴立河農場第5生産隊第1作業区が現在の新華農場第17生産隊となった。

　1982年までの農場経営は国営であったため、職工は単純労働者にすぎなかった。集団労働制の管理体制のもとにおかれた職工は、農工隊、機務隊、牧畜隊と建築隊の4つのチームに分けられ、農業生産に従事していた。前二者に所属する職工が圧倒的に多く、全体のおよそ3分の2を占めた。なかでも機務隊に所属している職工は、農業機械や農機具の操作、修理等の専門技術が必要であるため、比較的学歴も高く、厳しい訓練を受けた専門職員のような存在であった。

　1982、83年には国営農場においても生産請負制が実施されることになる。この時点での職工農家戸数は86戸であり、耕地面積は483.1haであった。うち、畑が400haであり、水田は83.1haに過ぎなかった。大型機械はトラクタ（作業機付き）を8台（54psが1台、75psが7台）、コンバインを2台所有していた。請負制は畑作と稲作に区分された。畑作については、1982〜83年の間は、「機務隊」の職工が数戸共同で機械作業を請け負い、大規模経営を行ったが、1994年には生産隊の指示によって旧農工隊員にも2haの農地配分が行われるようになり、機械耕作部分を旧機務隊員が請け負うという方式に転換された。とはいえ、「有機戸」による共同経営が主流であり、「機務隊」の

表6.3 第17生産隊における開田前の作物構成

単位：ha、%

年次	面積 大豆	面積 トウモロコシ	面積 小麦	構成比 大豆	構成比 トウモロコシ	構成比 小麦
1979	84.1	124.0	215.0	17.4	25.7	44.5
1980	58.1	176.0	189.0	12.0	36.4	39.1
1981	79.0	148.1	196.0	16.4	30.7	40.6
1982	120.0	115.0	188.1	24.8	23.8	38.9
1983	132.0	165.0	126.1	27.3	34.2	26.1
1984	105.0	136.0	182.1	21.7	28.2	37.7
1985	145.0	140.0	138.1	30.0	29.0	28.6
1986	79.5	98.6	245.0	16.5	20.4	50.7
1987	68.0	155.0	200.1	14.1	32.1	41.4
1988	113.0	110.1	200.0	23.4	22.8	41.4
1989	98.0	145.0	180.1	20.3	30.0	37.3
1990	70.1	155.0	198.0	14.5	32.1	41.0
1991	118.0	98.0	207.1	24.4	20.3	42.9
1992	95.0	109.1	219.0	19.7	22.6	45.3
1993	75.1	120.0	228.0	15.5	24.8	47.2

注：1）第17生産隊資料による。
　　2）総面積は483.1ha、水稲は60.0haとなっている。

　職工35戸はいくつかの組に分けられ、1組は機械1～2台、6～14戸の職工からなっていた。畑作品目は、小麦、大豆とトウモロコシであり、小麦1年－大豆2年－トウモロコシ1年という輪作体系が奨励されていたが、小麦は収量と買付価格が低く、トウモロコシは農作業の手間がかかるため、価格の高い大豆の連作が目立ってきた（**表6.3**）。そのため、輪作体系を遵守し、地力の問題を解決するために、生産隊による監督、調整が強化された。稲作については、12戸の職工農家に原則として1戸当たり2haを配分し、残りの面積については申し出に応じて自由に請け負うことにした。

　水田開発は1985年からの復田の奨励期と1993年の計画的な全面水田化の時期に区分される。その際、注目されるのは「異地開発」とよばれる稲作の技術をもった招聘農家の導入であり[注7]、第17生産隊では1989年から積極的に招聘農家を導入した。初年度は6戸を導入し、以降毎年3～5戸導入したが、定着するようになったのは1990年代の半ば以降であり、2001年からは完全に

中止した。現在の第17生産隊の農家65戸のうち、職工農家は22戸に留まり、残りの43戸が招聘農家である。

1985年からの「復田」期においては、栽培技術、品種問題、米価格の低迷等の要因により水田の増加は限定的であった。調査事例では、3戸がこの時期に水田開発を行った。既存農家のNo.2のケースでは、1985年に4戸の共同により15ha（5号圃場）を請け負った。当時は小麦畑であったが、うち10haを4戸で開田し、1戸当たり面積は2.5haであった。このケースは成功例である。招聘農家では、No.1のケースがある。これについては、後に詳しく述べるが、1989年に6戸が招聘農家として入植したが、翌90年には2戸、91年にも2戸が帰郷し、現在存続しているのは2戸のみである。このように、この時期の開田には困難が伴っていた。

1993年からの第2段階では水田開発が一気に進み、1994年までの2年間でほぼ全ての面積が「復田」され、全戸が稲作経営を行うようになった。この背景には、米価の回復、土地改良の本格的な取り組み等が上げられる。また、第17生産隊の耕地は地勢が低いため、畑作より稲作の方が水管理面で容易であることも1つの要因であった。新華農場全体では、1985年から水田開発を始めたが、最も地勢の低い生産隊（第22生産隊）を優先したため、第17生産隊での開発は後回しとなり、およそ10年後に全面的な水田開発を実現できたのである。

水田化に伴い、1993年には共同経営の職工農家にも土地の使用権を配分し、完全に個別経営に移行した。93年の「復田」作業は生産隊で一律に行い、その費用は職工農家の個人負担となるが、生産隊を通して農場から融資を受けることができた。融資の期間は1年と3年の2種類であり、返済は収穫後に現金あるいは現物で行うというものであった。1ha当たりの「復田」の必要経費はおよそ1.5万元であるが、その中で最も経費がかかるのは井戸掘削と育苗ハウスの建設である。井戸は1993と94年に、育苗ハウスは96年に一律に設置された。1994年以降は、この2つの設置作業は個別に行われるようになった。また、生産隊の機能は、水田化に伴いかなり縮小し、融資保証も

1998年で廃止されている。

「復田」に伴う優遇策として、1年目の「利費税」の免除制度があった。畑作からの転換により従来大規模経営に必要であった大型機械は不要となり、徐々に個別の稲作機械化が進展を見せていくが、当初実施された農場水稲弁公室による機械斡旋や融資などの支援策も廃止された。

注
（1）新華農場でも生産隊再編が行われ、第17生産隊は第4管理区第1作業ステーションに再編されたが、職工農家は新名称に慣れず、依然として「生産隊」の名称を使用している。
（2）新華農場全体の水利開発については、第5章を参照のこと。第17生産隊の位置は、**図5.1**に示してある。
（3）借地料は生産隊が決定するが、当初（1994年）の300元から2003年の1,500元まで上昇している。ただし、洪水の被害を受けた場合は、借地料は免除される。
（4）新綿公司については、第8章を参照のこと。
（5）「両費自理」に関しては第1章第3節を参照のこと。
（6）新華農場誌編写弁公室『新華農場誌』1989および聞き取り調査による。
（7）これについては、朴紅・坂下明彦『中国東北における家族経営の再生と農村組織化』御茶の水書房、1999、p.226を参照のこと。

第2節　農家の流動性と規模拡大の過程

1．農家の流動性と規模変動

以下では、この過程における農家の定着度と規模変動についてみてみよう。**表6.4**は、1994年から2006年までの各年の農家作付面積一覧から作成したものである。まず、農家戸数は1994年の73戸から2006年には65戸へと8戸減少している。しかし、1994年から06年まで存続している農家は52戸のみであり、21戸が転出し、13戸が転入している。1994年起点の移動率は29％に及んでいる。1994年時点において、すでに招聘農家を多数含んでいるため、既存の職工農家の割合はさらに低く、55.4％に過ぎない。農家の流動性が非常に高いことがわかる。**表6.5**によれば、転出は稲作収益が減少した2000年以降、特

第6章　稲作経営の展開と機械化　175

表 6.4　第 17 生産隊における農家移動と規模変化（1994〜2006 年）

単位：戸

<table>
<tr><th colspan="2"></th><th colspan="7">1994 年時点の規模構成</th><th rowspan="2">転入</th><th rowspan="2">合計</th></tr>
<tr><th colspan="2"></th><th>〜5</th><th>5〜7.5</th><th>7.5〜10</th><th>10〜12.5</th><th>12.5〜15</th><th>15〜17.5</th><th>17.5〜</th><th>小計</th></tr>
<tr><td rowspan="8">2006 年時点の規模構成</td><td>〜5</td><td>6</td><td>1</td><td></td><td>1</td><td></td><td></td><td></td><td>8</td><td>1</td><td>9</td></tr>
<tr><td>5〜7.5</td><td></td><td>15</td><td></td><td></td><td></td><td></td><td></td><td>15</td><td>4</td><td>19</td></tr>
<tr><td>7.5〜10</td><td></td><td>1</td><td>11</td><td></td><td></td><td></td><td>1</td><td>13</td><td>5</td><td>18</td></tr>
<tr><td>10〜12.5</td><td></td><td>1</td><td>1</td><td>6</td><td></td><td></td><td></td><td>8</td><td>3</td><td>11</td></tr>
<tr><td>12.5〜15</td><td></td><td>2</td><td></td><td></td><td>2</td><td></td><td></td><td>4</td><td></td><td>4</td></tr>
<tr><td>15〜17.5</td><td></td><td></td><td>2</td><td></td><td></td><td>1</td><td></td><td>3</td><td></td><td>3</td></tr>
<tr><td>17.5〜</td><td></td><td></td><td></td><td>1</td><td></td><td></td><td></td><td>1</td><td></td><td>1</td></tr>
<tr><td>小計</td><td>6</td><td>20</td><td>14</td><td>8</td><td>2</td><td>1</td><td>1</td><td>52</td><td>13</td><td>65</td></tr>
<tr><td colspan="2">転出</td><td>4</td><td>8</td><td>6</td><td>1</td><td>1</td><td>1</td><td></td><td>21</td><td></td><td></td></tr>
<tr><td colspan="2">合計</td><td>10</td><td>28</td><td>20</td><td>9</td><td>3</td><td>2</td><td>1</td><td>73</td><td></td><td></td></tr>
</table>

注：第17生産隊資料により作成。名簿総戸数は86戸。

表 6.5　農家移動・規模変動の時期

単位：戸

年次	規模拡大	規模縮小	転出	転入
1994				
1995			1	
1996				
1997			1	1
1998		2	1	1
1999				
2000				
2001			3	4
2002	1		4	2
2003	7	1	11	5
2004				
2005				
2006				
計	8	3	21	13

注：第17生産隊資料により作成。

に農場全体での稲作面積が急減する2003年に集中しており、それに伴っての入れ替え（転入）もあるが、転出に伴う規模拡大がみられるのも一つの特徴である。そこで、次に規模階層の変化についてみていこう。

　すでに述べたように、農家の経営規模は、5〜10haの中規模層を中心と

しているが、転出率は5ha未満層で40％と最も高く、小規模層での米価下落の影響が大きいことを示している。他方、転入者は中規模層に集中しており、最大規模でも10〜12.5haに止まっている。これに対し、現在大規模層を構成する19戸のうち6戸がこの期間に規模拡大を行った農家である。このように、米価変動のなかでも、一定の蓄積を有し、規模拡大を行う農家が現れていることが注目される。

以下では、調査農家9戸に即して、規模拡大の動きを観察してみよう。

2．農家の特徴と規模拡大の過程

表6.6は調査農家の基本情報を示している。家族構成は3世代の5人家族が5戸、2世代の3人・4人家族が4戸である。経営主年齢は30〜40歳代である。経営主年齢が若いことが特徴である。また、労働力は総計で25名（男17名、女8名）であり、1戸当たり2〜3名であり、20歳代が9名、40歳代が8名、30歳代が4名で、この世代が中心となっている。経営規模と家族労働力保有には相関は見られない。

表6.7により、調査農家の現在に至る農地移動状況をみると、No.6農家を

表6.6 調査農家の基本情報（家族、土地、経歴）

	No.1	No.7	No.9	No.2	No.5	No.4	No.3	No.6	No.8
家族数	5	3	4	3	3	5	5	5	5
労働力	2	3	3	3	3	3	3	2	3
経営主	m33, f32	m41, f37	m30, m26	m42, f42	m45, f43	m29, f28	m26, f24	m57, f55	m47, f44
子供	m10	m18		m17	m20	m2	f4	m28, f27	m24, f24
父母（孫）	m63, f58		m61, f57			m49, f48	m58, f53	m2	m2
経営面積	18.3ha	14.3ha	13.0ha	12.0ha	10.0ha	9.9ha	9.0ha	8.0ha	7.2ha
区分	招聘農家	招聘農家	機務隊	機務隊	転入	招聘農家	機務隊	農業隊	招聘農家
転入年	1989	1995	1962	1974	2004	1998	1978	1968	1990
転入以前	樺南県で個人農（1.4ha田畑作）	勃利県の個人農（1ha）	山東省平原県	鶴立河農場の機務隊勤務	地元で運送業	五常県の稲作農家	新華農場第14生産隊	知識青年下放（第13生産隊）	賓県の個人農（0.5ha）

注：1）2006・08年の農家調査による。
2）mは男、fは女であり、アンダーラインは労働力を示す。

第6章　稲作経営の展開と機械化　*177*

表6.7　調査農家の農地移動

農家番号	No.1	No.7	No.9	No.2	No.5	No.4	No.3	No.6	No.8
区分	招聘農家	招聘農家	機務隊	機務隊	転入	招聘農家	機務隊	農業隊	招聘農家
年次									
1985				2.5ha					
86									
87									
88				+4.0ha					
89	2.7ha								
90	+1.4ha			4.0ha					4.0ha
91									
92									
93									
94	5.0ha		畑 8.0ha			5.0ha	8.0ha		
95		7.4ha		+2.0ha					+2.5ha
96	+5.0ha								+0.7ha
97									
98						5.1ha			
99									
2000	+3.3ha			+6.5ha					
01		+7.0ha							
02									
03						+4.8ha	+4.0ha		
04				+5.0ha					
05	+5.0ha				5.0ha				
06									
07			+6.5ha		+5.0ha				
合計	18.3ha	14.4ha	13.0ha	12.0ha	10.0ha	9.9ha	9.0ha	8.0ha	7.2ha

注：2006年ならびに08年の農家調査による。

除き、他の農家はすべて規模拡大を行っている。サンプリングは、2006年の経営規模をもとに生産隊内の規模分布に沿って行ったが、No.9ならびにNo.5が2007年に規模拡大を行い、表示していないが、No.10（4.1ha）が離農したため、小規模層の割合が減り、階層は連続的なものになっている[注1]。

2006年時点でみると、9haまでの上層農家5戸すべてが規模拡大を行い、そのうち、No.1とNo.2の水田開発は第一期であるが、線で区切ったように、その水田を返還してより条件の良い水田に借り換えし、さらに規模拡大を行っている。同じ第一期入植のNo.8は、第一期の条件の悪い水田に留まっていて本格的な規模拡大に乗り遅れている。No.9とNo.5が規模拡大したため、入地時期による序列は壊れ、小規模農家の拡大と離脱により、全ての農家が7

表 6.8 灌漑施設への投資・対価支払い

単位：元

農家番号	年次	圃場No.	面積	新旧別	井戸の規格	投資・負担額 生産隊	投資・負担額 自己投資	投資・負担額 施設取得費	備考
No.1	1989	8・3	16.0ha	新設	20cm×20m×2本	20,000			3年賦
	1994	8・1	10.0ha	既存	2本	2,000			
	2000	14	3.3ha	既存		1,000			
	2000	8・1	10.0ha	新設	20cm×30m×1本		2,000		
	2005	14	5.0ha	既存				14,000	育苗ハウス・井戸・ポンプ・発動機
	2007	8・1	10.0ha	新設	20cm×30m×1本		20,000		掘削 (1,400) 電気モーター化 (16,000)
No.7	1995	7	7.4ha	既存		1,000			
	1997	7	7.4ha	更新	20cm×28m		1,400		
	2001	6・1	7.0ha	既存				1,000	
	2002	6・1	7.0ha	更新	20cm×28m		1,400		
	2007	7	7.4ha	新設	20cm×30m×1本		1,500		発動機・ポンプ
	2007	6・1	7.0ha	設備			6,300		電気モーター化
No.9	2000	14隊	6.5ha	既存	20cm×30m			4,000	
	2007	12	6.5ha	新規	20cm×30m		3,650		発動機・ポンプ（堤外地の開田）
No.2	1985	5	10.0ha						河川灌漑
	1988	1	4.0ha	既存	20cm×17m				
	1990	5	14.0ha	新設	20cm×17m		2,100		井戸 600、ポンプ 300、発動機 1,200
	1993	5		更新	20cm×17m		300		井戸 300
	1995	5	2.0ha	既存	10cm×15m			3,000	施設取得費を支払ったが、使用できず
	1999	5	16.0ha	再更新	20cm×25m		3,950		井戸 1,000、ポンプ 450、発動機 2,500
	2003	5	16.0ha	再更新	20cm×30m				発動機
	2004	3・2	5.0ha	既存	20cm×28m			13,500	育苗ハウス・井戸・耕耘機（エンジン無）
	2004	3・2	5.0ha	更新	20cm×28m		1,200		井戸 1,200
	2006	3・2	5.0ha	設備			10,500		電気モーター、変圧器 7,000、ケーブル 2,140
No.5	2004	15	5.0ha	既存	20cm×30m				
	2007	3・2	5.0ha	既存	20cm×30m		不明		発動機・ポンプ
No.4	1998	2・2	5.1ha	既存	20cm×25m				
	2002	2・2	5.1ha	更新	27cm×30m		3,720		井戸 1,200、ポンプ 570、発動機 1,950
	2006	2・2	5.1ha	更新	27cm×30m		1,870		井戸 1,300、ポンプ 570
	2003	10	4.8ha	既存	20cm×20m				
	2004	10	4.8ha	更新	20cm×20m		3,570		井戸 1,300、ポンプ 570、発動機 1,700
No.3	1994	6・3	5.0ha	新設	20cm×30m		3,500		
	2003	6・3	4.0ha	既存	20cm×30m			1,000	施設取得費を支払ったが、使用できず
	2003	6・3	4.0ha	更新	20cm×30m		3,350		井戸 1,300、ポンプ 500、発動機 1,550
No.6	1994	8・3	8.0ha	新設	20cm×20m				生産隊で一律に掘削
No.8	1990	7	4.0ha	既存	20cm×17m				
	1994	7	2.5ha	新規	20cm×17m				湿地開田
	1995	7	0.7ha	新規	20cm×17m				湿地開田

注：2006年、2008年農家調査による。

ha以上となっている。

この規模拡大に際しては、井戸などの有益費補償のケースが見受けられる（**表6.8**）。ただし、「利費税」の水準が高いことから、それと比較すると負担は重くない（**表6.9**）。むしろ、既存の井戸の更新費や電気ポンプへの転換費用が高まっている。井戸の水深は当初は17m～20mであったが、地下水位の低下に伴い30mとなりつつある。また、電気モーターの設置には、電線架設工事が必要であり、その費用に1万元以上が投資されている（No.1、No.2）。

表6.9 利費の推移

単位：元／ha

年次	畑	水田
2000	1,570	1,890
2001	1,750	2,250
2002	1,750	2,250
2003	1,570	1,850
2004	1,850	2,250
2005	1,850	2,250
2006	1,850	2,890
2007	2,050	3,300

注：農場資料による。

規模拡大のためには転出跡地の存在が前提となるが、すでにみたように農家の流動性は依然として高く、問題は規模拡大に対応した稲作技術、特に機械化・労働力問題への対応がなされているかにある。そこで、以下では稲作機械化とそれを補完する雇用労働力の確保がいかになされているかを、経営規模差にも注意しながら明らかにしていく。

注
（1）当初の農家選定は、最大規模農家（No.1、18.3ha）、10ha以上の大規模層2戸（No.7、14.4ha、No.2、12.0ha）、7.5～10haの中規模層上層3戸（No.4、9.9ha、No.3、9.0ha、No.6、8.0ha）、5～7.5haの中規模下層3戸（No.8、7.2ha、No.9、6.5ha、No.5、5.0ha）、5ha未満の規模層1戸（No.10、4.1ha）である。

第3節　稲作機械化と階層差

1．稲作機械化の進展と階層差

以上みてきたような規模拡大は、機械化の進展によって支えられたものであった。以下では、2006年の実態調査に基づいて、作業別の機械化の動向を跡づけておこう。

表6.10　トラクタの導入過程

		1989 90 91 92 93 94 95 96 97 98 99 00 01 02 03 04 05 06
No.1	1989	耕耘機　　　　　　　　　　　25ps　　　　　40ps
No.7		1995　　耕耘機　　　　30ps
No.2	1985	耕耘機　　　　　　　　　　　　　　　30ps
No.4		1998　　耕耘機　　　24ps
No.3		1994　　　耕耘機　　　　30ps
No.6		1994　　　耕耘機　　　　　24ps
No.8	1990	耕耘機　　　　　　　　　　　　30ps
No.9		2000　耕耘機
No.5		2004　作業委託

注：2006年の実態調査により作成。

　まず、耕起・代掻きについては（表6.10）、耕耘機段階が1980年代中期から1990年代半ばまでであり、トラクタ化は最上層のNo.1が1998年に25psを導入し、2004年には40psを導入している。ほとんどの農家が2005年までに30psないし25psのトラクタを導入しており、25psクラスは下層での導入が多い。2006年現在では、トラクタを有しないものはNo.5のみであり、作業委託によって対応している。

　田植え作業については、稲作への転換ないしは稲作農家としての転入時期が機械化を基本的に規定している（表6.11）。水田への転換が積極的に進展する1993年以前の稲作農家はNo.1、No.2、No.8のみであり、No.1が最も早く、1989年に田植機の導入を図っている。この時期が田植機の導入時期であり、それ以前は吉林省などの水田地帯からの出稼ぎ労働力による請負制が一般的であった。しかし、多くの農家が稲作を開始した1990年代前半にはすでに田植機は普及段階にあり、稲作開始後短い期間で田植機が導入されている。吉林省の延辺で開発された安価な6条植え田植機（1万元）の存在が普及を加速したといえる[注1]。入植が遅く、規模も小さいNo.5については、無償で親戚に作業委託を行っていた。機械化に伴う育苗ハウスは全戸に導入されており、1990年代末に土レンガ壁を利用したものからビニール製のものに転換したが、これには農場融資の存在が大きかったといえる。2000年代に入り、規

表 6.11　田植機の導入過程

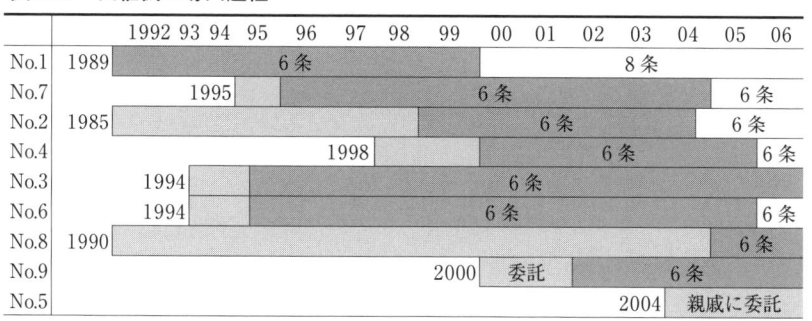

		1992	93	94	95	96	97	98	99	00	01	02	03	04	05	06
No.1	1989					6条						8条				
No.7					1995					6条					6条	
No.2	1985									6条					6条	
No.4								1998			6条				6条	
No.3				1994						6条						
No.6				1994						6条					6条	
No.8	1990														6条	
No.9										2000	委託			6条		
No.5														2004	親戚に委託	

注：1）2006年の実態調査により作成。
　　2）▨は手植え・田植機委託、■は田植機自営、□は田植機の更新を示す。

表 6.12　収穫作業の変化と請負料金

単位：元

		1989	90	91	92	93	94	95	96	97	98	99	00	01	02	03	04	05	06
No.1	1989																	450	
No.7							1995	400～500					500～600			700	600		
No.2	1985													450	400	600			
No.4										1998	400	500			500				
No.3						1994													
No.6					1994		300～400								600～700				
No.8	1990	200～350					280～400					380	400	450	500	600			
No.9												2000						700	
No.5																2004	手刈り		

注：1）2006年の実態調査により作成。
　　2）□は手刈り委託、■はコンバイン委託、▨はコンバイン受託を示す。

模拡大に対応した増棟が行われているが、これは自己資金によっている。

これに対し、収穫過程については手作業による請負制が遅くまで存続し、汎用型コンバインが徐々に導入される2000年代になってコンバインによる作業委託への転換がみられる（表6.12）。請負賃金は1990年初頭においてはha当たり200元程度の水準であったが、2000年代には500元水準となり、小型コンバインの受託料と拮抗するようになる。以降は、コンバインの導入により、それに代替されることになる。第17生産隊では、2.7m刈り幅の大型汎用コンバインが2003年に3台、2006年に2台導入され、1.5mの小型コンバインも13台導入されている。大型コンバインの受託料は700元、小型のそれは500

元となっている。調査農家でも、No.1とNo.7が2005年に、No.3が2006年に大型コンバインを導入しており、受託も開始している（No.1が13ha、No.7が15ha、2005年の数値）。2006年現在、委託を行っていないのは規模が小さいNo.5農家のみであり、ここでは家族労働による手刈りが行われている。

脱穀作業については、受託料が2000年代初頭のha当たり200元から2006年では500元にまで上昇しているが（No.4のケース）、コンバインの普及によりその意味を失いつつある。

三江平原の大規模稲作は当初、田植え、稲刈り作業を多量の出稼ぎ労働力に依拠する形で成立したが[注2]、トラクタ耕から始まり、マット式田植機の普及、そしてバインダとの併用から4条刈りコンバイン・汎用型コンバインの導入へと展開してきた。第17生産隊は全体としての稲作展開が1993年からであり、後発性が生かされる形で機械化のキャッチアップが行われたといえる。その過程での機械化と経営規模との関係は明瞭であり、上層農家から機械化が進み、下層農家においても一部手刈りを残すのみで機械委託作業へと転換しているといえる。委託作業料金は比較的高く、大型機械の償還費に充てられるケースも多いといえよう。

2．上層農の機械化一貫体系の形成

以上の規模拡大と機械化の進展、投資状況を最上層であるNo.1農家を事例としてより詳しくみてみよう。この農家の経営展開を規模指標により区分すると、以下の4期として示すことができる（表6.13）。

第1期は、招聘入植の1989年から1995年までの時期であり、5ha規模にまで拡大する過程である。No.1農家は父の代には1988年までは樺南県で農業を営み、水田23.3a、畑1.2haの零細規模であった。1989年に知人の紹介で水稲招聘農家として他の5戸とともに第17生産隊に入植した。生産隊は8-3号圃場の16haを6戸に均等配分し、1戸当たりの面積は2.7haであった。井戸については、6戸で2本を使用するように農場が新たに掘削した（直径20cm×深さ20m、以下同様）。その費用は2万元であるが、1戸当たり3,333

表 6.13 No.1 農家の規模拡大と投資過程

	1989	90	91	92	93	94	95	96	97	98	99	2000	2001	2002	2003	2004	2005	2006	2007
農地移動 (ha)	+2.7	+1.4				+5.0		+5.0				+3.3					+5.0		
農地合計 (ha)	2.7	4.1				-4.1 5.0		10.0				13.3					18.3		
トラクタ	12p.s									25p.s						40p.s			
育苗ハウス										360m²	1,560m²						面積不明		
田植機				6条								8条					普通型		
コンバイン																			
家族労働力	3名	4名	経営主就農（父母兄）			3名 兄転出 1名		4名 結婚				2名					2名 （父母引退）		
年雇用												2名							
臨時雇用								1名											
井戸 (元)	3,300	1,100				2,000		0											
トラクタ (元)	2,600									13,000						53,000	14,000		16,000
育苗ハウス (元)										7,000									
田植機 (元)			3,000								16,900	11,500							
コンバイン (元)																	54,000		
計 (元)	5,900	1,100	3,000			2,000		20,000			16,900	11,500				53,000	68,000		16,000
利費 (元/ha)												1,890	2,250	2,250	1,850	2,250	2,250	2,890	3,300

注：2006 年、07 年の農家調査による。

元を負担し、3年で返済した。ただし、初年度の経営不振により、翌1990年に2戸が帰郷し、離農跡地5.4haが4戸に均等配分され（1.35ha）、No.1農家の経営面積は4.05haとなった。1991年にはさらに2戸が帰郷した。現経営主は1990年に就農し、1993年まで父、兄とともに4.1haを経営したが、1994年にこの圃場を生産隊に返却し、新たに10ha（8-1号圃場）を請け負った。井戸が2本あり、施設の取得費用として合計2,000元を生産隊に支払った。同年、兄が結婚し、5haを移譲したため経営面積は5haとなった。

　入植時の家族労働力は父母と兄の3名であったが、現経営主が1990年に就農し、4名となった。94年に兄が転出した時に年雇用者1名をはじめて雇用し（年間賃金は1994年～99年までは3,000～4,000元）、4名体制を維持している。機械化については、入植時に中古の耕耘機（12ps）を2,600元で導入、資金は親戚から借入している。田植機の導入は1992年であり、6条の中古を3,000元で購入している（親戚から資金借入）。育苗ハウスについては、土レンガ作りの簡易ハウスを設置している。この時期には、家族労働が基本で、春作業の機械化が確立したといえる。また、同時期の投資総額は12,000元であり、資金調達は親戚に依存している。

　第2期は10ha規模にまで拡大した時期（1996年から1999年）である。1996年に、兄が勃利県に他出し、タクシーの運転手として就職したため、農地を引き継ぎ、再び10haとなっている。同年、現経営主が結婚して家族労働力4名になり、引き続き年雇用者を入れて5名体制となる。また、季節雇用者（「短工」、4月～6月）も1名雇用を始め、主に田植えと稲の初期管理を担当している（賃金は1996年650元、1997年700元）。トラクタ導入が行われ（1998年、中古、25ps、1.3万元、自己資金）、同時に2年かけて育苗ハウスを鉄骨ハウスに転換し、1998年に大型ハウス2棟（6m×30m、3,500元/棟、農場融資）、1999年に小ハウス13棟（4m×30m、1,300元/棟、自己資金）を建築している。春作業がトラクタ化され、育苗施設－田植機体制が充実している。投資総額は36,900元と前期の3倍となっており、農場融資も利用しているが、自己資金が主流となっている。

第3期は13.3ha規模の時期である（2000年から04年）。2000年に生産隊より3.3ha（14号圃場）を借り入れ、井戸施設の取得費として1,000元を支払っている。また、8-1号圃場の井戸を更新している（深さは20mから30mへ、2,000元）。

　家族労働力は、妻の子育てにより3名に減少していると考えられるが、年雇用者を2名に増員している（賃金は2000年～2005年は年間4,500元）。季節雇用者も2名体制となっている（賃金は2000～05年は月700～800元）。トラクタは2004年に高馬力化して40psとなっている（5.3万元、自己資金）。これは前年度の米価が高く、稲作の収益性が高まったからである。2000年には田植機を8条に更新している（11,500万元、自己資金）。防除については、防除機2台を2002年と2003年にそれぞれ450元と500元で購入している。

　規模拡大に伴い、雇用を増強するとともに、耕起・田植えの効率化を図っている。この時期の投資は自己資金による64,500元となっており、前期の2倍近くとなっている。

　第4期はさらに5haを拡大し、18.3ha規模になった時期である（2005年から2007年）。2005年には14号圃場の5haを個別農家から「購入」し、育苗ハウス、井戸、ポンプ、ディーゼル・エンジン等の施設を14,000万元で取得している。

　家族労働力は、父母がリタイアして経営主夫婦の2名となり、雇用は年雇用者が2名（2006年には年間賃金が6,000元に高騰）、季節雇用者2名（2006年は月賃金が1,200元に高騰）を継続しているが、賃金は高騰している。また、2005年には普通型コンバイン（刈幅2.3m、自走式）を導入し（54,000元、自己資金）、機械化一貫体系が形成されている。収穫の受託作業も行っており、受託面積は13haであり、全て親戚からの委託であった。作業料金はha当たり450元（相場は600元）である。このように、この段階で、機械化一貫体系が確立し、コンバインの導入費の償却のための作業受託も行っている（料金収入5,850元）。この時期の投資は84,000元であり、前期を上回っている。

　以上のNo.1の事例は、対象農家のトップの位置にある農家であり、こうし

た上層農家を牽引力として稲作機械化が進展をみせているのである。

注
（1）坂下明彦・朴紅「中国国有農場と稲作職工農家」村田武編『WTO体制下の農業構造再編と家族経営』筑波書房、2004、注（18）において、この田植機の開発は延辺の朝鮮族による韓国からの技術移転によるものであると記したが、その後の2005年の延辺での実態調査によると日本製田植機のパテントなしの模倣技術であることが明らかとなった。訂正しておく。
（2）朴紅・坂下明彦『中国東北における家族経営の再生と農村組織化』御茶の水書房、1999では、出稼ぎ労働力の給源となっていた村での1995年の実態を示している（pp.122～123）。

第4節　稲作経営の展開と機械化の到達点

　以上、生産隊ならびに9戸の農家のヒヤリングをもとに、三江平原における水田開発の歴史とそこで形成されてきた稲作経営の内実について整理を行ってきた。第17生産隊における全面的な水田化は農場における初発のそれと比較すると10年程度後発のものであった。それ以前の水田化ならびに稲作経営は個別農家の努力に負うところが多く、そこで経営を堅持し得たものがその後の規模拡大の先頭を走ることとなる。その際、稲作技術の定着において招聘農家の役割は重要であった。

　2003年をボトムとする米価下落は多くの農家転出をもたらしたが、輸出向けの精米会社の生産基地となることでその打撃は緩和され、稲作そのものの後退は起こらなかった。これを一つの契機として規模拡大が一般化するが、生産隊の生産的機能は低下し、規模拡大も自助努力によって行われたといってよい。

　この規模拡大に対応して、稲作機械化も並進的に進行していく。事例で示したように、それを牽引したのは上層農家の動きであった。その場合、後発的な水田化という条件を生かして規模拡大と機械化が並進的に行われ、一般的にみられた請負労働依存の大規模経営という経路をほとんど持たずに、機

械化一貫体系がおよそ半数の農家で確立したというのが対象生産隊の特徴である。1990年代末の稲作経営と比較すると、機械化水準は格段に高度化しており、大規模経営の技術的基礎は強化されていることは明白である。こうして形成された稲作経営の経済的実態については、次章で分析される。

第7章

稲作経営の労働過程と農家経済

　本章は、中国三江平原の新開稲作地帯における家族経営の性格をその労働過程と経済・生活過程に即して明らかにすることを課題としている。

　分析の素材は、第6章と同じ新華農場第17生産隊の職工農家に記帳を依頼した2007年度の労働日誌ならびに農家収支簿である。なお、記帳簿の整理後の2008年3月に補足調査を実施している。同様の記帳調査は1995年に吉林省の一般農村の9戸の農家を対象として実施しており[注1]、同一の調査設計を取っている。

　記帳委託農家の選定は、生産隊の農家規模構成に即して、最大規模農家（No.1、18.3ha）、10ha以上の大規模層2戸（No.7、14.4ha、No.2、12.0ha）、7.5～10haの中規模層上層3戸（No.4、9.9ha、No.3、9.0ha、No.6、8.0ha）、5～7.5haの中規模層下層3戸（No.8、7.2ha、No.9、6.5ha、No.5、5.0ha）、5ha未満の規模層1戸（No.10、4.1ha）としたが、No.10が転出し、No.9・No.5が規模拡大したため、7ha未満の対象が欠落することになった。対象農家の性格については、第6章を参照されたい。

　以下では、労働日誌に基づき、年間の稲作労働の特徴を明らかにするとともに、雇用関係、作業受委託関係、手間替え関係についても注意を払う。また、農家収支簿では、農家の流通対応と資金調達という外部関係ならびに農家経済の収支構造を明らかにする。これにより、聞き取り調査では限界をもつ農家の労働過程、経済・生活過程の内実に迫ってみたい。

注
（1）朴紅・坂下明彦『中国東北における家族経営の再生と農村組織化』御茶の水書房、1999、第4章を参照のこと。

第1節　稲作における労働過程 - 労働日誌の分析 -

1．稲作における年間労働

　以下では、農家記帳簿と2008年3月の補足調査により、現在の稲作労働の特徴を明らかにする。まず、**表7.1**のNo.1の事例を中心に、稲作の年間労働を整理してみよう。春作業は除雪を伴う育苗ハウスの設置と育苗作業から始まる（3/29〜4/13）。育苗マットはha当たり100m^2（600枚）が必要であり、播種・設置作業に多くの手間がかかる。家族労働の他に、大量の雇用が導入される。年間の稼働労働力の22％が投下され、雇用労働率も36％を占める。耕起は、前年度の秋耕（10/15〜10/26）を前提にハウス作業後（4/21〜25）に行われ、続いて代掻き・施肥が行われる（4/30〜5/8）。これは主にトラクタのオペレータによって行われる。両者の年間投入労働力は全体の11％である。

　春の第2の労働ピークは言うまでもなく田植えであり（5/10〜5/22）、田植機のオペレータと補助、苗取り・運搬が2名、苗補給が1名の5名の組作業が一般的である。ここでは、季節雇用者の他に日雇い労働者が雇用されるケースもある。年間投入労働力の10％であり、雇用労働率は42％である。田植え後、欠株に補植する作業が続くが（5/23〜30）、これは出来高制の日雇い雇用が一般的である。人海戦術であるため、年間労働の8％を占め、雇用労働率は74％に上る。以降は、肥培管理作業に入り、追肥が2〜3回、農薬散布、水管理が行われる（5/31〜）。この期間の労働投入は全体の21％である。

　秋作業は、機械整備から始まり（9/4〜9/28）、稲刈りが開始される（9/30〜10/14）。収穫は基本的に汎用コンバインによって行われるが、さまざまな事情から手刈りも併存している。この期間の労働投入は全体の10％であり、雇用労働率は50.7％と補植についで高い。収穫のいくつかのバリエーションを示すと次の通りである。No.2のケース（12ha）では、収穫は全てコンバインで行い、コンバイン1名＋伴走（30psのトラクタ＋トレーラ）1名＋荷下

第7章　稲作経営の労働過程と農家経済

表7.1　稲作の年間作業と労働力

単位：人日，%

作業名	作業期間 (No.1のケース) 開始	終了	総 労働力計	総 労働割合	計 雇用計	計 雇用率	No.1 (18.3ha) 労働力計	No.1 労働割合	No.1 雇用計	No.1 雇用率	No.3 (9.0ha) 労働力計	No.3 労働割合	No.3 雇用計	No.3 雇用率
育苗ハウス	3/29	4/13	800	21.7	289	36.1	73	16.1	48	65.8	116	27.2	50	43.1
耕起	4/21	4/25	129	3.5	63	48.8	10	2.2	6	60.0	25	5.9	10	40.0
代搔き・施肥	4/30	5/8	275	7.5	103	37.5	26	5.7	18	69.2	41	9.6	18	43.9
田植え	5/10	5/22	359	9.7	150	41.8	63	13.9	39	61.9	37	8.7	12	32.4
補植	5/23	5/30	296	8.0	220	74.3	42	9.3	29	69.0	38	8.9	26	68.4
追肥1	5/31	6/3	58	1.6	25	43.1	12	2.6	12	100.0	9	2.1	2	22.2
追肥2	6/16	6/19	47	1.3	15	31.9	12	2.6	12	100.0	4	0.9		0.0
追肥3	6/28	6/29	16	0.4	6	37.5	6	1.3	6	100.0		0.0		
農薬散布	6/9	7/28	195	5.3	65	33.3	33	7.3	32	97.0	24	5.6	2	8.3
管理作業	5/31	8/24	460	12.5	154	33.5	69	15.2	60	87.0	29	6.8	1	3.4
機械整備	9/4	9/28	95	2.6	5	5.3	8	1.8		0.0	12	2.8	0	0.0
稲刈り	9/30	10/14	381	10.3	193	50.7	52	11.5	26	50.0	38	8.9	0	0.0
稲藁処理			42	1.1	3	7.1					6	1.4		0.0
稲乾燥			54	1.5	12	22.2						0.0		
脱穀			49	1.3	6	12.2					7	1.6		0.0
秋耕	10/15	10/26	46	1.2	3	6.5	11	2.4	2	18.2	7	1.6		0.0
受託			57	1.5		0.0	6	1.3		0.0	11	2.6		0.0
手間替え			77	2.1	1	1.3	8	1.8	1	12.5	10	2.3	0	0.0
その他			250	6.8	26	10.4	22	4.9	4	18.2	13	3.0		0.0
合計			3,686	100.0	1,339	36.3	453	100.0	295	65.1	427	100.0	121	28.3

注：農家記帳簿ならびに2008年補足調査により作成。

ろし1～2名の3～4名の組作業であり、1日の処理能力は4～5haであり、家族労働力3名（経営主夫婦と息子）＋手間替え（「帮工」）で9月28日から10月15日の18日間収穫を行い、70ha（うち受託面積58ha）をこなしている。No.5のケース（10ha）では、コンバインを所有していないために、8haのコンバイン収穫を委託し（ha当たり600元）、残りの淵刈や倒伏の箇所の計2haを手刈りの委託（日当50～80元）としている。後者については、ha当たり賃金が300元、これに脱穀費ha当たり450元を加えると750元となり、コンバイン委託料金より高めである。籾は、自宅の敷地内あるいは生産隊の乾燥場（2,000m^2）で8～10日間乾燥した後に販売される。No.6（7.9ha）は、高単収で倒伏するために機械刈りができず、4日間で延べ80人工の日雇いを雇用して請負制の収穫を行っている（ha当たり400元）。収穫後、8日間圃場乾燥し、圃場で委託による脱穀を行っている（ha当たり500元）。

このように、コンバイン刈りの場合には籾の運搬と稲藁処理で作業は終了するが、手刈りの場合は借り倒し後に結束し、数日をおいて圃場での脱穀を行い、籾ならびに稲藁の搬出を行う必要がある（No.1は100％コンバイン刈りのため、後者の作業はない）。その後、秋耕が行われ（10/15～26）、1年間の稲作作業が終了する。総農家の労働日数は3,686日であり、9戸の平均で527日、ha当たり労働日数は36日となる（総面積101.6ha）。雇用労働率は36％となる。

この労働日数を大規模農家と中規模農家で比較してみよう。No.1（18.3ha）では総労働日は453日であり、機械化により農作業が軽減されていることがわかるが、特に田植え労働の比重が高いこと、雇用労働率が65％と高いことが明らかである。これに対し、No.3（9.0ha）はNo.1の半分の面積であるが、総労働日は427日と大差がないものの雇用労働率は28％と極端に少ない。家族労働中心の就業体制である。ここでは育苗ハウスでの労働日数と雇用労働率が高いことが特徴である。重要なことは、大規模化して機械化が最も進んでいるNo.1においても、人手は同じように必要である点であり、すでにみたように年雇用者2名、季節雇用者1名を必要としていることである。以下で

は、雇用関係・作業受委託の関係についてその変化を含め検討しておこう。

2．雇用関係－年雇・季節雇・日雇い－

(1) 年雇

　年雇用は、期間が3月から10月末までの8ヶ月雇用が一般的であり、食費と宿泊費用は雇用側持ちであり、一括賃金制である。現在導入しているのは2戸であり、No.1は2名、No.7は1名を雇用している（**表7.2**）。この導入は早く、1990年代半ばとなっている。

　労賃については、1990年代半ばには3,000元水準にあったが、2000年代初頭は4,500元に、現在では7,000元にまで高騰している（**表7.3**）。このため、2007年に規模拡大したNo.9とNo.5を除くと、9ha以上層ではほとんど年雇用を導入した経験を持つが、No.3とNo.4は2006年で雇用を打ち切っている。調達先は、周辺農村のケースもあるが、吉林省の稲作主産県から調達するケースもある。中には数年間固定するケースもある。

(2) 季節雇

　季節雇用は、4月から2ヶ月ないし3ヶ月の春作業を対象としており、月給制である。期間は4月～6月のうちの2ヶ月が基本である。賃金は1990年代前半は300元であったが、2000年代では700元水準となり、さらに急騰して2007年には1,200元から1,500元の水準となっている（前掲**表7.3**）。対象作業は、育苗ハウス・代掻き、田植え・補植などである。供給源は地元や近隣県であり、固定的雇用はみられない。現在の季節雇導入農家は6戸であるが、導入時期は一般に早く、田植えが請負制から自営へと転換する時期に導入されたものと考えられる。食事と宿泊費用は雇用側が負担している。

(3) 日雇い

　日雇いについては、十分に把握し切れていない面もあるが、賃金は1990年代末には20～30元であったものが、2000年代に入ると30～40元となり、現在

表 7.2 対象農家の雇用の実態 (2007 年)

単位：元

		長工						短工						日雇い				合計
	年俸	期間	年齢	出身	月給	期間	月数	小計	性別	出身地方	作業	人日	単価	小計	
No.1	7,000	3月中～11月末	30歳代	湯原県	1,200	4～6月	1.5	1,800	男	華南地方	補植	8	60	480	16,280
	7,000		50歳代	勃利県											
No.7	7,000	4月～10月中	48歳	勃利県	1,500	4～5月	2	3,000	男 20歳	湯原県	補植	30	68	2,000	12,000
No.9	—				—						6作業			12,387	12,387
No.2	—				1,200	4～5月	2	2,400	男 56歳	勃利	日雇なしで手間替え				2,400
No.5	—				—						多数				不明
No.4	—					4/22～	22日	1,500	男 42歳	叔父(14隊)	田植	12	70	840	4,540
											補植	17	220/ha	2,200	
No.3	—				1,300		2	2,600			補植	20	60	1,200	3,800
	—				1,300	4～5月	2	2,600	男 47歳	湯原県	田植	12	60～100	1,350	11,050
No.6											補植	28	50～70	3,900	
											手刈り	80	400/ha	3,200	
No.8	—				—						補植	9	80	720	7,839
											稲植	20	60	1,200	
											手刈り		1,000/ha	5,919	

注：農家記帳簿ならびに 2008 年補足調査により作成。

表7.3 雇用（年雇・季節雇）と雇用賃金の変化

単位：元

		1993	94	95	96	97	98	99	2000	2001	2002	2003	2004	2005	2006	2007
年雇用 （年俸）	No.1				3,000～4,000					4,500					6,000	7,000
	No.7				4,000					4,600			5,000			7,000
	No.4														4,000	
	No.3										3,000	3,500	5,000	6,000		
	No.6				3,000											
季節雇用 （月給）	No.1			650	700				700～800						1,200	
	No.7				400～500			700～800			1,000			1,500		
	No.2			300～400	500		700			800		1,000	1,500	1,200		
	No.4												1,000	2,000		
	No.6											1,100	1,200	1,300		
	No.8	300		500～600			700～900						1,000			

注：2006・08年の実態調査により作成。

表7.4 日雇い作業の内容（No.7）

単位：人、日、人日、元

年次	作業内容	マット敷き	苗運び	苗設置	補植	防除	稲刈り	報酬合計
2004	雇用人数	5	2	2		3		
	雇用期間	3	7	7		2		
	人日合計	15	14	14	43	6	100.8	
	報酬	691	840	700	2,150	86.4	10,080	14,548
2005	雇用人数	5	2	2		3		
	雇用期間	3	7	7		2		
	人日合計	15	14	14	43	6		
	報酬	691	1,120	700	2,150	86.4		4,748
2006	雇用人数	4	2	2		3		
	雇用期間	3	7	7		2		
	人日合計	12	14	14	43	6		
	報酬	864	1,400	840	2,580	144		5,828

注：1）2006年聞き取り調査による。
　　2）報酬については、以下の通りである。
　　マット敷き：2004年と2005年はマット1枚当たり0.08元、1ha当たり600枚マット、14.4ha×600枚×0.08元＝691.2元、2006年はマット1枚当たり0.1元、14.4ha×600枚×0.1元＝864元
　　苗運び：2004年は1人日当たり60元、2005年は同80元、2006年は同100元
　　機械への苗設置：2004年と05年は1人日当たり50元、2006年は同60元
　　補植：2004年と05年は1人日当たり50元、2006年は同60元
　　防除：2004年と05年は1ha当たり2缶、1缶当たり3元、14.4ha×2缶×3元＝86.4元、2006年は1缶当たり5元、14.4ha×2缶×5元＝144元
　　稲刈り：2004年のみであるが、1ha当たり700元

では60元と初期の2倍以上の水準となっている（No.2農家による）。No.2を除き、ほとんどの農家で導入されているが、補植のみが3戸であり、一部手間替えと代替関係にある（前掲表7.2）。No.7の事例により細かい内訳をみると（**表7.4**）、育苗ハウス作業ではマット敷きが出来高制であり、田植え時の苗運び・補給は運搬労働で単価が高く、補植作業は日当制、防除は出来高制、収穫の手刈りは出来高制と細かく区分されている。

3．受委託関係

受託作業は、稲作機械化体系が完結していない汎用コンバイン作業に最も多くみられる（**表7.5**）。コンバイン作業の委託は第6章でみたように2000年前後からみられたが、上層のNo.1（18.3ha）とNo.7（14.4ha）が2005年に、さらに規模が比較的小さいNo.3（9 ha）が2006年に、No.2（12ha）が2007年に導入し、調査農家の半数近くが汎用コンバイン所有者となっている。その他の農家はコンバイン委託と手刈りである。No.1は導入年に親戚の農家から13haの作業受託を行ったが（450元、相場は600元）、2007年には5 haに縮小している。No.7は受託を行わず、No.3も10haに止まっている。これに対し、No.2は自作面積12haのほかに、58haの受託面積をこなしており、ha当たり

表7.5　機械作業の受委託関係（2007年）

単位：元/ha、ha、元

	春耕起 単価	春耕起 面積	春耕起 総額	収穫 単価	収穫 面積	収穫 総額	脱穀 単価	脱穀 面積	脱穀 総額	秋耕起 単価	秋耕起 面積	秋耕起 総額	総計 受託	総計 委託
No.1				700	5	3,500							3,500	
No.7														
No.9							450	4.5	-2,025					-2,025
No.2				700	58.0	40,600							40,600	
No.5			2,700	600	8.0	-4,800	450	2.0	-900	270	10.0	-2,700		-8,400
No.4				700	9.9	-6,700				300	18.5	5,600	5,600	-6,700
No.3				700	10	7,000							7,000	
No.6							500	7.9	-4,000					-4,000
No.8	240	2.3	550	700	1.0	-700	500	6.0	-3,000				550	-3,700

注：1）農家記帳簿ならびに2008年補足調査により作成。
　　2）プラスは受託、マイナスは委託を示す。

700元の受託料金で総額40,600元となり、コンバインの購入費（135,000元）は3～4年で償却できるという。コンバイン作業は、倒伏など圃場条件により稼働率が異なっており、必ずしも順調な受託拡大につながると限らない不安定性を有しているというのが現状である。

次に多いのが脱穀作業の委託であり、これは手刈り後に乾燥させた稲を圃場で脱穀するものであるが、手刈り自体が減少する中で減少傾向にある。秋耕・春耕の委託については、自己作業の補完的なものであり、固定的なものではない。

このように、機械作業の受委託関係は、以前にはかなり幅広く行われていたが、各農家の機械所有の増加に伴い、ほぼ収穫作業に純化してきたと言えよう。コンバインは高価であるため、一般化は難しく、手刈り労働力の不足・賃金上昇のなかでこの作業における受委託関係は存続するものと思われる。

4．手間替え

手間替え（「帮工」）は、現在も存在しているが、その頻度は雇用労働の拡大に伴い縮小している。**表7.6**に示したように、手間替えの全くない農家は存在しないが、一定の量を保っているのはNo.9、No.5、No.4、No.3の4戸である。最も頻度の高いNo.9については、手間替えは延べ56人日であり、うち55人日までを親戚が占めている。田植え作業でみると13日のうち、妹とその夫（7日間、14隊）、4番目の叔父（8日間、14隊）、末の叔父（2日、14隊）が参加している。この結果、田植え時の雇用は7人日に止まっており、雇用総体も延べ118日に抑えている。親戚による手伝いは、田植え作業でNo.8にもみられる。No.5は育苗ハウス作業の人手不足のため、この作業を手間替えで行っており、延べ18人日のうち「帮工」が11人日であった。

No.4とNo.3は、「帮工」を7戸のグループで行っていると回答しており、これにはNo.1とNo.5を含んでいる。No.4は春期短工のみを、No.3は春期短工と補植の日雇いのみを雇用しており（前掲**表7.2**）、それ以外の外部労働は「帮工」に依拠している。No.1、No.5にはグループ意識はないため、強固なもの

表7.6 作業別の手間替え（幇工）の実態

単位：人日

作業名	No.1	No.7	No.9	No.2	No.5	No.4	No.3	No.6	No.8	計
育苗ハウス	1		23		11	7				42
耕起						1				1
代掻き・施肥					1	2				3
田植え			21		1		5		5	32
補植									6	6
追肥1						1				1
追肥2										
追肥3										
農薬散布				1			8			9
管理作業			3	2						5
機械整備						4	3	1		8
稲刈り							17			17
稲藁処理				1		3				4
稲乾燥										
脱穀						2	6		2	10
秋耕										
その他	2	1	9	3	1	6		4	4	30
合計	3	1	56	7	18	25	37	4	17	168

注：農家記帳簿ならびに2008年補足調査により作成。

とはいえない。その他の例では、圃場の仮小屋の設置や家の修理など、臨時的な作業を対象とするという回答もあった（No.7、No.2）。このように、「幇工」は主に春の労働ピーク以外に行われており、現在においては大きな意味を持たないと考えられる。

第2節　農家の流通対応と資金調達

ここでは、農家記帳簿の収支簿と2008年3月の補足調査により、農家の資材購買、農産物販売に関わる流通対応と資金対応についてみていこう。

1．生産資材の購入

各農家の生産資材の購入状況を示したのが、**表7.7**である。この特徴は、従来生産資材の中心をなしてきた肥料、農薬、種子に対し、ディーゼルオイルの割合が高まっていることであり、その割合は35％に達している。これは、

表7.7　生産資材の購入状況

単位：ha、元、％

	No.1	No.7	No.9	No.2	No.5	No.4	No.3	No.6	No.8	農家平均 ha当	構成比
面　積	18.3	14.3	13.0	12.0	10.0	9.9	9.0	7.9	7.2		
種子	3,843	3,780	2,870	2,282	2,300	2,930	1,890	1,659	2,148	210	7.6
農薬	10,141	6,404	7,469	5,221	4,600	3,536	3,600	4,122	2,860	400	14.6
肥料	16,470	17,809	11,700	11,900	11,856	9,480	8,100	8,200	6,435	900	32.8
ディーゼル	11,050	12,165	12,314	15,490	11,040	4,950	8,640	7,000	6,864	960	35.0
その他	8,959	2,811	4,768	3,196	1,783	9,581	2,484	2,180	1,973	276	10.1
合計	50,463	42,969	39,121	38,089	31,579	30,477	24,714	23,161	20,280	2,746	100.0

注：農家記帳簿を生産隊の資料で補正した。

いうまでもなく機械化の進展によるものであり、これに加えて近年の石油類価格の高騰がある。

　従来、資材供給は、農場の肥料公司などから生産隊を通じて供給されてきたが、肥料や農薬についてはこのルートはほとんどなくなり、新華農場市街の個人商店や周辺地方都市（鶴立市、鶴岡市）の商店からの購入が一般的となっている。ただし、金融のところでみるように、職工農家が資材の代理店になっているケースも見られる。種子に関しては、契約栽培のものについては、農場の種子公司扱いとなっている。ディーゼルオイルについては、元売り（中国石油化学工業集団公司）が独占になっており、近隣に増加しているガソリンスタンド利用となっている。このように、生産資材に関しても農場の機能は低下している。このことは、後にみる生活物資についてはより進んでおり、農場の関与はほとんど無くなっている。

2．籾の販売

　第17生産隊における籾販売は、2つに区分される。第1は新綿公司との契約販売であり、これは日本から導入された品種「空育163」のみの取引である（表7.8）。この契約は、土地条件と農家の技術水準を考慮して決定されており、「空育163」の単収と販売における新綿公司への販売率はほぼ相関関係にある。No.7のみが取引対象となっていないが、この籾単収はha当たり8.2トンであり、対象農家では低い水準となっている。2007年の取引価格は、過

表 7.8　農家別の米の品種と単収（2007年産米）

単位：ha、トン/ha、トン、元

農家番号	品種別面積 163	品種別面積 墾鑑11号	品種別面積 合計	品種別単収 163	品種別単収 墾鑑11号	品種別単収 平均	販売量	販売額 合計	販売額 新綿	（割合）	ha当たり
No.1	4.0	14.3	18.3	-	-	8.5	155	262,000	56,700	21.6	14,317
No.7		14.3	14.3	-	-	8.2	117	125,000	0	0.0	8,741
No.9	6.5	6.5	13.0	9.2	7.0	8.0	106	163,440	97,200	59.5	12,572
No.2	4.7	8.0	12.0	8.0	8.8	8.5	102	147,600	63,180	42.8	12,300
No.5	10.0		10.0	9.5		9.5	95	153,900	153,900	100.0	15,390
No.4	5.1	4.8	9.9	8.4	9.0	8.5	84	132,408	69,336	52.4	13,375
No.3	5.8	4.2	9.0	-	-	9.4	85	130,000	82,000	63.1	14,444
No.6	7.9		7.9	10.0		10.0	81	128,534	116,660	90.8	16,270
No.8	3.2	4.0	7.2	8.1	7.5	8.0	56	84,120	42,120	50.1	11,683

注：農家記帳簿ならびに2008年補足調査により作成。

剰基調のもとで2006年のkg単価1.82元を下回る1.62元であったが、商人への販売は1.34〜1.48元であり、明らかに優位性がある。単収水準をみても一般商人向けの品種である「墾鑑11号」よりむしろ高めであり、新綿公司からの個々の職工農家の信頼度がha当たり販売額を規定している。最もそれが高いNo.6は籾単収が10トンであるが、この農家は生産隊の技術員であるため例外的としても、No.5が9.5トン、No.3が9.4トンを示していることからも明らかである。

　第2は、一般商人への庭先販売である。従来、この生産隊で一定の買い付けを行っていた農場の糧油公司は、「任務糧」（農業税の物納）が2006年に廃止されたことにより、遠方地域における低価格での籾調達に傾斜しており、現在この生産隊での買付は行われていない。道路事情や情報事情により、農家の商人への販売は庭先を主たるものとせざるを得ないが、この年は収穫期を過ぎても過剰感による価格低落は止まらず、収穫直後の10月上旬の1.48元水準が12月には1.34元にまで低下したが、秋期の農場への「利費」支払いのために低価格での販売を余儀なくされている。集荷の多くは、近隣の一般農村の集荷商によって行われているが、ジャムスなどの大手精米業者の下請け的性格が強い。価格設定は水分量と精米率（検査器を使用）によって決定されるが、一方的な値決めである。運搬は10トンから15トンのダンプトラックによって行われ、少量販売は拒否されている。決済は庭先の現金支払いである。

3．資金調達

　まず、投資的資金を９戸の機械投資について整理したのが**表7.9**である。機械化過程については第６章で述べたが、水田化が急速に進展した1993年からは田植機の導入が目立ち、2000年代初頭にはそれとともにトラクタ導入が目立っている。田植機価格は１万元程度であるが、トラクタは３～５万元の水準であり、それに伴って投資額も高まっている（年平均５千元から９万５千元へ）。さらに、2005年以降にはコンバインの導入が進み（１台５万元から14万元）、年平均投資額も15万９千元となっている。このように導入台数、単価ともに増加をみせているが、資金調達をみるとかつては親戚からの借入が多かったが、現在では自己資金が主流となっている。最も高価なコンバイン（14万元）を2007年に購入したNo.2は３分の１を弟からの借入金に依存しているが、受託賃料で４万元の収入を上げ、年内に返済している。

　短期資金について事例を整理したのが、**表7.10**である。No.1の事例では、兄弟および友人との貸借関係が示されている。金額は1,000元から5,000元である。期限も利息もない。農村部においては、高利貸しは存在せず、公的金

表7.9　機械投資と借入金依存率

単位：台、元、％

	期間	耕耘機	トラクタ	田植機	コンバイン	合計
台数	～1992	1		1		2
	1993～99	3	1	4		8
	2000～04	1	6	3		10
	2005～07		3	6	4	13
金額	～1992	2,600		3,000		5,600
	1993～99	21,500	13,000			34,500
	2000～04		444,200	29,800		474,000
	2005～07		106,400	62,300	309,000	477,700
借入金比率	～1992	100.0		100.0		100.0
	1993～99	23.3	0.0	0.0		14.5
	2000～04		2.8	0.0		2.6
	2005～07		0.0	0.0	13.6	8.8

注：2006・08年の実態調査により作成。

表7.10 金銭貸借の事例

単位：元

	月	日	項目	用途	相手	金額
No.1	3	16	返済の受入		友人	2,000
	3	8	貸付		4番目の兄	-2,000
	4	1	貸付		友人	-100
	4	9	返済		兄	-5,000
	6	27	貸付		姉	-1,000
No.4	10	17	返済	溶接費用		-1,000
	10	17	返済	営農資金	農場（信用社）	-23,140
	10	21	返済	営農資金	農場（信用社）	-43,500
No.8	3	27	返済			-40
	4	21	返済	肥料・農薬	販売代理店	-2,000
	8	1	返済	肥料・農薬	販売代理店	-4,000
	11	10	返済	営農資金	農場（信用社）	-26,000
	11	17	返済	肥料・農薬	販売代理店	-4,000
	12	18	返済		第7生産隊	-2,000

注：農家記帳簿ならびに2008年補足調査により作成。

融機関以外は相互融通が基本である。No.4の事例のうち、営農資金については、農場を経由した農村信用社からの借入である。これは5名の連帯保証に基づく制度資金であり、1戸の上限は3万元である。No.4は1名から名義借りをして6万元を借入している。利息は月利0.88％（年利11％）である。No.8の農場への返済は、2006年12月に借入した信用社からの連帯貸付金であり、11月10日に返済している。農場を経由するためこの表現となっている。代理人への肥料農薬代の返済は、第10生産隊の農家が肥料・農薬の販売代理店となっており、2007年には10,000元を借入し、4/21に2,000元、8/1に4,000元、11/17に4,000元を返済したものである。第7生産隊への返済は、収穫前に生産隊長に工面してもらったものである。これらの利息は、全て年利8％であり、長期に借入するとかなりの金利負担となる。前者の親戚・友人の相互融通がこれを補完しているといえる。

第3節　農家経済の収支構造

1．農家経済の収支

　以下では、これまで部分的にみてきた農家経済について、全体的に観察してみよう（**表7.11**）。

　まず、収入については籾販売額の比率が高く、先に見たように上層農家の生産力的優位性はないが、収入額では規模との相関が見られる。ただし、No.7は稲作の生産力が低く、収入はかなり低い水準にある。トップのNo.1の収入は27万元となっている。その下の12～14ha層の収入は15～18万元程度となり、8～10ha層では13万元水準、最も小規模のNo.8（7.2ha）では10万元を割っている。対象農家のなかで副業を行っているのはNo.8のみであり（No.9のその他収入は畑作収入、No.6のそれは生産隊勤務による給与）、自宅で小規模な食堂を経営したり、購入した軽自動車の償却のために白タクを営業したりしているが、経費もかかり所得には結びついていないという。

　支出に関しては、「利費」の比率の高さが目立っている[注1]。面積当たりの賦課であるため、特に上層農家には重圧となる。また、機械化が進展したにもかかわらず、雇用労賃・賃料の割合が高い。上層（No.1・No.7・No.9）では雇用賃金が、下層（No.3・No.6・No.8）では受託賃料が大きくなり、7～13％の水準になっている。これに対し、中層（No.2・No.5・No.4）では、家族労働割合が高く、機械化の効果が最も現れるという皮肉な結果となっている。地代負担と雇用に依存しない機械化問題が大きな課題であるといえよう。

　この収支バランスの結果、No.7を除くNo.1・No.2は可処分所得を10万元以上あげており、生活費（2～3万元）に対してかなりの余裕がある。No.5・No.4・No.3・No.6の4戸も7万元台の可処分所得をあげており、一定の余裕を有している。

　こうしたことを背景に、農業投資や奢侈品購入が目立っている。農業投資

表7.11　農家の経済収支（2007年）

単位：ha, 元, %

	No.1	No.7	No.9	No.2	No.5	No.4	No.3	No.6	No.8
面　積	18.3	14.3	13.0	12.0	10.0	9.9	9.0	7.9	7.2
籾販売	262,000	125,000	163,440	147,600	153,900	132,408	130,000	128,534	84,120
作業受託	3,500			40,600		5,600	7,000		550
直接支払	8,356		1,312	7,878					1,663
その他	120		10,136			300		10,000	5,978
収入計①	273,976	125,000	174,888	196,078	153,900	138,308	137,000	138,534	92,311
生産資材	50,463	42,969	39,121	38,089	31,579	30,477	24,714	23,161	20,280
利　費②	57,645	45,045	35,775	37,800	36,225	31,185	28,350	24,885	22,522
雇　用③	18,000	12,000	12,387	2,400		4,540	4,800	11,050	7,839
作業委託			2,025		7,500		6,700	4,000	3,700
支出計	126,108	100,014	89,308	78,289	75,304	66,202	64,564	63,096	54,341
可処分所得	147,868	24,986	85,580	117,789	78,596	72,106	72,436	75,438	37,970
生活費	28,848	15,564	7,564	22,989		19,700	20,834	12,565	46,090
投資など	80,000	11,945	57,280	148,560	15,000				30,300
	井戸：16,650 自動車：60,000	井戸：11,945	トラクタ：51,300 オートバイ：5,980	コンバイン：139,500 パソコン：9,060	井戸：1,300 トラクタ・田植機：13,700	プラウ：3,000			軽自動車：30,300
利費（②/①）	21.0	36.0	20.5	19.3	23.5	22.5	20.7	18.0	24.4
雇用（③/①）	6.6	9.6	8.2	1.2	4.9	3.3	8.4	10.9	12.5

注：1) 農家記帳簿ならびに2008年補足調査により作成。
　　2) 籾販売は2007年産米のみを示している。

についてはすでに述べたが、奢侈品についてもこの年だけで自動車2台（No.1・No.8）、オートバイ1台（No.9）、パソコン1台（No.2）が購入されている。

　以上のように、現在の価格状況下においては、ほとんどの農家は一般農村と比較してかなりの余裕があると考えられるが[注2]、先に述べた地代・雇用問題がさらなる拡大に対しての制約になると思われる。

2．消費支出の特徴

　ここでは、農家の生活水準を明らかにするために、消費支出の内容を検討しておこう。

　前掲表7.11に示したように、生活費の記帳には精粗があり、ここでは消費の全体を網羅していると考えられるNo.2を対象とする。No.2の家族構成は、42歳の経営主夫婦と17歳（2007年7月に新華中学校卒、就農）の長男の3名である。

　No.2の消費支出の合計は32,049元であるが、特別支出としてパソコンならびに周辺機器の整備があり、この支出（9,060元）を除くとおよそ2万元である。ちなみに、第17生産隊におけるパソコンの所有率は30％（60戸のうち20戸）である。

　このうち、経常的支出は、およそ25％を占める食費が5,000元であり、36％を占める衣類・雑貨が7,000元余りとなっている。これを月別にみた数字が表7.12である。食費は、農繁期の4～5月、10月で支出が多く、年末には豚1頭（800元）を購入している。衣類・雑貨については年末の11～12月に集中している。

　光熱費は記載された分は年間1,820元である。電気料が3月と6月にそれぞれ200元、400元支出されているが、年間では1,000元を超えると見積もられる。11月に石炭2.5トンが購入され、950元を支払っている。

　交通費は、バス代と思われるものが19回で、333元であり、12月から2月に集中している。1年の中で最も寒い時期で、オートバイ（3年前に購入）

表 7.12　生活費の月別支出（No.2）

単位：元、％

月	食費 回数	食費 金額	衣類・雑貨 回数	衣類・雑貨 金額	小計 金額	構成比 食費	構成比 小計
3	1	180	5	46	226	3.9	1.9
4	14	280	1	200	480	6.1	4.1
5	13	425	2	157	582	9.3	5.0
6	5	120	5	980	1,100	2.6	9.4
7	5	130	2	590	720	2.8	6.2
8	11	595	5	370	965	13.0	8.2
9	6	218	5	635	853	4.7	7.3
10	23	600	7	335	935	13.1	8.0
11	19	410	11	1,699	2,109	8.9	18.0
12	25	1,352	21	1,859	3,211	29.4	27.4
1	6	75	1	30	105	1.6	0.9
2	6	206	3	213	419	4.5	3.6
計	134	4,591	68	7,114	11,705	100.0	100.0

注：農家記帳簿により作成。

に乗れない時期に相当する。交通費とガソリン代は年間883元である。

　教育費は、長男の1学期（3月から6月）の分のみであるが、3ヶ月で1,300元かかっており、年間の教育費は4,000～5,000元になるという[注3]。新華中学の寄宿舎に入っており、給食費（一日3食）が月180元、週一回帰宅する交通費と小遣いがそれぞれ10元である。

　医療費は2,300元であり、女性専門の健康保険料が2回の支払いで年間1,700元となっている。通院はジャムスに1回（100元）であり、残りは生産隊の衛生所で主に点滴を行っている。これは1回30元であり、その他は投薬で間に合わせている。

　交際費は、1年間で1,200元であった。冠婚葬祭は生産隊内では一般に50元、友人で100元であり、兵役の餞別も含む。親戚の子供のお年玉は20元が相場である。以前より、上昇傾向にある。

　このように、オートバイから自家用車を所有するものが目立ち始め、パソコンも3分の1の家庭に普及するようになっており、月平均の食費支出が400元近い水準になってきている。一定の格差を含むとはいえ、稲作への転換は農村の生活水準の向上に寄与したといえるのである。

注
（1）「利費」は2000年代に入りha当たり2,250元で固定されていたが、2006年には2,890元、2007年からは3,300元と引き上げられている。また、2009年には4,000元になる見通しである。
（2）国有農場の1人当たり純収入と一般農村のそれを比較すると、2006年においてはそれぞれ7,064元、3,552元であり、大きな格差がある（『黒竜江墾区統計年鑑』2007年、『黒竜江統計年鑑』2007年による）。
（3）中国では1986年に「義務教育法」を制定し、義務教育期間中（小中学校の9年間）に学費が免除されることが盛り込まれている。しかし、予算の不足により、生徒はある程度の雑費を納めなければならなかった。2006年に「義務教育法」が改定され、義務教育無償化が実施され、学費と雑費のいずれも免除されるはずであったが、実際には2007年6月時点でもNo.2農家の長男のようにこの改定の恩恵を受けられずにいた。特に農村部での義務教育無償化の実施はその後も時間がかかった。

第4節　稲作経営の労働過程と農家経済

　本章では、生産隊を通して依頼した9戸の農家の記帳調査データをもとに、年間の稲作の労働過程、流通対応と資金調達、農家経済の収支構造について分析を加えてきた。
　この生産隊においては、後発的な水田化という条件を生かして規模拡大と機械化が並進的に行われ、一般的にみられた請負労働依存の大規模経営という経路をほとんど持たずに、機械化一貫体系が農家の半数で形成されていた。この機械化は雇用労賃の上昇に対する代替的意味を持った。しかし、機械化されたとはいえ、上層農家では年雇用労働者が、多くの農家では春期の季節労働者が導入されている。家族労働力中心の就業となっているのは10ha前後層に限られている。また、農場への地代支払いである「利費」の負担問題も大きい。これは、収入に対して20％以上の水準にあり、経営に大きく圧し掛かっている。
　農家が取り結ぶ流通関係については、全体として農場による保護が後退し、

農家は市場との直接的な関係を持つようになる。籾販売に関しては米の輸出公司である新綿公司との契約関係にあり、一定の保護のもとにおかれている。しかし、特定品種以外は一般集荷商への庭先販売であり、2007年度は米の過剰基調のもとで低米価に甘んじなければならなかった。生産資材についても、かつてのような農場の肥料公司のもとに一元化される流通体系は崩壊している。融資に関しては、この間の規模拡大の中で一定の資本蓄積が行われており、機械投資は自己資金対応が一般的である。営農資金については、信用合作社(農業銀行)による制度融資、商人の代理店による掛け売りなどがあるが、これらはいずれも日利0.6％の高利水準にある。自己資金を持たないものは制度融資に依存せざるを得ないが、小口金融については親戚・友人間での相互融通が一般的である。

　こうした問題を孕みながらも、農家経済全般についてみると一般農村と比較して職工農家はより高額な可処分所得を得ており、消費場面においてもその水準は向上を見せているといえる。このように市場経済にさらされているとはいえ、現在の職工農家は一定の規模の優位性を生かして、相対的に安定的な経営環境のもとにあるといえるのである。

第 3 編

国有農場による米の商品化

第8章

北大荒米業による米の集荷・加工・販売体制

　黒竜江省は今や中国最大のジャポニカ米産地に成長している。水稲の作付面積は277万ha（全国の9.3％）であり、籾の総生産量は1,843万トンに達している。そのうち、国有農場のそれは128万ha（46.2％）、1,094万トン（59％）であり、この地域の大きな特徴となっている（2010年現在）。

　国有農場は、その組織改革のなかで稲作を戦略部門として位置づけ、三江平原を中心に水田開発を進めてきたが、生産に関しては職工農家への請負制を行うとともに、それを産地として再統合し、巨大な加工・流通企業として頭角を現している。

　その一環として、農墾総局は傘下の優良農場を選別・統合して「北大荒農業（株）」グループ（以下では北大荒農業と略する）を設立しているが、2001年には米穀の加工と販売のために「北大荒米業（株）」グループ（以下は北大荒米業と略する）を設立している。この企業は、グループ参加農場の産地化を図るとともに、籾保管・精米加工を行い、輸出を含む販売を行う巨大流通資本に成長し、中国における米のトップ企業に位置づけられている。以下では、米の集荷・加工・販売という一連の流れのなかで、北大荒米業が果たしている機能について明らかにしていく。

第1節　精米加工企業と大手米業の展開

1．精米流通と精米加工企業

　中国における2010年の籾生産量は19,576万トンであり、2006年と比較しても1,400万トン（増加率7.7％）増加している。商品化率は2006年が41.8％、2008年が47.0％であり、以降の数字は公表されていないが、趨勢から予想し

212　第3編　国有農場による米の商品化

表8.1　省別の籾加工能力と精米加工量の動向

単位：千トン、％

地域	籾加工能力（A） 2009	2010	加工精米量（B） 2008	2009	2010	B/A 2009	2010
湖北	23,681	29,962	6,739	7,723	10,624	32.6	35.5
安徽	18,686	24,483	5,819	6,972	9,611	37.3	39.3
江西	23,523	30,166	5,889	6,379	9,408	27.1	31.2
黒竜江	41,224	45,281	5,986	8,703	8,262	21.1	18.2
湖南	9,996	22,943	3,186	3,714	6,789	37.2	29.6
江蘇	13,609	17,283	4,746	5,321	6,453	39.1	37.3
四川	6,375	9,352	2,216	2,014	2,771	31.6	29.6
吉林	10,614	10,026	1,443	3,261	2,435	30.7	24.3
福建	5,782	6,251	2,081	1,961	2,194	33.9	35.1
広東	4,994	5,260	1,559	1,908	2,147	38.2	40.8
遼寧	9,932	9,816	1,938	2,058	2,038	20.7	20.8
河南	3,210	5,244	1,010	1,194	2,015	37.2	38.4
全　国	194,237	243,393	47,830	57,238	72,948	29.5	30.0

注：中国糧食局『中国糧食年鑑』各年次により作成。

て50％とすると、およそ9,800万トンが流通量になる^(注1)。また、精米率を67％に見積もると、精米ベースでの流通量は6,500万トン強となる。**表8.1**は精米加工量を示しているが、ここ3年間、2008年の4,800万トンから2010年の7,300万トンへと急速に増加を見せており、逆算すると商品化率は55％となっている。内陸部での自給経済が急速に崩壊していることが予想される。同表は、2010年において加工精米量が200万トンを上回る稲作産地の省を示したものである。東北3省はともにランク入りしており、その合計は1,274万トンで全体の17.4％を占め、黒竜江省のみでも826万トン、11.3％を占めている。ただし、生産の伸びに対し、加工精米量はやや停滞的である。

　表8.2は、全国の精米加工企業の動向を示したものである。数字を把握できる2003年からの企業数をみると、2003年からいったん減少を見せた後、2009年と2010年ともに増加傾向にあり、8,500社となっている^(注2)。また、加工能力についても、2006年の15,000万トンから2010年の24,000万トンへと急速に拡大している。これは近年の加工精米量の急速な増加に対応している。工場規模別では、日処理量の籾100トン未満の企業が圧倒的であったが、こ

表8.2 中国における精米加工企業の変化

単位：社、万トン

		合計	国有等企業	外資系企業	民営企業	～100トン/日	100～200	200～400	400～1,000	1,000～
企業数	2003	7,815				7,099	607	89	20	
	2004	5,666				4,741	754	123	38	10
	2005	7,260				5,949	1,025	209	65	12
	2006	7,548	848	24	6,676	6,143	1,059	251	77	18
	2008	7,311	900	25	6,386	5,296	1,498	405	88	24
	2009	7,687	754	36	6,897	5,023	1,941	570	115	38
	2010	8,519	799	41	7,679	4,785	2,605	910	172	47
加工能力	2006	14,778								
	2008	16,047	2,248	167	13,632	6,471	4,610	2,587	1,213	1,166
	2009	19,423	2,292	215	16,828	6,457	5,981	3,541	1,580	1,862
	2010	24,339	2,889	340	21,110	6,158	8,096	5,616	2,337	2,128

注：1）中国糧食局『中国糧食年鑑』各年次、呉志華他『中国糧食物流研究』中国農業出版社、2007により作成。
　　2）外資系企業には香港、マカオ、台湾系を含む。

の層の淘汰と規模拡大が進み、総加工能力からいっても100～200トン層（年間3～6万トン処理）が主流になりつつあり、それ以上の処理能力を持つ工場も急速に増加を見せている。

　企業形態別では本書が対象とする国有企業・国有持株企業は2010年で799社、9.4％、処理能力は2,900万トン、11.9％となっている。食糧安全保障上、国有部門を残存させる政策的意図があり、他の国有企業とは異なっている。外資系企業は数が限られているが、一定の割合を維持している。圧倒的に多いのは民営企業である。企業数は2010年で7,679社、90.1％を占め、処理能力でも21,100万トン、86.7％を占めている。

　表8.3により2010年の企業形態別の規模をみると、日量100トン以上の処理能力を持つ企業の割合は平均で43.8％、国有企業等が52.2％、外資系企業が75.6％、民営企業が42.8％である。さらに、日量200トン以上の企業割合は、それぞれ13.3％、16.8％、41.5％、12.7％となっている。また、加工能力別工場のシェアーでは、100トン以上工場のシェアーは平均で74.7％、国有企業等で83.4％、外資系企業で95.0％、民営企業で73.2％である。同じく200トン以上工場のシェアーは、それぞれ41.4％、53.7％、80.6％、39.1％となっている。

表 8.3　中国における精米加工企業の実態（2010 年）

		合計	～30 トン/日	30～50	50～100
企業数	精米加工企業	8,519	370	1,441	2,974
	国有・国有持株企業	799	43	119	220
	外資系企業	41	2		8
	民営企業	7,679	325	1,322	2,746
加工能力	精米加工企業	24,339	147	1,300	4,711
	国有・国有持株企業	2,889	17	106	354
	外資系企業	340			15
	民営企業	21,110	129	1,194	4,342

注：1）中国糧食局『中国糧食年鑑 2009』により作成。
　　2）外資系企業には香港、マカオ、台湾系を含む。

外資企業でははっきりとした規模の優位性があるが、国有企業等の民営企業に対する優位性は明確なものではない。

　表8.1に戻り、工場の籾加工能力と実際に加工された精米量を比較すると、2009年では処理能力19,400万トンに対し、加工精米量は5,700万トン、29.5％であり、2010年においてもそれぞれ24,300万トン、7,300万トンで、その比率は30.0％である。精米率は67％程度であるから、稼働率は50％以下にとどまっていることがわかる。特に、対象とする黒竜江省では2009年と2010年の両者の比率は21.1％、18.2％と他省と比較して極めて低くなっている。これは、後に見るように近年「稲高米低」（籾価格が高く、精米価格が比較的に低い）現象が現れており、精米せずに原糧（籾）の販売が増加していることにある。このことは、2010年の加工精米量が826万トンと前年度の870万トンを下回っている点に現れている。

2．大手米業の動向

　大手企業に関しては、その代表は「中糧米業」[注3]（2006年設立）と外資系の「益海嘉里」[注4]、そして北大荒米業が挙げられる。そのうち、「中糧米業」は国有企業として、上川資源および政策の面での優位性を持っており、「益海嘉里」はグローバル企業として下川のマーケティング戦略およびノウハウに優れている。北大荒米業は両社の中間に位置しているものの、やや劣勢に

単位：社、万トン、％

100～200	200～400	400～1,000	1,000～	日量100トン以上		日量200トン以上	
2,605	910	172	47	3,734	43.8	1,129	13.3
283	113	15	6	417	52.2	134	16.8
14	8	5	4	31	75.6	17	41.5
2,308	789	152	37	3,286	42.8	978	12.7
8,096	5,616	2,337	2,128	18,177	74.7	10,081	41.4
859	701	216	634	2,410	83.4	1,551	53.7
49	55	103	116	323	95.0	274	80.6
7,187	4,860	2,018	1,378	15,443	73.2	8,256	39.1

あると言える。また、「中糧米業」と「益海嘉里」はジャポニカ米のみならず、インディカ米も取り扱っており、全国各地で産地形成を行い、販売に関しても競合関係にある。

　ジャポニカ米産地に関しては、双方とも黒竜江省と遼寧省で契約栽培を行っている。「中糧米業」は黒竜江省綏化地区で2.2万haの契約栽培と籾30万トンの精米加工を行っており、「益海嘉里」はジャムス周辺で2005年に「益海佳木斯」という現地法人を設立し、1.9万haの契約栽培と籾15万トンの精米加工を行っているほか、五常市とも契約栽培で年間籾25万トンの加工を行っている（2009年現在）。インディカ米に関しては双方とも江西省が最有力産地であり、「中糧米業」の傘下の「江西米業」は2006年に設立されており、「中糧米業」の取扱いはインディカ米からスタートしたことがわかる。

　工場の1日の籾処理能力は、「益海嘉里」は現在（2009年）6ヶ所の精米工場のうち、1ヶ所が1,200トン、残りの5ヶ所は600トンの規模の工場である。これに対し、「中糧米業」は小規模であり、最大規模が800トン、ほかは300トン程度である。年間の米の加工量は、「中糧米業」が籾56万トンであり、「益海嘉里」が籾35万トンである（2008年）。

　これらと対照的に、北大荒米業はジャポニカ米に限定しており、生産に関しては後述のように三江平原の国有農場をベースに周辺地域とも連携して産地確保を行っている。2009年の籾加工量は83万トンであり、前2社の1.5～

2.4倍に達している。

　販売に関しては、大手各社は各自のブランド創出に力を入れており、「中糧米業」は「福臨門」、「益海嘉里」は「金龍魚」、北大荒米業は「北大荒」である。「金龍魚」に関しては、元々は「益海嘉里」の食用油のブランド名であったが、1991年に食用油を小分けパッケージで販売し、それまでの油のばら売りの歴史を一変させたブランドである。現在、当社の「金龍魚」油は食用油市場の40％を占め、不動の地位を得ている。そのブランド効果が米に利用されているのである。これと同様に、「中糧米業」も食用油の「福臨門」を米ブランドとして活用している。

　また、販売ルートとしては、小売りがメインであり、「中糧米業」は256都市の2,543スーパーと400人余りの代理商人、「益海嘉里」は既存の食用油の販売資源を活用し、500都市の8,500スーパーと代理商人に米の販売も委託している。地域によっては郷鎮と村の売店にまで浸透している。

　このように、「中糧米業」と「益海嘉里」はジャポニカとインディカの両方の生産基地を抱え、多様な価格設定を行うことで米市場を満遍なく囲い込んでいる。これと比較すると、北大荒米業はジャポニカ米に特化し、価格の設定も経済発展地域の都市部をターゲットにしているため、販路がかなり狭隘である。以下では、北大荒米業の集荷・加工・販売体制をより詳細に明らかにしていこう。

注
（1）以上の数字は国家糧食局『中国糧食年鑑』2006～2010年、経済管理出版社による。糧食全体での商品化率は2006年の50％から2010年の59％にまで上昇している。
（2）実際には、加工能力日量30トン以下の企業は10万企業存在するとも言われている（David McKee, Companies Race for Rice Market Supremacy, May 2010 / World Grain / www.World-Grain.com）。浙江省の事例では、小規模、零細な精米所はほとんど村、屯に立地しており、加工期間は10月～1月の3ヶ月程度である。これらの精米所の中には地元の農家の米飯用の精米加工と産地商人からの委託により辛うじて経営を維持しているものが多い。加工コスト

は電気代、機械の検査、修理と維持費、原価償却であり、電気は農業用電気のため、低廉で使用できる。労働は自家労働力のみで、雇用はほとんどない。しかし、精米所が多数に上るため、実際の加工量は加工能力を下回っており、年間の平均加工量は450トン程度であり、1日当たりの加工量は4〜5トンである。経営リスクが少ないため、籾1トン当たりの経営利潤は60〜80元であり、稼働100日間で3〜4万元になるという(査貴庭『中国稲米市場需求及整合研究』南京農業大学博士学位論文、2005、p.53)。
(3)「中糧米業」とは、2006年に中国糧油輸出入総公司(COFCO、略して中糧)の中に新しい部署として設置された「米部」のことを指している。
(4)シンガポールのウィルマー・インターナショナル(Wilmar International Ltd.)とアメリカのADM社の共同出資による食品加工企業であり、米業参入は2005年である。当初は、中糧、ウィルマー・インターナショナルとADMの三社が共同出資して「東海糧油集団」を設立したが、2002年にウィルマー・インターナショナルがADMの全株を買い取り、さらに2006年にはマレーシアのKuok Oilsを吸収合併した結果、アジア最大級の農業総合グループとなった。2009年の年間売上額は240億ドル、純利益は19億ドルに達している。詳細に関しては前掲David McKee[2010]を参照。

第2節　北大荒米業における米の集荷・加工・販売体制

1．北大荒グループと米業の位置づけ

　第2章で述べたように、北大荒農業は1998年に「黒竜江北大荒農墾集団総公司」の単独出資で設立した企業グループであり、2002年には株式上場を果たした。現在、その傘下には北大荒米業、紙業、竜墾麦芽、浩良河化学肥料、希傑食品科学技術、鑫都不動産開発、鑫都建築の7つの事業別分公司のほかに、16の農業分公司(基礎農場)がある。2008年の資産総額は101.9億元であり、2002年の14.7億元の7倍となり、国内最大規模の農業関連企業に成長している。

　北大荒米業は北大荒農業の主力企業として2001年に設立され、当初の出資比率は北大荒農業が90％、「黒竜江北大荒農墾集団総公司」が10％であったが、2004年に北大荒農業の追加出資によりほぼ全額出資の子会社となっている[注1]。設立当初は、米加工の営業収入は12億2,583万元で、営業利益は

5,082万元であったが、営業収入は2008年には26億5,414万元となり、2009年には36億8,926万元となっている。ただし、営業利益は両年ともマイナス5,657万元、マイナス6,237万元であり赤字となっている。2009年の北大荒農業全体では、営業収入が65億2,195万元、営業利益が2億7,886万元であり、グループ内でも収益問題に直面しているといえる[注2]。

2．米の生産・流通のフローチャート

　まずは黒竜江省農墾全体の籾流通の動向を整理しておこう。表8.4には、国有農場における籾の用途別の流れを示している。政府買上（「定購」）は農業税に対応したものであり、徐々に比率を低下して2002年には3％以下となっている。これに対し、農家の個別販売を含め、市場販売が増加してくるが、市場価格の低下に対応した政府による保護価格での買付けも増加をみせてくる。この40％ほどが「利費税」として職工農家が現物で農場本部に納入した部分に相当すると考えられる。したがって、市場販売分のうち35％程度が職工農家の販売分であると思われる。次にみるように「大農場」による加工精米の販売も徐々に増加をみせてくる。

　表8.5は、国有農場の精米加工とその販売の動向を示したものである。ここからは、販売単価をみることができるので、まずその動向をみてみよう。この期間において、米価が高水準に張付いているのは1995年と1996年の2ヵ年である。この時期が水田面積の急増期と重なることがわかる。以降減少に転じて2000年のkg当たり1.5元の水準にまで下落する。この米価下落に対し、開発輸入という外部条件も加わって1998年から米の輸出が開始される。しかし、これについても3ヵ年の間に単価の下落がみられ、輸出量も減少していると考えられるが、国有農場では表にみるように良質米への転換を図り、価格維持を図ろうとしている。ともあれ、国有農場は従来の原糧販売から加工部門への投資を行って、有利販売をめざす戦略をとっていることはまちがいない。

　北大荒米業の業務体制は、市場部、企業管理部、運輸調達部などの業務管

表 8.4　国有農場における籾の流通の変化

単位：千トン，%

	合計	内部消費 小計	種子	口糧	工業向	飼料	その他	政府買上 (A)	備蓄用 (B)	市場販売 (C)	加工販売 (D)	構成比 (A)	(B)	(C)	(D)
1992	374	145	31	57	3	1	53	58		160		15.5		42.8	
1993	509	115	36	72	3	0	4	46		322		9.0		63.3	
1994	716	175	44	98	10	1	22	47		422		6.6		58.9	
1995	1,239	259	80	103	71	2	3	78		757		6.3		61.1	
1996	2,450	429	114	131	183	1	0	286	77	1,004		11.7	3.1	41.0	
1997	4,059	680	128	153	383	6	11	200	1,019	2,164		4.9	25.1	53.3	
1998	4,758	756	146	170	441	1	8	200	1,196	2,507		4.2	25.1	52.7	
1999	5,176	270	115	154	0	1	0	190	2,321	1,756	655	3.7	44.8	33.9	12.7
2000	5,286	337	115	156	65	2	0	164	2,214	1,789	768	3.1	41.9	33.8	14.5
2001	5,274	346	105	150	88	3	0	148	1,955	1,938	887	2.8	37.1	36.7	16.8
2002	4,528	290	94	183	7	6	0	126	554	2,312	1,221	2.8	12.2	51.1	27.0
2003	4,242	279	90	183	3	3	0	0	0	2,861	1,102	0.0	0.0	67.4	26.0

注：1)『黒竜江墾区統計年鑑』(各年次) による。
　　2) 市場販売には職工農家の販売を含む。

表 8.5　国有農場における精米加工の推移と販売単価（黒竜江省）

単位：千トン、トン、千元、元/kg

	籾生産量	精米加工量	販売数量	販売金額	販売単価	輸出数量	輸出金額	輸出単価
1994	715	49	48,677	67,182	1.38	0	0	
1995	1,238	90	79,513	201,050	2.53	0	0	
1996	2,449	211	207,341	474,702	2.29	0	0	
1997	4,049	339	351,001	678,902	1.93	0	0	
1998	4,758	281	289,777	517,672	1.79	6,700	21,254	3.17
1999	5,175	393	392,003	660,149	1.68	49,974	91,462	1.83
2000	5,286	581	580,410	849,249	1.46	57,135	104,730	1.83
2001	5,274	657	641,013			38,660	73,123	1.89
2002	4,528	1,236	1,236,719			108,804	198,423	1.82
2003	4,242	1,268	1,258,180			227,320	405,221	1.78

注：1）『黒竜江墾区統計年鑑』（各年次）による。
　　2）精米加工量と販売量は在庫の関係で一致しない場合がある。

理部門、財務部などの本来の管理部門（合わせて10部）を除くと、営業部門は5つ存在する。そのうち、糧油貿易部は米糠油の製造販売、雑穀の販売を行っているため、米に関わる営業部門は、生産技術部、国際貿易部、国内貿易部、原糧貿易部（「貿易」は流通の意味）の4部門である。図8.1は、4つの部門にわたる籾・精米のフローチャートを示したものである。生産技術部は、北大荒農業の構成農場（以下基礎農場と表す）の生産基地としての管理、貯蔵施設および精米施設の管理・運営を行っている。生産農場からは籾123万トンが集荷され、うち40万トンが21の貯蔵施設で保管され、原糧貿易部を通して80社の糧食購買販売企業に売却される。籾移出に関わる国家補助金[注3]の存在があり、それに依拠した収益が確保されている。残りの83万トンが11の精米施設で加工され、精米56万トンが国内貿易部と国際貿易部により販売される。物流に関しては鉄道が主流であり、生産地から迎春、衛星、換新天（建三江管理局管轄）など16の鉄道出荷ステーションを経由してハルビン駅に集中され、全国各地に輸送している。

　国内貿易部では、後に述べるように販売子会社9社を通じて31万トンが、販売代理店を通じて13万トンが国内販売される。

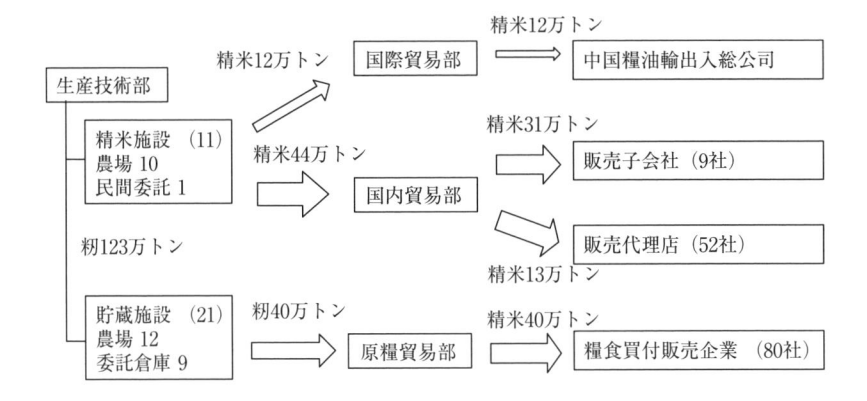

第8章　北大荒米業による米の集荷・加工・販売体制　　*221*

```
                      精米12万トン  ┌─────────┐     精米12万トン   ┌──────────────┐
                    ┌────────────→│ 国際貿易部 │ ─────────────→│中国糧油輸出入総公司│
┌─────────┐        │              └─────────┘                 └──────────────┘
│ 生産技術部 │        │
└─────────┘        │                                 精米31万トン   ┌──────────┐
  ├─┬─────────┐   │                              ┌─────────→│販売子会社（9社）│
  │ │精米施設（11）│   │  精米44万トン  ┌─────────┐ │               └──────────┘
  │ │農場　　　10 │───┤ ─────────→│ 国内貿易部 │─┤
  │ │民間委託　 1 │   │               └─────────┘ │  精米13万トン  ┌──────────┐
  │ └─────────┘   │                              └─────────→│販売代理店（52社）│
  │                 │籾123万トン                                  └──────────┘
  │ ┌─────────┐
  │ │貯蔵施設（21）│
  └─│農場　　　12 │── 籾40万トン → ┌─────────┐  精米40万トン  ┌──────────────┐
    │委託倉庫　 9 │ ──────────→│ 原糧貿易部 │─────────────→│糧食買付販売企業（80社）│
    └─────────┘                └─────────┘                 └──────────────┘
```

図8.1　北大荒米業のコメの生産・加工・販売のフローチャート（2009年時点）
注：1）北大業米業の資料により作成。
　　2）籾と精米の換算率は67％とした。

　国際貿易部については、やや詳しく述べておこう。北大荒米業の資料が入手できなかったので、ここでは米業の比率が高い農墾グループによる米の輸出をみていく（**表8.6**）。輸出は1999年から開始され、中糧を経由して行われている。輸出量は当初5万トン台であったが、2002年はWTO加盟の初年度でもあり、前年度の2.8倍の11万トンに達している。以降は、中央の商務部および発展改革委員会の指示と中糧の割当制に従って輸出を行っており、農墾グループとしての権限は極めて制限されている。

　中央組織の指示は主に当年度の米の在庫量等に応じて出されるものであり、2003年、2006年と2007年のような在庫量が多い年には、輸出量も相対的に増加をみせる。2008年からは世界的な穀物価格の高騰を受けて、政府はそれまでの輸出奨励から抑制へと立場を転換し、米の輸出関税5％の新設や米輸出の許可制、割当制が実施されたため、2008年は前年の4割まで減少した。その後、穀物の価格高騰が沈静化し、2003年から6年間の豊作が続いたため、2009年7月より米の輸出関税は撤廃されたが、許可制と割当制は継続している。また、輸出単価にも国内の政策要因が強く働いており、2004～2006年の

表8.6 農墾グループの米輸出実績

単位：トン、万元、元/kg

年次	輸出量	輸出額	単価
1999	49,974	9,146.2	1.83
2000	57,135	10,473.1	1.83
2001	38,660	7,312.3	1.89
2002	108,804	19,842.3	1.82
2003	227,320	40,522.1	1.78
2004	168,136	39,755.5	2.36
2005	110,474	29,513.6	2.67
2006	204,000	56,304.3	2.76
2007	314,870	60,937.5	1.94
2008	131,871	10,479.1	0.79
2009	183,112	62,572.2	3.42
2010	47,160	18,183.9	3.86

注：『黒竜江墾区統計年鑑』（各年次）による。

3年間は国有食糧企業による買上価格（保障価格）が引き上げられ、順ザヤ販売確保のために販売価格も引き上げられたため、その連動で輸出価格も高くなっている。

北大荒米業が初めて米の輸出を行ったのは2002年10月であり、リビアへの1.6万トンであった。以降はプエルトリコ、パプアニューギニア、シリア、ロシア、韓国、日本と香港などの40余りの国家・地区に50数万トンを輸出したが、2009年の実績は12万トンであった。

注
（1）2009年の払込済み資本金は5億1,000万元で、出資比率は98.6％である。
（2）『北大荒米業（株）グループ2002年度報告』2003年、および『黒竜江北大荒農業股份有限公司2009年度報告』2010年による。北大荒米業の収支は、農場の借地料が黒字（収入13億元、営業利潤率42.4％）、農産品・農用物資が収支均衡（同44億元、同−1.0％）、工業品他が赤字（同9億元、同−29％）である。
（3）物流奨励策の具体的な内容は、以下の通りである。黒竜江省から5,000トン以上の籾（米）を東北以外の地域に運送する際には、鉄道輸送では1kg当たり0.12元、鉄道と船舶、陸送と船舶、陸送のみのいずれかで500km以上の場合には同0.28元、500km未満の場合には0.14元を補助する。

第3節　生産技術部 – 生産基地と加工部門 –

1. 生産基地の位置づけ

　前述のように、北大荒米業は北大荒農業の子会社であり、したがってその生産基地は北大荒農業の分公司に位置づけられた16の基礎農場であるはずであるが、実際にはそうなっていない（**表8.7**）。この16の分公司の水田面積は51万ha、籾収穫量は464万トンと巨大であるが、北大荒米業によるその独占的な買上権は全くない。しかも、12の分公司は原糧貿易部に対応した籾供給基地的農場と国内・国際貿易部に対応した精米供給基地的農場、さらには米業とは関係をもたない農場に区分することができる。

　表8.8は、2010年と2011年について、籾の買い上げを行った24農場（一般

表8.7　北大荒農業の分公司（基礎農場、2010）

単位：ha、千トン

管理局		農場名	水田面積	籾収穫量	米業集荷量
宝泉嶺	1	二九〇	30,667	296	0
	2	江浜	13,733	116	3
	3	宝泉嶺	3,600	30	0
	4	新華	11,668	99	3
建三江	5	八五九	53,333	498	23
	6	七星	55,667	551	129
	7	勤得利	46,667	385	0
	8	青龍山	25,972	248	88
紅興隆	9	友誼	45,343	408	164
	10	二九一	20,142	192	46
	11	八五二	10,007	93	0
	12	八五三	28,000	282	23
牡丹江	13	八五四	43,667	399	43
	14	八五六	57,000	515	50
	15	慶豊	26,678	210	0
	16	興凱湖	35,127	313	0
合計			507,271	4,635	572

注：北大荒米業資料、『黒竜江墾区統計年鑑』2011より作成。

表 8.8　北大荒米業の原糧調達先

単位：千トン、％

管理局		分公司	農場	籾買上量 (A)		精米原料 (B)		精米加工率 (B/A)		精米量	
				2010	2011	2010	2011	2010	2011	2010	2011
三江平原	宝泉嶺	2	1	25	55	21	5	83.5	9.5	15	4
	建三江	3	4	350	244	109	87	31.3	35.5	74	60
	紅興隆	3	1	257	160	132	172	51.5	107.1	86	118
	牡丹江	2	2	209	195	107	107	51.4	54.8	71	74
	小計	10	8	841	654	370	370	44.0	56.6	246	256
圏外	綏化		2	120	30	25	21	20.4	69.3	14	13
	一般農村		4	112	61	32	15	28.7	24.2	22	9
合　計		10	14	1,074	745	427	406	39.8	54.4	282	278

注：1）北大荒米業資料による。
　　2）精米加工率が100％を超える農場もあるが、そのまま表示している。

農村も含む、以下同）の籾買上量とそのうちの精米原料、生産された精米量を整理したものである。籾買上量は2010年が107万トン、2011年が75万トンである。2008年には80万トン、2009年には123万トンであったから[注1]、ここ4年間の籾買上量は75万トンから123万トンの間にあり、そのぶれは非常に大きいと言える。集荷範囲は北大荒米業の拠点である三江平原の4つの管理局で80％程度を占めているが、そのうち分公司が10農場、一般の国有農場が8農場であり、分公司が重点ではない。また、黒竜江省東部の綏化管理局の2農場と一般農村の4地区からの集荷も2割前後を占めている[注2]。籾買上量のうち、2010年では39.8％の43万トンが精米原料となり、精米出荷量は28万トンとなっている。2011年では54.4％の41万トンが精米原料となり、精米出荷量は28万トンとなっている。この2年に限っていえば、精米販売は30万トン弱となっているが、2009年の実態を示した**図8.1**の56万トンと比較すると大きく減少している。これらは国際・国内貿易部を通じて販売されている。米加工率は農場によって大きく異なっており、図示していないが、全く精米を行っていない農場が3農場、米加工率20％未満が7農場、20〜50％が6農場、50％以上が9農場となっており、農場の位置づけが異なることがわかる。これに対し、籾販売は2010年が65万トン、2011年が34万トンであり、

原糧貿易部を通じて販売されている。

　このように、北大荒米業は、北大荒農業の中心的な存在であるが、必ずしもグループ構成員の基礎農場（16農場）を「生産基地」としておらず、独自に国有農場の囲い込みを行うとともに、非国有農場地帯の良質米産地にも提携先を伸ばし、原料調達元を確保しているのである。このことは、裏を返せば、グループ内の分公司（基礎農場）もまた、独自の販売戦略をもって販売を行っているのである。30万トン以上を独自販売している基礎農場は、友誼、八五九、二九〇の3農場、それ以外では建三江、衛星、迎春、前進であり、あわせて7農場である。このうち、建三江管理局の七星農場には42社の米業企業が存在している。このように、米業と基礎農場が独自に販売努力を行いながら、全体として緩やかな「北大荒」ブランドを形成しているということができるのである。

２．北大荒米業の基礎農場と日中合弁米業－新華分公司－

（１）新華農場における籾・精米の３つの販売ルート

　ここで取り上げるのは、第2編で対象とした新華農場である。2002年に北大荒農業が株式上場された際に新華農場はその基礎農場となり、糧油公司、種子公司と生産資材サービス公司が切り離されて新華分公司（北大荒農業新華農産品販売分公司）となっている。以下では、農場内の籾・米販売に関する3つの公司の特徴について明らかにしていく。

　農場において籾・米の加工販売をもともと行っていたのは糧油公司であり、これは1992年に精米、大豆搾油、製粉、複合飼料生産、穀物乾燥センター、糧食倉庫部門が糧油貿易総公司として分社化されたものである。

　1995年に稲作の拡大に伴い精米工場が拡充され、2つの生産ラインが存在したが、そのうち1つは1997年に新華農場と日本の商社であるニチメン（現双日）が合弁で新綿精米加工有限公司（以下、新綿公司と略する）を設立した際に独立し、もう1つは2000年に新華農場が独自に設立した「北珠米業集団総公司」（以下、北珠米業と表す）の生産ラインとして位置づけられた。

表8.9 「新華分公司」の籾販売の推移

単位：トン、元/kg

年次	農場全体総収量	農場買上量	買上価格	販売価格	任務糧	新綿	小計
1999	110,753	38,374	1.24	1.27			
2000	87,908	48,039	1.18	1.20	39,510	31,978	71,488
2001	78,217	46,314	1.20	1.22	43,382	27,448	70,830
2002	65,230	32,267	1.16	1.23	35,000	9,057	44,057
2003	39,454	37,722	1.15	1.21	26,314	12,875	39,189
2004	82,345	34,132	1.51	1.55	27,930	13,547	41,477
2005	46,754	35,031	1.64	1.75	28,890	16,557	45,447
2006	96,221	27,652	1.68	1.79	27,500	13,949	41,449
2007	96,267	23,825	1.64	1.74	0		

注：新華農場資料により作成。

この北珠米業は北大荒米業の株式上場時の2002年に、その傘下に収められた。これにより、米に関する3つの組織が形成されることになる。日中合弁の新綿公司、北大荒米業傘下の北珠米業、そして北大荒農業の新華分公司である。

北大荒農業新華分公司の米に関する当初の機能は、新綿公司と北珠米業への原糧の供給にあった。表8.9は農場（2002年からは分公司）の買上量ならびに買上価格と販売価格の推移を示しているが、当初は農場買上量のほとんどが新綿公司と北珠米業にストレートに売り渡されたため、買上価格と販売価格の差は小さかった（0.02～0.03元/kg）。この2社は籾を精米加工し、新綿公司は輸出、北珠米業は国内販売という棲み分けを行っていた。

しかし、これでは新華分公司の収益が上がらないために、2003年から一部独自ルートの販売を行い、2004年には全量を独自販売することになる。この結果、新綿公司と北珠米業はそれまで新華分公司に依存していた原糧確保が困難になり、農家との直接契約と外部からの調達に転換した。外部購入とは、域内の一般農村や域外の国有農場より購入することを指す。域外とは例えば建三江地域であり、急速な水田開発が行われたために米価は相対的に安価であったためである（ただし、現在では価格差は縮小している）。

また、職工農家による籾の国家供出（「任務糧」）は北珠米業がその業務を担当し、職工農家が農場倉庫までの運搬費用を負担していた。しかし、2006

年に「任務糧」が廃止されて以降は、新華分公司が職工農家の庭先集荷を行う形で代替するようになっている。

(2) 新綿公司の設立と特徴

すでに述べたように、新華農場では1990年代から稲作への転換が進み、農場による米販売が進展を見せていく。それを年表風に整理したのが表8.10である。籾の総収量は1990年代中期から急増するが、それに対応して1995年に従来からあった精米所の拡充が行われている。その一環として実施されたのが、日本の商社ニチメンと農墾総局、農場の三者で1997年末に設立された新綿公司である。これは、ニチメンが資金132万元（25％）、農場が300万元（施設・敷地、75％）を出資するというものである。日本製の精米機（色彩選別機）が導入され、施設の近代化が図られている。ニチメンへの出資配当は年間35.4万元であり、5年間で出資分を回収するという契約である。事実上は

表8.10 新華農場の精米事業と販売

単位：トン

年次	農場全体 総収量	農場全体 精米	農場買上	新綿精米加工公司 原糧	新綿精米加工公司 精米	新綿精米加工公司 国内	新綿精米加工公司 輸出	新綿精米加工公司 日本	備考
1990	15,173								
91	16,480	68							
92	19,939	1,143							糧油総公司（旧搾油・製粉・精米部門）
93	21,389								種子加工廠（200万元）
94	30,125	3,200							
95	63,684	4,247							精米廠拡充（330万元）
96	85,037	11,469							
97	100,888								新綿精米加工有限公司
98	107,081		68,000	18,000	10,000	0	3,300	6,700	
99	110,753		70,000	20,000	13,000	3,000	10,978	6,326	宝泉嶺精米所
2000	87,908	30,062	70,000	20,000	13,000	5,000	8,000	3,000	北珠米業集団総公司（油糧総公司改称）
01	78,217	26,616	40,000	20,000	12,000	5,000	7,000	5,000	
02	65,230	16,933	32,000	20,000	10,000	6,000	4,000	2,500	
03	39,437	28,600	15,384	15,384	10,000	2,000	8,000	4,000	7月に株式会社化
04	80,919	52,597	15,384	15,384	10,000	2,000	8,000	6,000	

注：1）農墾宝泉嶺管理局資料ならびに聞き取りによる。両者は符合しない部分がある。
　　2）2004年は計画値である。

ニチメンの5年賦融資であり、これによって、新華農場の米の日本への輸出権を得たわけである[注3]。ただし、米の輸出割当て（量、価格）は中糧が握っており、その指令を省の糧油輸出入公司が受けて決定がなされる仕組みである。

これによって、米の流通は大きく変化した。農場改革当初は、職工農家の生産物の90％を農場が買上し、残り10％が職工農家の自給用と自己販売であったが、後には生産物の70％を農場に納め、30％は職工農家の自己販売となった。農場への納入部分が「利費税」に相当しており、一般農村で「公糧」が農業税に相当するのと同様、一種の代金納である。しかしながら、新華農場は新綿公司の設立を契機に、農場全体を新品種の導入と一部は「緑色食品」の認可を受けることによって「生産基地」化する方向を目指し、「保護価格」（1999年の場合、政府買上価格kg当たり籾1.16元に対し、良質米で0.16元、中位米で0.08元の上乗せ価格）によって、集荷数量を高めたのである。糧油貿易総公司の名称も北珠米業へと米を強調したものに改めている。しかし、2000年からの米価低落による籾販売の不利益化[注4]と稲作そのものの縮小傾向のなかで、この戦略は転換を迫られている。2001年に「保護価格」は廃止され、入荷籾の品質チェックも厳しくなっている。

他方、新綿公司は糧油貿易総公司の集荷籾を購入するかたちで年間籾2万トン水準の精米事業を行ってきた。日本向けを中心とする輸出向け販売を展開してきたが、日本におけるSBS輸入米取引の減退の中で、東南アジアや西ヨーロッパ向けの輸出や大都市部での国内販売を強化する方向にある。また、2003年からは、総公司を経由せず、生産隊との直接契約によって集荷する方式に転換している。これは、指定品種の安定生産を図り、品種混入を防止するとともに、総公司への手数料支払いを軽減するためである。2003年の契約数量は1万トンであり、ha当たり6トン換算で1,500haの作付面積を6つの生産隊との契約で確保している。2003年の籾kg単価は1元であるが、0.1元上乗せの保護価格を設定している。このように新綿精米加工公司は総公司に対し、独自性を強める方向を示している。

（3）分公司の籾販売

　現在の新華分公司には籾の貯蔵庫と籾乾燥施設が完備されており、籾の販売に力を入れている。籾貯蔵庫の敷地面積は6haであり、大・中・小規模の倉庫数が計30棟ある。そのうち、大規模倉庫は1万トン規模で2棟（2万トン）、中規模倉庫が2千トン規模で8棟（1万6千トン）、小規模倉庫は300トン規模で20棟（6千トン）であり、収納能力は合計で42,000トンである。この他に1千トン規模の倉庫2棟あるが、北珠米業に賃貸している。籾乾燥施設は1日当たり乾燥能力400～500トンである。買上時の籾の含水率は16～17％であり、14.5％まで調製する。現在の従業員は124人であり、うち貯蔵庫70人、データ分析室（精米率）8人、乾燥施設に30人、保安室16人である。

　籾の販売契約は前年の10月～12月に実行され、発送は1月～4月の期間である。販売価格は契約時に大枠を決定し、通常は売り手のコストに0.03元/kgを上乗せする方法が取られる。販売代金の支払いは、50％は前払いであり、残金は納品後に支払われる。

　新華分公司の販売先を2007年の実績をもとに示すと、主に以下の4企業である。第1は、浙江省糧食局傘下の民営糧庫であり、年間の契約量は7,000～8,000トンである。2007年は全国的に豪雪の被害を受けて交通網が麻痺したため、契約量は4,000トンであったが、結果的には2008年5月までに3,000トンを納入した。2008年には問題解決のために、前述のように中央政府は東北地方のジャポニカ米の物流奨励策を取った。また、黒竜江省やハルビン市の鉄道局と協定書を交わし、物流のサポート体制を作り上げた。これらによって物流の混乱がかなり改善された。

　第2の販売先は、遼寧省鞍山市第5糧庫であるが、国及び省の備蓄倉庫であると同時に、精米工場も経営しており、年間15,000～20,000トンの米を輸出している。新綿公司を抜いて、東北地域では米の輸出量が最も多い企業である。生産ラインは4つであり、三菱商事との合弁企業である。2007年の輸出実績は1万トンである。

　第3と第4の販売先は、鶴岡第2、第6糧庫の精米工場である。前者は国

及び省の備蓄倉庫であり、後者は一般の倉庫である。2007年の実績は、前者が1万トン、後者が6千トンである。

　以上の4社以外の個人経営の精米場への販売量12,000トンを加えると、2007年の販売量は41,000トンである。前掲**表8.9**では買上量は23,825トンとなっているが、この他に2万トンの外部購入があるのである[注5]。分公司の籾販売部門の純利益は、2002年から2007年を通して1,700万元を維持している。このように、集荷、乾燥、保管による籾販売は、一定の収益を確保することができるのであり、北大荒米業においても大きな収益部門となっているのである。

3．新開地域における直営米業と民営米業－建三江管理局－

(1) 建三江管理局における北大荒米業

　建三江管理局は、三江平原の中でも最もロシア国境沿いにある地域であり、国有農場が主力となって水田開発を行ってきた新開地域に属している。このため、2000年初頭の停滞・後退期を経て2005年から水田開発がさらに拡大をみせ、水田面積は58万haとなり、国有農場のそれの45％を占めるに至っている（**表8.11**）。これに合わせ、籾生産量も増加し、2005年の206万トンから2010年には538万トンとなり、国有農場全体の50％を占める中核地帯となっている。しかし、後発地帯であることから精米加工施設の整備は遅れ、年間30万トン程度のレベルであり、多くは原糧として販売されてきた。しかし、2009年には58万トン、2010年には92万トンの精米加工量にまで増加している。

　原糧販売と精米加工販売の関係をみると、2005年段階では精米販売が28万トン、加工原糧で42万トンであるから、原糧販売はおよそ164万トン（ここから種子用を控除する）となる。これは、前述したシンガポールとアメリカの合弁会社である「益海嘉里」（2005年に建三江に集荷場を設置）、鶴崗市の米業、優良米産地である五常市の米業に主に販売されていたという[注6]。2010年には、精米加工原糧が140万トンであり、残り400万トンが原糧販売されたが、これは「益海嘉里」に30万トン、鶴崗市の米業に50万トン、五常市

表 8.11 建三江管理局の籾生産と精米加工の動向

単位：千 ha、％、千トン

年次	水稲面積 建三江	割合	籾生産量 建三江	割合	精米生産量 建三江	割合
1993	26	24.8	145	28.5	18	85.7
1994	29	23.0	179	25.0	5	10.2
1995	46	25.8	331	26.7	28	31.1
1996	96	28.1	752	30.7	51	24.2
1997	146	27.5	1,179	29.1	92	27.1
1998	185	28.1	1,379	29.0	102	36.3
1999	204	29.7	1,542	29.8	128	32.6
2000	203	30.0	1,584	30.0	150	25.8
2001	199	29.4	1,539	29.2	179	27.2
2002	202	28.9	1,064	23.5	275	22.2
2003	150	27.1	1,130	26.6	300	23.7
2004	218	31.8	1,640	31.0	300	20.5
2005	246	33.4	2,063	36.0	282	17.6
2006	335	38.4	2,815	41.2	302	15.4
2007	433	43.3	3,761	47.1	333	14.4
2008	449	43.6	4,009	47.6	387	16.2
2009	491	45.0	4,438	47.9	580	20.0
2010	576	44.9	5,376	49.1	919	25.6

注：『黒竜江墾区統計年鑑』各年次により作成。

と牡丹江市響水地区に30万トン、省内の米業の庭先集荷に100万トン、省外の米業への売り込み販売に130万トン（うち遼寧省に30万トン）、その他が30万トンであるという。籾生産とその販売形態は、先に見た国有農場全体の動向を体現しているが、以下では、米業の活動を類型別に概観し、ここでの北大荒米業の位置づけを行うことにする。

　北大荒米業の建三江管理局管内における直営精米場は、表8.12に示すように7精米場である。このうち、最大のものは建三江精米場であり、2005年に1億元を投資して建設した年間30万トンの籾加工能力をもつ巨大な精米場である。建三江糧庫（北大荒農業の所有で、面積は79万㎡）から10万㎡の敷地を賃貸して建物を新築し、機械設備を新規購入している。加工ラインは4つで、精米機は16台（全て日本のサタケ製、2005年購入）、色彩選別機は8台（ス

表 8.12 建三江管理局管内の北大荒米業の直営精米場（2010 年）

精米場		設立年次	年間加工量(万トン)	貯蔵能力(万トン)	機械追加投資年	生産ライン	籾購入量 籾収量 実数(トン)	割合(％)	精米生産量 実数(トン)	割合(％)
1	建三江	2005	30	8	2009	4	129,674	2.4	30,730	0.6
2	八五九	2001	30	6	2010	4	23,668	0.4	15,505	0.3
3	青龍山	2001	5	4	2006〜08	1	88,215	1.6	8,814	0.2
4	創業	2001	5	14	2006〜08	1	42,871	0.8	8,814	0.2
5	前進	2001	30	12	2010	4	51,761	1.0	5,617	0.1
6	大興	2001	5	3	2006〜08	1	13,861	0.3	4,661	0.1
7	勝利	2001	5	6	2006〜08	1	−	-	−	-
直営精米所小計							350,050	6.5	74,141	1.4
管理局合計							5,376,727	100.0	919,000	17.1

注：建三江管理局での聞き取り、北大荒米業資料により作成。

イス製、2005年と2009年にそれぞれ4台ずつ購入）、脱穀機8台（2005年購入）である。集荷は、立地する七星農場（管理局の所在地）が80％、管内国有農場が20％である。それ以外の精米場は、北大荒米業設立以前から各国有農場が所有していたものである。八五九農場と前進農場は、北大荒米業の10大拠点施設に位置づけられ、2010年に増築して加工能力が30万トン（4ライン）となっている。その他の4精米場は従来の精米能力5万トン規模である。したがって、建三江管理局内の北大荒米業の精米加工能力は110万トン（精米ベースで73万トン）であるが、実際に精米加工されたのは2010年で10.9万トン（精米7.4万トン）、2011年が8.7万トン（同6万トン）に過ぎない。個別の精米場をみても、最も多いのが建三江精米場の精米ベース3.1万トン、続いて八五九精米場の1.6万トンであり、その他は1万トン未満となっている。集荷量自体も2010年が35万トン、2011年が24.4万トンのレベルであるが、原糧販売が上回っていることがわかる（2010年は68.9％、2011年は64.3％）。結局、北大荒米業のシェアーは管理局管内の籾生産量に対し6.5％、精米生産で1.4％という水準でしかないのである。

（2）農場直営米業の実態

つぎに、北大荒米業に統合されなかった管理局あるいは国有農場直営の精米場の動向が問題となる。その全体像は把握できないが、以下では七星農場所在の2つの精米場の実態を示してみる。

「建三江米業」は、1997年に建三江管理局での稲作生産が拡大を始めた時期に、管理局が建三江米のブランド作りのために設立した企業（株式会社）である。精米販売のみを行っており、2010年の籾集荷量は1万トン（精米6,800トン）、2011年は2万トン（同14,000トン）であり、変動は大きい。集荷圏は七星農場を中心とした国有農場である。販売先は、軍関係とハルビンのスーパーマーケットへの直接販売を除くと、登録された販売代理人を通じた販売であり、北京、山東、河北、河南などの華北都市部を対象としている。

「勝利糧油食品」は、七星農場の倒産した麺粉工場を勝利農場が2005年に買取ったものであり、2007年から精米事業を兼営するようになったものである。精米場は1ラインで、加工能力は籾ベースで年間2万トン（8ヶ月稼働）である。精米用の倉庫が7棟、収容量は2,800トンである。籾の集荷は建三江管理局内の国有農場の割合は5％にすぎず、95％が一般農村となっている（2011年）。集荷量の年次変動は大きいが、2007年から2011年の5ヵ年平均では14,400トン、原糧販売が4,600トン、加工原糧が9,800トン（精米ベースで6,600トン）となっている。2009年と2010年の精米加工量が大きく、9,000トン、10,000トンとなっている。2011年は輸送用の貨物車の確保ができず、5,000トンとなっている。販売先は、北京、西安、商丘、鄭州、成都、昌州等の卸売商人であり、1都市1商人に固定されている。籾販売は地元の糧庫を主体に、4月以降に販売している。

以上のように、管理局・国有農場直営の精米場は、集荷範囲も農場に限定されておらず、集荷された籾のうち精米加工比率が北大荒米業よりも高く、より民営米業的な性格が強いということができる。

（3）民営米業の特徴

　2004年に管理局管内の民営米業を管理・監督し、意思疎通を図るために設立された「建三江管理局米業協会」によると、2004年発足当時の民営米業の数は20社余りであり、2005年から2008年にかけて急速に増加をみせ150社に及んだが、2011年の147社から2012年12月には114社にまで減少している。民営米業のうち、精米加工を行っているのは20社余りであり、これ以外の集荷商、特に零細なそれは急速に淘汰されつつある[注7]。表8.13は精米加工を行っている米業のうち、上位10社の属性を示したものである。

　先の建三江米業と同様に、建三江管理局での稲作生産が拡大を始めた1997年に設立されたものが6社と多く、2004年から2009年にかけて設立されたものが4社となっている。前者の規模は、1.0～4.0トン規模が多く、生産ラインは1ラインとなっており、この時期に設置された省レベルの経済開発区で創業している。これに対し、後者は2.6～6.0トン規模であり、生産ライン数も2ラインが多く、前者に比較して大きいことが特徴である。経営者は管理局・糧庫職員を出自とする者が4社（No.2、3、8、9）、外来者（内蒙古、安徽省）が2社（No.1、4）、農場内の職工出身者が4社（No.5、6、7、10）となっているが、一定の蓄積をもって米業に参入していることが特徴である。

　事業的には、原糧販売を行わず、全て精米加工しての販売となっていることが、「官営」企業（北大荒米業）との大きな相違である。また、No.1とNo.4は都市部に直営の米販売店を有しており、全体として販売への意欲を伺わせる。

　以上のように、建三江という地域レベルにおいても、精米加工・販売が増加しているとはいえ、原糧販売が未だ主流となっている。精米加工の主力は民営米業であり、管理局・国有農場直営の精米場がそれに続き、北大荒米業の各精米場は大きな施設投資にも関わらず、精米加工率は低位に止まっていることが明らかとなった。

表8.13 建三江管理局管内の主要民営米業（2011年）

	会社名	設立年次	立地	加工量（万トン）	貯蔵能力（万トン）	生産ライン	備考
1	万順米業	1997	経済開発区	3.0	5.0	1	経営主は夫婦2人。内蒙古フルンボイル市でのレストラン経営時に建三江米を使用。その後、米販売業に従事のため建三江に転入。建三江煙酒品公司の倉庫を賃貸して精米業を開始。1997年に開発区に移転し、万順米業として再スタート。現在、妻は精米所の経営、夫は広西で2ヶ所に米の卸売店を経営。
2	鑫盛源米業	1997	経済開発区	2.0	2.0	1	建三江管理局発電所の元職員。解雇後に娯楽施設を経営し、その蓄積で精米所を経営。
3	常青米業	1997	経済開発区	1.6	2.0	1	5人による株式会社。全て現職の管理局の職員。最大株主は七星農場交通科科長。工場長には建三江管理局発電所から解雇された職員を雇用。
4	恒盛米業	1997	経済開発区	4.0	2.0	1	経営主は安徽省出身、最初は籾の集荷商として年間数十万トンを販売。1997年に開発区に精米所を建設し、精米加工を行うと同時に広西に米の専門店を開業し、年間10万トンの米を販売。
5	正大米業	1997	経済開発区	1.0	2.0	1	最初は勤得利農場で不動産を経営、1997年から米業を兼営、2011年には貯蔵不良により250万元の損失を出す。
6	裕豊米業	1997	経済開発区	2.6	2.0	1	七星農場第2生産隊の親戚同士の3名による経営。3名の稲作経営地合計667haを生産基地とし、籾加工を行っている。
7	双盛米業	2004	創業農場	6.0	8.0	2	稲作の招聘農家として創業農場に転入。水稲栽培と井戸掘削を行い、その蓄積で2004年に精米所を建設、2008年に規模拡大。中糧公司、四川省、華南地域を中心に販売。
8	富坤米業	2006	創業農場	3.0	5.0	1	創業農場内にある国家備蓄糧庫を解雇された元職員。
9	宝豊米業	2006	創業農場	4.0	5.0	2	創業農場内にある国家備蓄糧庫を解雇された元職員。
10	益華米業	2009	七星農場	6.0	5.0	2	勤得利農場第2生産隊の稲作農家。2009年に精米業の経営を開始し、交通が便利な七星農場に転入して精米所を新築。

注：建三江管理局米業協会での聞き取りによる。

注
（1）朴紅「中国国有農場におけるジャポニカ米の生産・加工・販売体制－北大荒米業を対象として－」『農経論叢』第66集、2011、表5を参照のこと。
（2）一般農村での集荷は民間米業の系列化の方式を取っている。第11章の五常市における磨盤山米業がその一例である。
（3）村田武監修『黒竜江省のコメ輸出戦略』家の光協会、2001、pp.118～119によると、2000年度のニチメンのSBS米落札量は1万154トンに及んでおり、新華農場を拠点としつつ広く集荷していたことがわかる。
（4）2002年産の転売向け籾1万2,000トンのうち、2003年9月現在で7,000トンが滞貨となっていた。
（5）「任務糧」実施の初期段階では、職工農家が低質の籾を「大農場」に販売するため、質の向上を図るために、外部購入を行った。また、建三江のような大規模稲作地域では機械化に伴って生産コストが低く、米価が比較的安いために農場が購入を行った。現在では米価水準は地域格差が縮小されており、注文内容に地域指定、品種指定があった場合に外部購入をするケースが増加している。
（6）建三江管理局米業協会の聞き取りによる。
（7）同上。

第4節　国内貿易部－精米の販売体制－

1．販売子会社と代理店体制の形成

北大荒米業の米の販売は、国内貿易部のもとに設立された9つの販売子会社と52の販売代理店を通じて行われている。販売子会社は地元のハルビン（黒竜江省）に1社、沿海部に4社（北京、江蘇省、上海、広東）におかれている他、黄河中流の河南・陝西省、大西南地区の重慶市・四川省にそれぞれおかれ、沿海と内陸の拠点は同等の位置づけにある（**表8.14、付図**）。2010年の販売契約量は、26.7万トンであり、沿海地域が17.7トンで割合が高く、内陸地区は8万トンに留まっている。なかでも、広州（5.7万トン）、北京（5万トン）、上海（5万トン）と、大都市部がターゲットとなっている（**表8.15**）。

販売代理店については、東北地区に8店、沿海部に24店、内陸部に20店が置かれており、大西南・大西北地区を除き、残りの全ての省に代理店が設置

第8章　北大荒米業による米の集荷・加工・販売体制　　237

表 8.14　販売子会社・代理店の規模と分布

単位：トン、万元

8大総合経済区分	子会社	代理店	合計	契約量（万元）				販売量（2010年1月～9月）					
				なし	～1	1～3	3～	0	～500	500～	1,000～	5,000～	1万～
I　東　北	1	8	9	5	1	3		3	2		2	1	1
II　北部沿海	1	10	11	6	3	1	1	2	6	1	1		1
III　東部沿海	2	6	8	2	3	2	1	2	4		1	1	
IV　南部沿海	1	8	9	2	2	3	2	2	1		2	3	1
V　黄河中流	2	7	9	3	4	2		2	4	1		2	
VI　長江中流		8	8		6	2			1	5	2		
VII　大西南	2	2	4		1	3			1	1		2	
VIII　大西北		3	3	2	1			1	2				
合　　計	9	52	61	20	21	16	4	12	21	8	8	9	3

注：北大荒米業の資料による。

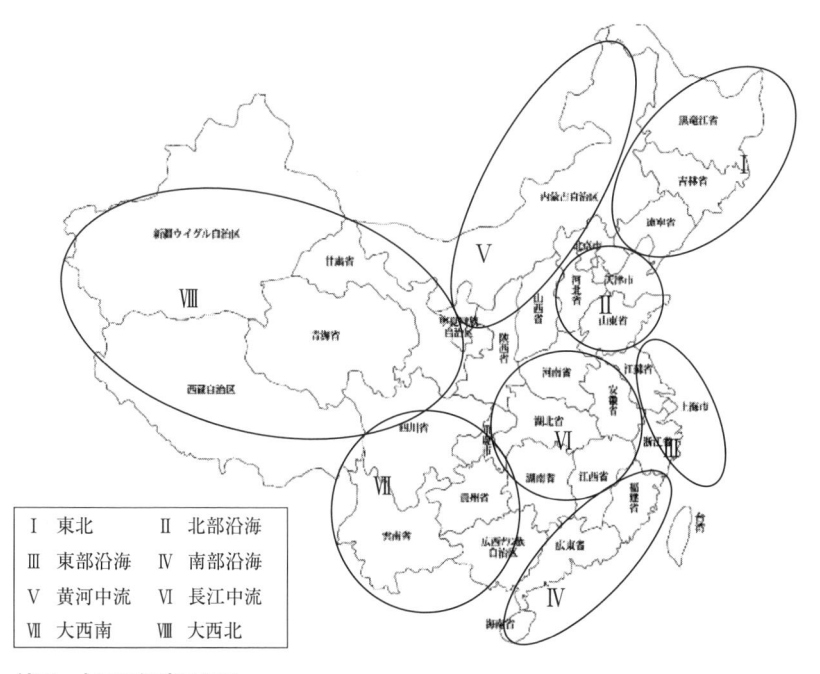

I　東北	II　北部沿海
III　東部沿海	IV　南部沿海
V　黄河中流	VI　長江中流
VII　大西南	VIII　大西北

付図　中国の経済区分図

表 8.15　販売子会社・代理店の契約量と販売実績（2010 年）

単位：トン、万元、％

8大総合経済区分		保証金	契約量						販売量	
			子会社	代理店	～1万元	1～3万元	3万元～	合計	比率	（1月～9月）	進度率
Ⅰ	東　北	45	10,000	31,500	1,500	40,000		41,500	8.3	48,847	117.7
Ⅱ	北部沿海	37	50,000	22,200	7,200	15,000	50,000	72,200	14.5	19,374	26.8
Ⅲ	東部沿海	55	70,000	15,000	5,000	30,000	50,000	85,000	17.0	13,795	16.2
Ⅳ	南部沿海	160	57,000	85,000	5,000	50,000	87,000	142,000	28.5	41,364	29.1
Ⅴ	黄河中流	40	50,000	6,700	6,700	77,000		56,700	11.4	14,704	25.9
Ⅵ	長江中流	130	0	50,500	20,500	30,000		50,500	10.1	9,257	18.3
Ⅶ	大西南	35	30,000	20,000	5,000	45,000		50,000	10.0	18,879	37.8
Ⅷ	大西北		0	1,000	1,000			1,000	0.2	383	38.3
	合　計	502	267,000	231,900	51,900	287,000	187,000	498,900	100.0	166,603	33.4

注：北大荒米業の資料による。

され、全国的ネットワークとなっている。このうち、早期に設定された代理店は29であるが、長江中流地区に8店（うち安徽省4店）、南部沿海地区に6店（うち広東省5店）、東部沿海地区に4店（うち浙江省3店）設置されており、重点的な配置が見られる。近年設置されたのは23店であるが、北部沿海地区の山東省（5店）や東北地区3省、黄河中流4省などで拡大が見られる。2010年の契約量は23.2万トンであり、販売子会社にほぼ並ぶが、保証金を伴う販売契約をしたものは32店に止まっており、1社当たりの契約量は7千トン、子会社の3万トンの4分の1である。個別にみても、販売会社の契約量はすべて1万トン以上であり、3万トン以上が3社あるが、代理店は1万トン未満が21社、1万トン以上が10社であり、3万トン以上は1社に過ぎない。後者は、海南省にあり、3万トンの契約である。

　この両者を合わせ、地域別の販売契約量は、広東を中心とした南部沿海が14.2万トン、29％で最も多く、東部沿海が8.5万トン、17％、北部沿海が7.2万トン、15％と続き、沿海地区で29.9万トンと60％を占めている。実際の販売量は2010年1月から9月までのデータであるが、販売進度は全体で16.7万トン、33％に止まっており、販売量の多い10月の国慶節を含まないとはいえ、販売不振の感はぬぐえない。以下では、北京の販売子会社を事例に市場開拓の実態を明らかにしておく。

2．市場開拓の実態－北京分公司の事例－

（1）業務の概況

　北京分公司は2003年に設立され、従業員が70人配置されており、販売部、生産部、顧客センター、それに会計部と総務部からなっている。販売部は人員が最も多い部署であり、主に市場開拓を担当している。生産部には米の貯蔵施設、パッケージ工場、配送部が置かれている。顧客センターは日常の注文やクレーム処理を行う窓口である。

　年間の販売計画は、1月に分公司が本部に提出するが、全体計画の中で調整が行われて決定される。ただし、実際の需要に応じて計画調整が行われ、精米形態で年間数回に分けて黒竜江省から北京に運送される。北京の気候は、東北地域と比較して夏は高温で湿度が高いため籾の保管が難しく、精米加工についても環境規制が厳しいためコストが高くつくからである。これに対し、上海、広州、柳州、成都などの遠隔地に対しては、籾輸送が行われている。

　分公司の設立以降も、2005年までは既存の販売代理店の市場ルートに依存しながら市場開拓を模索していた。しかし、代理店は短期的な利益を追求するため、北大荒米業のブランドの確立や市場競争力の向上、販売拡大戦略にマイナスの影響を与えたため、2006年には代理店の整理統合を行い、特に北大荒米業以外の銘柄を扱っている代理店を排除し、その販売エリアを譲渡させている。ただし、かなりの旧代理店の商人が残存しているが、大半は本部との直接取引に移行し、残りは分公司の小売店として位置付けている。現在は北京市内のみならず、北京周辺の18の区・県の市場を掌握している。

　米の品種は従来のジャポニカのほかに、長粒の香米がブームとなっている。ブランド名は「北大荒」に統一し、「江源」、「真珠」、「清潔」と「長粒香」の4種類のシリーズで販売している。うち、「長粒香」は全体の売り上げの20％を占めている。規格は25kg、10kg、5kgと2.5kgの4タイプであるが、25kgは後述の「特殊ルート」用とスーパーのばら売り用であり、それ以外は袋売りである。

2007年の米の販売実績は3万トンであり、主要販売先はスーパーチェーンが50％、レストラン、学食、企業の食堂、企業の福利厚生のための団体購入など「特殊ルート」が40％、卸売市場が10％である。

（2）スーパーチェーンとの取引

まず、スーパーチェーンは、16スーパー、200店舗を対象としている（2007年）。そのうち、外資系はカルフール（10店舗）、ウォルマート（9店舗）、メトロ（4店舗）、マクロ（8店舗）(注1)、国内スーパーでは美廉美（39店舗）、物美（26店舗）、億客隆（11店舗）が対象である。

外資系スーパーは規模が大きく、信用度も高いと同時に制度やルールが整備されているため、国内スーパーより販売実績が高い。特に、カルフールは北京で最も人気のあるスーパーであり、北京分公司の米のスーパー部門の50％の売上を占めている。スーパーの販売契約は年度契約が基本であり、年初に大枠を決定して、先の販売計画に組み入れている。スーパーからの注文については事前の時間設定が無く、当日注文も最低注文量を満たしていれば可能である。国内スーパーには配送センターまで、センターの無い外資系スーパーには各店舗まで配送する。配送費用は北京分公司の負担であり、国内スーパーのセンターから各店舗までの配送料も同様である。

スーパー、とりわけ国内スーパーの取引は困難を極めている。それは様々な費用負担の問題があるからである。特に莫大な手数料や協賛金を負担させられる。以下では1企業を例に、その実態を見てみよう。まず、米の店舗での陳列のためには、年間13万元（約100万円）の利用料を支払う必要がある。また、売り上げの2％の販売手数料の店舗への支払い、販売棚代、冷蔵フリーザー代、販促費、5つの「祝日費」（メーデー、国慶節、春節、元旦、中秋節、1回500～5,000元）なども負担しなければならない。さらに、中国特有の習慣として、店舗仕入れ担当者へキックバックを支払う場合もある。このような費用は、年間で17万元に上る。

一方、企業は売上げを現金として即時回収できるにもかかわらず、北京分

公司への支払サイトは通常60日程度、長い時には90日以上の場合もある。また、契約期間は1年であるため、継続を希望する場合には次年度に13万元の「契約継続費」を支払わなければならないのである。取引契約は委託販売であるため、売れ残りは返品されるが、賞味期限間近あるいは期限後の返品もあり、廃棄等の負担も多い。また、供給側が価格調整を希望する場合には必ず1ヶ月前にスーパーに通告しなければならないため、タイミングを的確に把握できない場合が多い。

以上の取引関係にあるにも関わらず、スーパーは「集客力」を持ち、圧倒的な優位に立っているため、このルートを確保する必要がある。今後はさらに販売量に占める割合を現在の50％から60％へと引き上げる意向である。

以上のように、特殊ルートを除くと、スーパーでの販売が主流である。卸売市場は市場価格のモニターのためや低所得層や大衆食堂に在庫処分をするためのルートとして10％のシェアーを確保する予定であり、直営専門店や社区（町内会）便利店での販売拡大には展望を見出していない。根本的には、「北大荒」米は生産コストが高いために価格を全国平均の中の上に設定していることがある。品質を重視したブランド化を進め、生産コストに利潤をプラスして販売するのが理想的であるが、その水準に至っていないのが現実である。

注
（１）マクロはオランダ系スーパーであり、1996年に中国に進出し、北京、天津に大型店舗8カ所を展開した。しかし、韓国ロッテグループ傘下のロッテスーパーが、オランダのSHVホールディング社からマクロ株41％を取得、2008年には中糧集団から51％を追加取得し、完全買収された。マクロは2005、06年ともに赤字経営であり、SHVホールディングは中国進出12年目で同市場から撤退した。

第5節　北大荒米業の位置

　黒竜江省の国有農場は、1980年代後半からの三江平原の水田開発をベースに、短期間において広大なジャポニカ米産地を作り上げた。生産基盤の面で

は、10ha規模の分厚い農家層の存在を基礎に北海道の育苗技術と良質米品種の導入、稲作機械化の進展がもたらされ、中国屈指の稲作地帯が形成されたといえる。しかし、農墾が優良農場を基礎農場として組み込んだ巨大な加工流通企業である北大荒米業は必ずしも盤石な経営基盤を確立するには至っていない。

　米販売の基礎である精米加工部門は、北大荒農業の子会社を生産基地とする体制は取られていない。しかも、原糧を集荷し、そのまま販売する「転売」の割合が高く、300万トンの稼働能力を有する10大拠点精米施設もその稼働率は極めて低くなっている。むしろ、建三江の事例で見たように民営米業の良質な部分が精米加工の多くを担っているのである。加工事業が拡大しない背景には、「稲高米低」や輸送問題も大きな問題であるが、基本的には北大荒米業の販売不振があり、そのため精米工場の稼働率は低く抑えられ、したがって籾集荷は不安定である。沿海都市部を中心とした販売子会社や代理店のネットワークは着実に拡大をみせているものの、赤字経営を払拭するまでには至っていない。むろん、中央政府の庇護下にある「中糧米業」や外資系の「益海嘉里」と比較した場合、地方企業である北大荒米業はマーケティング能力において見劣りするのは否めないが、根本的には大規模生産でしかも良質米が導入されながら、価格競争力がない点に問題がある。これは、国有農場経営を維持するために設定された高い「地代」の存在によっている。売れる米作りにより経営基盤を強化すること、その前提として職工農家の負担を軽減させること、というジレンマのなかで、巨大企業は呻吟している。

第9章

基礎農場における米業の性格 – 八五四農場 –

　本章では、前章で分析した北大荒米業の位置づけを、その子会社精米所の機能や関連する精米企業の機能の分析によって明らかにすることが課題である。

　東北地方の稲作旧開地帯においては2000年代になって米の産地形成が急速に進み、香米品種の開発や有機農法の導入が精米企業や農民専業合作社の主導のもとに進んでいる（第4編）。これに対し、新開地である三江平原においては、外部からの米業の参入は進んでおらず、加工販売は国有農場に担われてきた。しかし、国有農場改革のなかで、すでに述べたように農場自体もグループ企業化され、農場傘下の工場も私有化が進み、新たな私営企業も設立されている。精米企業においてもそれは同様であるが、この実態は解明されていない。

　以下では、北大荒農業の一つの子会社を構成し、北大荒米業の精米場を有する八五四農場を対象とし、その課題に答える。本章の構成は、大規模化が進む稲作経営の展開と現状を踏まえたうえで、籾生産の拡大に対応した籾・精米の加工販売体制の変化と農場内での米業の展開を示し、その特徴を明らかにする。

第1節　八五四農場における水田開発と稲作経営

1．農場における水田開発

　八五四農場は黒竜江省の最東部、牡丹江市（地区レベル）の虎林市（県レベル）に位置し、ウスリー江から100kmの距離にある。牡丹江管理局に属し、1958年に設立されており、他の八の数字を冠した農場と同様に鉄道兵の集団

帰農・入植を起源としている。2011年の土地面積は123,244ha、うち耕地面積が67,927ha、稲作面積が43,667ha（64.3％）であり、稲作主体の大規模農場となっている。職工農家戸数は7,347戸、農家人口は19,860人であり、一般農村の鎮に相当する行政組織でもある。総生産額は10億3千万元であり、うち農業部門が6億4千万元（62.2％）と重点をなしている。

八五四農場には現在、作業ステーション（従来の生産隊）が33あり、これが基礎組織となっているが、管理しやすくするために、近年では作業ステーションの上に管理区をおき、幾つかの作業ステーションが1つの管理区になる。農場には12の管理区がある。ただし、2007年から「置換土地」政策が実施され(注1)、農家を農場本部と第9管理区、第12管理区の3ヶ所のアパート群に集中移転させ、住宅地を耕地に転換する事業が完了している。この結果、作業ステーションの機能は大幅に縮小され、主に作業ステーション所属の育苗ハウスと乾燥場の管理が主となっている。また、機械センターは管理区ごとに設置されている。

以下では、農場における水田開発の特徴を整理しておこう。八五四農場では、1987年に第18生産隊（現作業ステーション）を水稲専業隊に位置づけたのを皮切りに(注2)、1989年に水稲開発弁公室を設置して北海道の育苗技術を導入した方正県の視察を行った(注3)。そして、第18生産隊と第22生産隊を対象に、120万元を投資して水田開発を行った結果、267haの造田を実現した（水田総面積は2千ha）。1993年には弁公室を「開発サービスセンター」に格上げし、1995年には水稲開発試験場を設置している。また、一般農村の旧開水田地帯から稲作農家を誘致し（招聘農家）、その数は1990年に80戸、1995年に210戸となっており、稲作経営の中核に位置づけている。畑苗粗植技術が導入、普及されたことにより(注4)、1994、95年の籾単収はha当たり7.5トン、同収益は4,500〜6,000元となり、畑作収益の5〜6倍に達している。このため、1995年秋には空前の造田ブームとなり、水田面積は95年の6千haから翌96年には1万haとなる。1996年に農場は水田開発の促進を決定し、2002年には3万3千haにまで拡大を見せるのである。この時点で35生産隊のうち、21

表 9.1　稲作職工農家の状況（2003 年）

単位：戸、ha

	戸数	面積	平均面積
職工農家	1,784	16,000	9.0
招聘農家	1,206	10,667	8.8
合　計	2,990	26,667	8.9

注：『八五四農場誌』2005、p.63 により作成。

の生産隊が水田専業隊へと転換し、稲作の拡大が顕著にみられる。

1996年は生産主体の転換としても重要な年であった。家族請負制は1985年から実施されたが、十分な成果を上げることができず、翌86年には生産隊を基礎とした「農機連合承包組」を設立し、参加職工は2,719人、請負面積は50万9千haであった。同時に、共同経営体も34組織存在していたが、参加職工は317人、請負面積は24haに過ぎなかった[注5]。その後、いくつかの再編の試みが行われたが、1996年末に家族請負制への全面移行が決定された。この時、畑作経営は20ha以上、稲作経営は3.3ha以上と規定され、水田借地料（地租）は造田1年目がha当たり籾1,050kg、2年目が籾1,200kg、3年目以降は籾1,430kgとされた[注6]。

資料を入手できた2003年の職工の経営形態別戸数をみると、職工農家は耕種農家が4,113戸、畜産農家が1,354戸（うち養豚679戸、酪農346戸、肉牛286戸）、非農専業戸が258戸であり、総戸数は5,725戸であった。

このうち、稲作職工農家は、2,990戸であり、全体の52.2％を占めるに至っている（表9.1）。また、招聘農家は1,206戸、40.3％にまで増加しており、三江平原の一般的特徴と一致している[注7]。稲作面積は2万7千ha、64.5％にまで拡大しているが、ここでも招聘農家は40.0％を占めている。1戸当たり平均面積は、既存職工農家とは大きな変化はなく、平均で8.9haとなっている。これに対し、畑作経営は1,123戸で18.4％にまで縮小している（表9.2）。うち、旧来の職工農家が93.9％を占めている。畑地面積は1万5千ha、35.5％となっているが、規模別には30ha未満層が1,035戸と92.1％を占めるが、30～50ha層が40戸、100ha以上層が48戸と大規模農家も存在しており、平均面積は

表 9.2 畑作職工農家の状況（2003 年）

単位：戸、ha

		～30ha	30～50	100～	合　計
戸数	職工農家	967	40	48	1,055
	招聘農家	68	0	0	68
	合計	1,035	40	48	1,123
畑面積	職工農家	5,511	1,500	6,322	13,333
	招聘農家	1,333	0	0	1,333
	合計	6,844	1,500	6,322	14,666

注：『八五四農場誌』2005、p.63 により作成。

表 9.3 八五四農場における稲作生産の動向

単位：ha、％、kg/10a、トン、元

年次	播種面積	水稲面積	水田率	単収	生産量	1人当所得
1994	36,893	4,027	10.9	750	30,200	
1995	37,469	6,025	16.1	736	44,342	
1996	39,426	10,734	27.2	837	89,817	
1997	43,333	15,667	36.2	762	119,380	2,650
1998	43,333	28,000	64.6	750	210,084	
1999	43,333	30,000	69.2	788	236,250	
2000	43,333	30,000	69.2	798	239,501	
2001	44,133	30,800	69.8	825	254,125	4,890
2002	44,133	33,333	75.5	488	162,500	5,075
2003	39,400	22,733	57.7	757	171,973	5,269
2004	47,200	34,000	72.0	772	262,397	6,410
2005	47,200	34,667	73.4	837	290,212	7,201
2006	54,538	35,494	65.1	863	306,135	8,380
2007	54,538	35,494	65.1	809	287,060	9,592
2008	54,538	35,494	65.1	900	319,446	11,306
2009	56,178	36,523	65.0	900	328,707	12,735
2010	67,927	43,667	64.3	915	399,551	15,718
2011	67,933	43,667	64.3	941	410,850	19,648

注：『黒龍江墾区統計年鑑』各年次より作成。

13.1haである。

　このように2002年までは水田開発は順調であったが、この年は大冷害年となり、しかも国家の糧食買上政策が過剰対策に転換し、買入単価（kg）は0.4～1元に低迷した。また、「退耕還林」政策も打ち出されている。この結果、2003年には水田面積は2002年の3万3千haから2万2千haと大幅な減反を

記録する[注8]。

　ただし、その回復は早く、その後、3万5千haで推移し、米価が上昇した2010年からは4万3千ha水準にまで増加している（**表9.3**）。ha当たりの籾単収は1990年代半ばの7.5トン水準から2000年代初頭の冷害を経てその後半には8トン台、2008年には9トンとなり、2011年には9.4トンと最高を記録している。この結果、籾総生産量は2001年の25万4千トンから一旦16万2千トンにまで下落したものの、2011年には41万トンまで増加をみせている。稲作の所得は把握できないが、職工農家1人当たりの所得は、2002年の5千元から2011年には2万元にまで上昇している。

2．稲作の生産システム

（1）稲作生産システムの概要

　稲作生産の機械化、システム化は、かなり高度な水準にある。まず、2009年から「水稲集中浸種発芽基地」が3ヶ所設置され、3万haの供給能力を有し、100％の配布体制が形成されている。原料種子は850トンであり、農家の注文に応じて品種別に農場種子公司から供給される[注9]。発芽した種子は各作業ステーションに設置されている育苗ハウス団地において播種され、農家により個別管理される（1棟で4ha分の苗を供給）。田植えはすでに機械移植が95％を超えている。防除は農場による航空防除が全面実施されている。収穫はコンバイン収穫が98％となっており、20ha以上の農家は5条コンバインの導入が義務化されている[注10]。収穫後の籾は各作業ステーションに設置されている籾天日乾燥場にトレーラーで搬入される。乾燥場の使用は作付面積により各戸に割当られている。籾の搬出は各作業ステーションに配置されている糧食倉庫管理人によって管理されており、「地租糧」（「費税糧」のこと）を12月20日までに農場の貯蔵物流センターに納入した後に自由販売することができる。搬出は40～50トンダンプで行われるが、管理人が農家名と車番号を伝票に記入し、運転手が搬出先に提出する仕組みである。

　以下では、第17作業ステーションの2戸の農家の事例を紹介し、規模拡大

や機械化過程に注目しながら稲作農家の実態を明らかにしよう。第17作業ステーションは、戸数が117戸でそのうち職工農家が65戸、耕地面積は1,000ha、このうち847haが水田である。1戸当たり平均面積は13haであり、最上層が40ha、32haであり、一般には12ha〜17haに集中している。このうち、最上層と平均階層の2戸を取り上げる。

(2) 事例1　40haの水稲農家

　経営主は47歳であり、妻（50歳）と長男（27歳、牡丹江水稲技術学校卒）の3名家族であるが、これに季節雇1名（40歳代男性）が加わる。他に、次男（25歳）が他出している。経営主は、1991年に万奎県から入植した招聘農家である。八五四農場が方正県で稲作農家を募集していることを知り、応募している。当時の第17生産隊に入地し、1992年には4ha、93年には6.7ha、95年には12haと規模拡大し、2003年には移転して25.5haとなり、以降湿地を徐々に開田して2011年に40haとなっている。

　生産過程は、育苗ハウスが8棟（7m×60m、4ha分）あるが、作業ステーションの団地の中にある（合計で213棟）。田植え機はヤンマー1台と国産2台を持っており、経営主と長男、季節雇の3名がオペレータとなっている。臨時雇用が4名である。5月に除草剤を散布する他は、7〜8月にかけて3回航空防除が行われる。収穫は、自脱型コンバイン4条1台の他に、2台をオペレータ付きで委託するが、委託料はha当たり900元である。作業期間は1週間である。2012年には韓国製の5条刈り（伴走型、24.5万元）を導入している。収穫された籾は経営主が作業ステーションの乾燥場に搬入する。

　作付は33.3haが種子公司との契約による種子生産（龍粳29号）である。籾ha当たりの単収は9トンであり、生産量は300トン、販売単価（kg）は市価2.9元の10％の上乗せであり、3.2元（販売総額96万元）となっている。地租は、種子公司が代替して貯蔵物流センターに現金で支払われているが、これは特例である。その他に空育131、龍粳26号、龍粳6号がそれぞれ作付けられており、ha当たりの単収は全て9トンで生産量は60トンである。販売先は後

述する愛邦実業と迎峰米業であるが、販売時期は10月下旬から11月であり、作業ステーションの天日乾燥場で精米企業のダンプカーが集荷を行う。販売単価（kg）はともに2.9元であり、総販売額は17.4万元である。種子用の籾販売との合計は113.4万元となる。平均的な水稲作のha当たりの粗収入はおよそ22,500元であり、コストが15,000元であり、利潤は7,500元となる。40haであるから粗収入は90万元であるが、この経営はそれを上回っている。利潤はおよそ30万元となる。資金は自己資金で賄っているが、必要な場合には農業銀行や虎林合作銀行（従来の信用合作社）から借入を行っている。

（3）事例2　20haの水稲農家

　経営主は58歳であり、妻（55歳）と長女（30歳、アルバイト）の3人家族である。経営主の父は農場設立時からの農機具修理工であり、経営主夫婦はともに農場の食品加工場（麦芽加工）に勤務していた(注11)。しかし、この工場が1995年に破綻し、以降は麦芽販売を自営していたが、2000年に第17生産隊で6.7haを借地して稲作経営を開始する。同時に、糧食倉庫管理人を勤めている。2003年には15.3haに規模を拡大し、さらに2006年からは20.3haとなっている。

　機械化については、耕起は当初は耕耘機であったが、2003年にはトラクタ50psを導入しており、田植機については当初は延吉製の安価なものが導入され、2006年には国産の現在の6条植えに更新されている（**表9.4**）。収穫については当初は手刈りであったが、2003年から作業委託を行っている。これはオペレータが不在のためである。このように2003年段階で委託も含め、中型機械化一貫体系が形成されている。

　2011年の作付をみると、龍粳20号が18.7haであり、ha当たりの単収は10トン、総収量は182トンである。残り2haは農業科学技術研究発展センターの試験田となっている。総生産量は籾200トンであり、「地租糧」が50トン、種子契約が100トン、精米企業への販売が50トンとなっている。種子用は10月に販売されるが、50％は先払いであり、単価（kg）は最低保証価格で2.8元

表 9.4　No.2 農家の経営展開

単位：ha

年次	水稲面積	井戸	耕起	田植	収穫	雇用
2000	6.7	10m	耕耘機	6条延吉	手刈り	季節雇
01	↓	↓	(15pp)	↓	↓	(2～3年に
02	↓	↓	↓	↓	↓	1回変更)
03	15.3	60m	トラクタ50ps	↓	委託	↓
04	↓	（更新、	↓	↓	↓	↓
05	↓	4,500元）	↓	↓	↓	↓
06	20.3	↓	↓	6条国産	↓	↓
07	↓	↓	↓	↓	↓	↓
08	↓	↓	↓	↓	↓	↓
09	↓	↓	↓	↓	↓	↓
10	↓	↓	↓	↓	↓	↓
11	↓	↓	↓	↓	↓	↓
12	↓	72m	↓	↓	↓	夫婦2名
		(22,000元)				(3.7万元)

注：聞き取りによる。

である。「地租糧」は11月に搬出し、精米企業への販売は12月であった。販売単価（kg）は2.8元であった。粗収入は45万元で、経費が27万元（ha当たり13,500元）、利潤はおよそ18万元である。

　このように、稲作農家の経営規模は一般農村と比較して大規模であり、稲作機械化一貫体系も形成されている。また、単収も高位水準にあり、近年の高米価のもとでかなり安定的であるといえる。

注

（1）作業ステーションの宅地を耕地に転換する政策であり、各作業ステーションの宅地は平均200ムー（13ha）であるため、33ステーションの総面積は6,600ムー（440ha）となる。この政策は「土地復墾」ともいい、黒竜江省「墾区」では2004年から実施しており、予定通り完成すれば新たに30万ムー（20,000ha）の農地が造成されると見込まれている（http://news.sohu.com/20060417/n242847165.shtml）。
（2）黒竜江省八五四農場場史弁編『八五四農場史（続一）1983-1995』1996、p.34。
（3）島田ゆり『洋財神　原正市』北海道新聞出版社、1999年を参照。

（4）1989年までは直播栽培であり、籾単収はha当たり3トン未満であった（前掲『八五四農場史』、pp.91～92）。
（5）八五四農場誌編纂委員会『八五四農場誌　1996-2003』2005、pp.57～64。
（6）畑作については、トウモロコシが1,530kg、小麦が1,030kg、大麦が900kg、大豆が690kgであった。
（7）第1章を参照。
（8）前掲『八五四農場誌』2005、p.94。農業統計は農場史（1983～2003年）と墾区統計年鑑では大幅な相違が存在するが、以降は統計年鑑の数字を利用する。
（9）農場の農業科学技術研究発展センターの聞き取りおよび『北大荒北股份八五四分公司年鑑2010』p.2による。
（10）同上『年鑑』p.23。
（11）これが2000年に愛邦実業となっている。

第2節　米生産の動向と精米企業

1．籾生産の拡大と流通形態の変化

　すでに述べたように、八五四農場における稲作への転換は1980年代後半からスタートするが、本格的な増加は1994年からであった（**表9.5**）。これ以前は、籾生産量は1万トン以下であり、大きな意味はなかった。籾生産量は1994年に3万トンとなり、98年には20万トンと急速に拡大するが、農場には貯蔵施設はなく、国の「任務糧」も農場の「地租糧」もともに迎春備蓄倉庫[注1]に搬入されていた。この代金が農場に入金され、地租を差し引いた後に生産隊に入金され、「隊管費」（生産隊の諸費用）と農家の借入金を差し引いた後に各職工農家に支払われる仕組みであった。地租は1985年～91年が現物と金納の2本立てであり、1992年～2002年の期間が現物であった。倉庫への搬入は1994年までは農家が耕耘機で搬入したが、1995年以降は各生産隊に籾乾燥場が整備され、大型ダンプで運搬されるようになった。商人による庭先買付は1980年代から存在したが（虎林、密山の商人）、商人の販売先も糧庫であり、買い叩きによる販売差額を収益とするものであった。

　農場の倉庫整備は2000年代になってからであり、糧庫への依存は継続していたが、1995年には民営精米所（緑源、年間の籾加工量7,500トン）が、

表9.5 八五四農場における籾生産の拡大と流通形態の変化

年次	籾生産量（トン）農場誌データ[1]	籾生産量（トン）墾区統計データ[2]	精米生産量[3]（トン）	稲作生産の動向	米業の動向	籾・コメ流通の特徴	主要流通形態	地租の形態
1992	8,448	8,448				農場に籾保管能力がなかったため、任務糧・地租も糧庫（備蓄庫）に搬入され、地租分を差し引いて農家に販売代金が支払われた。	籾販売主体	現物納
1993	8,675	12,042						
1994	15,040	30,200						
1995	18,135	44,342			初期精米体制：農場10～20千トン、私営企業30千トン			
1996	59,782	89,817	4,687	職工農家による稲作拡大				
1997	76,604	119,380	3,379					
1998	117,475	210,084	6,560					
1999	161,098	236,250	14,325					
2000	160,397	239,501	27,105		米業増加期：私営企業5社化	（移行期）		
2001	189,657	254,125	36,004					
2002	126,574	162,500		稲作の縮小				
2003	153,881	171,973						
2004		262,397				私営企業の集荷力が強まったため、北大荒は地租の現物納化により集荷を強化。精米販売率が50％程度に高まる。	籾・精米販売が拮抗	金納
2005		290,212						
2006		306,135		稲作の再拡大	北大荒・私営企業競争期 北大荒130千トン、私営企業7社化（250千トン）			
2007		287,060	83,008					
2008		319,446	91,676					現物納
2009		328,707	126,963					
2010		399,551	164,741	農家の規模拡大				
2011		410,850	215,456					

注：1）『農場史』1996、『農場誌』2005による。
　　2）『黒龍江農墾稲作』1999、p.358、『墾区統計年鑑』各年次による。
　　3）『農場誌』2005、p.194による。2007年からは『牡丹江農墾分局統計資料』各年次による。
　　4）聞き取り調査により作成。

　1998年には農場の糧貿公司が籾10,000トン規模の精米所を設置し、初期の精米施設が稼働するようになる。2000～2001年には3つの民営精米所が設立され、また、2002年に農場が北大荒農業に編入されたことに伴い、精米所も北大荒米業の所属となる。これにより、倉庫貯蔵能力も高まり、精米販売の比率も一定の割合を示すことになる。

　2002～03年は、籾価の下落と冷害のダブルパンチに遭い、籾生産は前年の25万トンから16～17万トンに減少するが、以降は再び拡大に向かい、2009年には32万トン、2011年には41万トンとなっている。この間、北大荒米業は籾貯蔵能力を46,000万トンにまで高め、精米能力も籾13万トンになっている。

また、民営米業も7社となり、精米能力も単純合計で籾32万トンとなっており（外部集荷を含む）、農場と民営米業の競争が激しくなっている。このため、農場は地租を2008年から現物納へ転換し、貯蔵物流センターを設置して、そこから北大荒米業への流通経路を形成するようになっている。

2．農場改革と精米企業の展開

1990年代の国営農場から国有農場への移行において、農場の現業部門は行政部門と分離されて総公司となったが（政企分離）、それは形式的なものであった。しかし、2002年の北大荒農業への編入により、子会社と社区管理委員会に分離される。

この改革過程で、農場内の現業部門（工場）が独立して精米業へ展開するもの、新たに私営企業として設立されたものが現れ、現在の農場内の8精米企業が形成されている（**表9.6**）。その経過を辿ってみよう。

まず、No.1、No.2は直接的に農場の現業部門から移行したものである。No.1の北大荒米業迎春精米所の設立経過は以下の通りである。1996年に外国貿易公司と糧油総合工場、農場糧食課が合併して糧油流通公司となり、1998年には精米の生産ラインが総投資90万元、月加工160トンで新設された。しかし、2000年には負債のため解体され、新たに糧油総合工場が設置された。2002年に北大荒農業が設立されると、八五四農場はその子会社となり、糧油総合工場は廃止され、農産品取次販売分公司として存続する[注2]。精米部門は北大荒米業の迎春精米所となり、大型金属製糧食倉庫10基（2,500トン×6基、1,500トン×4基）を建設し、貯蔵能力は36,000トンとなる。糧食全体の販売額は、2000年が24,334トン、2001年が46,166トン、2002年が55,214トン、2003年が35,523トンであった。現在の籾加工能力は13万トンである。

No.2の愛邦実業の前身は、1986年に設立された食品総合加工場（主に点心や醤油、白酒の生産）であるが、1994年に増築して籾加工を開始した[注3]。処理能力は日量50トンである。この工場は1996年に経営請負制を実施していたが、1998年から経営危機に陥り2000年には倒産している。この施設を引き

表 9.6　八五四農場における精米企業の特徴（2012 年）

No.	会社名	設立年	設立の経緯	私営化時の総経理の出自	加工能力（籾トン）現在	加工能力（籾トン）設立時	集荷割合（％）農場内	集荷割合（％）農場外	原糧（籾）販売の有無
1	北大荒米業迎春精米所	2003	1998年に農場糧貿公司が精米開始。2002年北大荒農業グループ化により、傘下米業に	—	130,000	15,000（1998年）	90	10	25%
2	愛邦実業	2002	農場の食品総合加工場の私営化	農場糧油貿易公司の副総経理	70,000	30,000	60	40	○
3	緑源農業開発	1995	最も古い私営企業、1992年に大豆油加工場経営の後、設立。大規模稲作経営を兼営	農場職工、私営精油工場主	70,000	5,000	10	90	×
4	北大倉糧油加工*	2006	農場の元糧食課長が流通企業に転職後に新規に設立	糧食課長	50,000	20,000	80	20	×
5	新虎林河	2000	農場の油加工工場傘下の精米所	農場糧油貿易公司の部長	30,000	20,000	95	5	×
6	龍興*	2000	興凱湖農場の精米所「新丹」を八五四農場が購入後に私営化	農場食品工場の工場長、他3名と共同経営	30,000	30,000	60	40	○3)
7	迎峰*	2001	北大荒米業が飼料工場を買収して精米所に転換。総経理によって私営化	八五四農場飼料加工工場長	35,000	35,000	90	10	○少ない
8	春城	2012	不詳	以前は個人の籾乾燥場を経営	35,000	35,000	—	—	—

注：1）聞き取りにより作成。
　　2）＊は北大荒米業グループの加盟企業。
　　3）外部から原糧を調達して転売するケースあり。

継いで愛邦実業が独立法人として設立され、2002年には民営化されている(注4)。当初の総経理は農場の糧食流通公司の総経理であり、処理能力は3万トンから現在では7万トンに拡大しており、第二位の米業となっている。北大荒米業との関係は持っておらず、純粋な私営企業である。

以上の二つの流れが、農場内企業からの展開であるが、これ以前の1995年には私営企業としてNo.3の緑源農業開発公司が設立されている。これは農場の職工農家が私営の大豆油工場を1992年に設立した後に経営転換したものである。設立時の総経理の年齢は33歳であり、中国流にいうと「能人」（能力が優れた人）である。当初の処理能力5千トンから7万トンにまで拡大しており、第二位の愛邦実業と肩を並べている。

　2000年から2001年にかけては、3つの精米企業が設立されている。稲作拡大が第一のピークを迎えた時期である。これらは、農場の現業部門が私有化して設立されたものである。No.5の新虎林河米業は、農場の大豆油工場の傘下の精米所を2000年に私営化したものであり、糧油貿易公司の部長が総経理となっている。設立当初の籾の処理能力は2万トンであり、現在は3万トンとなっている。No.6の龍興米業は近隣の興凱湖農場の精米所（「新丹」）を農場が接収した後、2000年に私営化したものであり、農場食品工場の工場長が他の3名と共同出資して設立したものである。これは北大荒米業の加盟企業である。No.7の迎峰は農場が飼料工場を買収して精米所に転換したものであり、2001年に農場飼料加工工場長が設立したものである。これも北大荒米業の加盟企業である。

　No.4の北大倉糧油加工公司は農場の元の糧食課長が流通企業に転職をした後に2006年に新設したものである。設立当初の籾の処理能力は2万トンであったが、5万トンまで拡大している。これも北大荒米業の加盟企業である。

　No.8の春城米業は2012年に新設されたものであり、以前は個人の籾乾燥場であった。籾の処理能力は3万5千トンである。

　以上のように、8つの精米企業のうち、直営である北大荒米業を除いても4精米企業が農場の加工工場を引き継いだものであり、1つの精米企業は農場の糧食課長が設立したものである。また、3つの精米企業は北大荒米業に加盟し、「北大荒」の商標使用権を有するが、北大荒米業とは個別の関係にあり、北大荒米業が能力を超えた原糧（籾）を委託加工する関係にある。これは2009年から実施されたものであり、経営上のつながりはない。

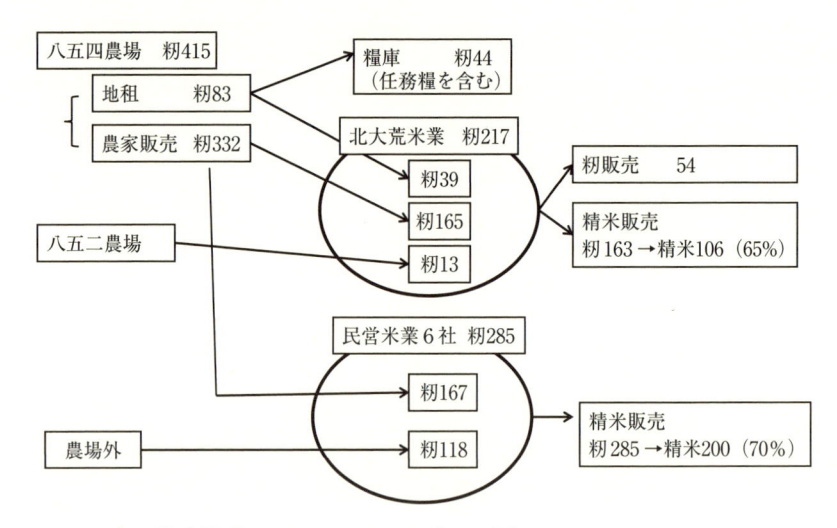

第3編　国有農場による米の商品化

図9.1　籾・精米流通のフローチャート（2011年）
注：1）聞き取りにより作成。
　　2）単位はトン。

　その意味で、2つの新規参入の精米企業と合わせ、7つの精米企業は独立経営であり、その合計処理能力は32万トンに上り、北大荒米業の13万トンに大きく水をあけている。このことから、農場内の籾集荷において北大荒米業の主導権は確保されておらず、籾価格が高水準に張り付いている現在、集荷の困難を抱えるようになっている。

　現状の籾生産から加工を経た流通のフローチャートを試算したものが図9.1である。農場内の精米企業のうち、現在は北大荒米業が最大級であり、「地租糧」の配分を含め、農場内での籾集荷率は50％を占めている。ただし、精米での販売率は75％に止まっており、私営企業の多くが100％精米販売を行っているのと比較すると販売力は劣っているといえる。

　以下では、調査が可能であった3つの個別精米企業の実態について、より立ち入って検討してみよう。

注
（1）迎春の糧食備蓄倉庫は虎林市所属であり、黒竜江省で三番目の規模を持っている。
（2）前掲『八五四農場誌』pp.226〜227。
（3）同上『八五四農場誌』pp.192〜193。
（4）同上『八五四農場誌』p.193

第3節　個別米業のケーススタディ

1．北大荒米業迎春精米所

　北大荒米業迎春精米所は、2002年に八五四農場が北大荒農業の傘下に位置付けられたのに対応して、農場の油糧総廠の精米部門が北大荒米業傘下の精米所に再編されたものである。職員は総経理、副総経理（2名）、書記が幹部であり、乾燥部門が12名、精米部門が32名（2ライン2班体制、1班が16名）、実験室が10名（うち2名は籾のサンプル検査）、その他（警備、清掃など）が20名となっている。

　工場の敷地面積は70,000㎡であり、そのうち倉庫は35,000㎡である。倉庫の貯蔵能力は46,000トンである。精米施設は1998年に飼料工場内に初めて設置されたが、加工能力は日量籾50トン（精米30トン）であり、年間1〜2万トンに過ぎなかった。この施設は1999年に移設され、現在も使用されている。2004年には第2ラインが設置され、処理量は日量籾100トンであり、年間生産量は4〜5万トンである。これも現在使用されている。さらに、2008年には第3ラインが設置され、処理能力は日量籾50トンであるが、技術的な問題があり、現在の使用頻度は低い。2009〜2010年の年間籾処理量は11〜12万トンであり、精米歩留りは平均65％である。色彩選別機は2007年、2008年に日本のサタケ製が導入され、その後ドイツ製（2009年、1台）、韓国製（2010、11年、2台）が導入され、これが現在使用されている。

　集荷は、作業ステーションごとに設置されている露天乾燥場から40〜50トンダンプによって公司が運搬し、運搬費は農家負担である（トン当たり30元）。

これが精米所に搬入され、トラックスケールで計量の後、人力で荷作業を行う。籾の含水率は平均16〜17％であり、1日1,000トンの乾燥能力がある。ピーク時には4,000トンの搬入がある。

集荷先は八五四農場内と精米所のない八五二農場である。後者は農場から27km離れており、3つの作業ステーションから集荷されるが、2010年産は1万9千トン、2011年産は1万トンであった。全体の集荷量は20万トンであるが、このうち3万3千トンは「地租糧」から構成されている（2010年産）。「地租糧」は1等地でha当たり1,130kg、平均で830kgであり、これは農場（北大荒農業の子会社）の貯蔵物流センターに集荷されるが、全体量は7万トンである。品種は墾稲6号が75％、残りが墾稲7号であり、籾買上単価（kg）は2.84元であった。

販売の形態は、原糧（籾）販売と精米加工後の販売である。第一の原糧販売は5万トンであり、水分量を14.5％に調製後に、北京の中国備蓄糧総公司を中心に山東省、陝西省の糧食局などに販売されている。精米については、自社精米施設と5つの協力精米所（農場内は迎峰、北大倉、龍興の3精米企業、農場外は東方紅・虎林の2つの精米企業）への委託によって行われている。精米の原糧は15万トンであり、精米販売は7〜9万トンである。販売は北大荒米業本社の指示によって行われ、まず近接した鉄道駅（迎春）の倉庫に搬入される[注1]。その後、瀋陽市の操車場を経由して全国に輸送される。2006年からは中糧のオーダーにより輸出を行っている。2009年産の輸出は3万5千トン（全体の35％）であり、輸出先は日本、韓国、アフリカ、ロシアである。日本向けは玄米、韓国向けは玄米・白米、その他は白米形態であった。2010年産の輸出は5万5千トン（全体の75％、うち玄米が2万トン）で増加を見せたが、2011年産は1万トンに減少している。これは冷害（低温障害）により精米歩留りが極端に低下したためであり、国内販売でも原糧販売中心となっている。精米の包装は、5kg、10kg、25kg、50kg（卸売市場向け）である。2010年の精米販売単価（kg）は2.9〜3.8元であった。

2．緑源農業開発公司

　「黒竜江省牡丹江農墾緑源農業開発有限公司」は1995年に設立された八五四農場のなかで民間第一号の精米企業である。社長は、1962年生まれ、若手の「能人」である。両親は河北省出身で、鉄道兵農墾局時代からの職工であり、本人は地元出身である。高卒後、1980～90年は農場の機械オペレータチームに所属し、1991年に1年間農場の流通公司に配属された後、1992年に大豆油の加工工場（会社名は「阜康」）を設立し、3年間経営した。1995年に稲作経営に転身し、現在の会社を設立している。当時は造田ブーム期に当たり、第7と第9生産隊から86.7haの水田を借入し、稲作経営を開始している。1998～99年には136.7haにまで拡大している。現在は100ha規模となっている（地租は368kg/ha）。畑からの開田であり、当初から機械を導入している。稲作経営と同時に精米業も開始し、精米の日量は30トン、年間5,000トン（籾7,500トン）規模であった。1998年には精米2万4千トン（籾3万トン）となり、2007年には現在の規模である精米4万9千トン（籾7万トン）になっている。

　会社の職員数は、およそ100名であり、水稲生産部門が28名（このほかに臨時雇用）、精米加工部門が38名（うち管理職8名）、貯蔵運搬課が18名、熱供給課が8名、乾燥課が10名、販売課が2名、会計・実験室が10名となっている。

　2010年産と2011年産では原糧（籾）の集荷は90％が農場外であり、kg当たり運賃0.02～0.03元は会社負担である。これは、墾稲12号というインディカ系品種を主力品種としているためであり、種子自体は各農場の種子公司から供給されている。2011年産では、この墾稲12号が籾2万トン、空育131が5万トンである。前者はha当たり単収が8.4トンと低く、kg当たり籾買上単価は2.9元、精米販売単価は4.8元、後者は単収が9トン、買上単価が2.76元、販売単価が4.5元である。ここでは扱っていないが、稲花香（香米）は籾単価が0.4元高くなっている。精米歩留りは67％で計算されている。

農家との契約関係はなく、全てスポット買いであるが、集荷に問題はない。集荷は貯蔵運搬課が所有するダンプ（40～50トン）5台で行っている。支払いは小切手か現金であり、後者は辺鄙な農場での対応である。集荷時期は10月から3月までの期間に80％が集中している。サイロは、5千トンが3基、2,500トンが4基、1,000トンが4基であり、貯蔵能力は2万9千トンである。4万トンは10℃の保冷庫を利用している。販売時期は10月から春節の期間が50％であり、上海、西安など15の大都市に出荷している。出荷先は1都市に1ヶ所で固定しており、25kg、10kgの袋詰めで販売している。出荷先の業態はスーパーマーケットが50％を占め、バイヤーが買い付けにくる。残り50％については各地の卸売市場内の糧食専門店への販売である。

3．北大倉糧油加工公司

「牡丹江農墾北大倉糧油加工有限公司」は2006年に設立された精米企業である。社長は1961年生まれの50歳（2011年）であり、妻の弟とともに会社を設立している。固定資産は200万元である。牡丹江市生まれであり、牡丹江農業学校卒業後、1986年から農場の水稲弁公室の職員に採用され、途中2年間は東北農業大学に社会人入学している。1996年からは農場の糧食課長となり、1999年からは農墾総局の流通子会社の総経理となっている。2000年には退職して江蘇省徐州市の豊裕公司（糧食・飼料・物流会社）の常務副経理となっている。主に糧油の流通と飼料の加工販売を手掛けていた。

2006年に農場に戻り、農場の工業団地で4万㎡の敷地を有し（50％は所有地、50％は農場からの借地）、籾処理能力5万トンの精米所を営業している。2013年には増設して籾7万トンに拡大する予定である。

籾の集荷は、9月20日から2月の春節前までの期間で70％（3万3千トン）を占め、集荷先は90％が八五四農場で、残り10％が一般農村および他の農場である。農場内での集荷先は、農業開発センター（1万ha）、第8作業ステーション（2,000ha）、第33作業ステーション（2,000ha）の他、第16、17、23作業ステーションと固定的となっている。籾の売買契約には作業ステーショ

表9.7　北大倉糧油加工の集荷米の品種構成

単位：％、元/kg

品種	精米率	買上価格（籾）	販売価格（白米）	備考
墾稲6号	69.5	2.72	4.16	集荷量の80％
墾稲7号	71.5	2.92	4.46	
竜粳20号	71.0	2.72	4.16	
空育131	72.0	2.76	4.24	希少
平　均	70.0	2.72	4.16	

注：聞き取りによる。

　ン長と他の職工農家の保証が必要である。契約者は300～400戸であり、その平均面積は13.3haである。契約成立後には生産資金の前貸しを行っており、6.7ha当たり2万元が限度となっている。契約は3月以降が一般的であるが、前年度の11月から契約するケースもある。前貸し金の利息は銀行利息（10％）と同一であるが、銀行は春にしか貸付を行わず（前貸しは月利）、しかも手続きが煩雑であるため、需要は多い。2012年は9月段階で2,300万元の貸付残高となっている。

　集荷した品種は、墾稲6号が80％を占めており、その他に墾稲7号、竜粳20号が主な品種である（空育131は少量）。精米歩留りは70％である（表9.7）。集荷した籾は10月から3月までは露天での貯蔵が可能である。市場価格は、一般的には出来秋が安く、春節前が高価格となる。2011年産の籾の買上単価（kg）は2.72元であり、精米の販売単価（同）は4.16元（2012年6～7月）であった。販売先は新疆、四川、雲南の3省の6企業で70％（籾ベースで37,100トン）を占め、糧食備蓄公司への販売も籾で1万トンである。精米の荷姿は10kg、25kgの普通包装である。

　2010年産の籾買上量は5万3千トン、単価は2.72元、総買上額は1億4,400万元であり、精米販売量は37,100トン、kg当たりの単価は4.16元、総販売額は1億5,400元である。差額は1,000万元であり、ここからコストを引くと利潤は5％（770万元）となる[注2]。

注
（1）2011年9月から総経理の責任制が実施されるようになり、本店からの注文書がきても他の有利な取引先があればそれを拒否し、優先販売をすることが可能となった。ただし、3ヶ月に一度給与の調整があり、実績評価されるようになっている。
（2）運転資金は、年間6回転するので、総買上額1億4,400万元/6回転＝2,000万元であり、8月の資金繰りがやや苦しいという。

第4節　基礎農場における米業の性格

　八五四農場は、黒竜江省の最東部に位置し、水田開発も最も遅れて開始された農場の一つである。その本格化は1996年からであり、2002年までに3.3万haとなり、一時期の後退・停滞をはさみ、現在では4.3万haへとさらに拡大をみせている。1戸当たりの稲作面積も15haを上回る規模に達し、農場による稲作の生産システムが形成され、2000年代後半には機械化一貫体系が確立されている。
　こうしたもとで、籾生産量も拡大し、2001年には25万トン、2011年には41万トンとなっている。農場の精米加工施設への投資は遅れたが、2001年には精米3.6万トン、2011年には大きく増加し、22万トンにまで拡大している。農場附属の精米施設は2系統あり、そこから北大荒米業迎春精米所と民間の愛邦実業が生まれ、そのほかに農場の現業部門の私営化の系譜で3米業が、新設の私営米業が3つ誕生し、8米業体制となっている。旧開の米主産地と比較して、外来企業の進出がみられないのが大きな特徴である。
　このなかで、北大荒米業傘下の迎春精米所はその拠点精米所であり、農場内において最大規模の13万トンの処理能力を有するが、民営米業の処理能力合計は32万トンとなっており、農場内の原糧（籾）集荷においても厳しい競争下におかれている。そのため、生産量の20％に当たる農場の地租を集荷する貯蔵物流センターからの籾供給（全体の18％）により集荷量を補填する仕組みが採られている。3つの事例のなかでもこの精米所の販売単価は最も低

い水準にあり、しかも原糧販売が25％と際立って高いという特徴がある。このように、農墾グループの子会社として国内でも３大巨大精米企業をなす北大荒米業は、その基礎農場においても精米販売の主力の地位を確立しておらず、生産・加工・販売体制の確立は今後の課題であるといえるのである。

第4編

一般農村における米商品化と稲作経営

第10章

一般農村におけるブランド米の産地形成と米業

　第4編では、国有農場系統による新開稲作産地形成と対比するために、一般農村でしかもブランド米産地を形成している黒竜江省五常市の事例を取り上げる。ここでの産地形成の主体は市（県レベル）および郷鎮政府、民間米業（精米加工販売企業）、それと農家を結びつける農民組織である。

　本章では、まず、旧開産地としての稲作の展開と新たな稲作技術の導入を段階的に捉え、素描するとともに、1990年代後半の米過剰期における行政による米の差別化戦略を明らかにする。それは香米品種の開発と緑色米・有機米という栽培技術の高度化にある。この結果、五常米は全国有数のブランド米となり、糧食局から分化・独立した米業の展開が見られる。この動向把握が第二の課題である。その中で、全国的な農業専業合作社ブームに対応して設立された豊粟有機米栽培農民専業合作社が急速に事業拡大しており、その性格を把握することが第三の課題である。これにより、産地形成の主体のあり方を総合的に明らかにする。

第1節　五常市における米主産地の形成

1．五常市の稲作生産の動向

　五常市は黒竜江省の最南部に位置し、吉林省の楡樹市、舒蘭市と隣接しており、省都ハルビンから110km離れている。総面積は75.1万haであり、24の郷鎮、260の行政村、1,588の自然屯からなる。総人口は98万人であり、うち農家人口は75万人、農家戸数は16.9万戸である。市全体の耕地面積は258,630haであり、そのうち水稲が117,182ha、45.6％を占めている。畑作はトウモロコシが98,014ha（37.9％）、大豆が35,574ha（13.8％）であり、この

表 10.1　五常市水稲面積の推移

単位：ha、千トン、kg/10a

年次	耕地面積	水稲面積	籾生産量	籾単収
2001	162,271	64,904	642	990
2002	162,271	65,060	699	1,076
2003	162,271	65,060	695	1,070
2004	248,593	101,841	821	807
2005	248,593	103,867	852	821
2006	248,593	106,667	902	846
2007	258,362	117,138	1,071	915
2008	258,630	117,182	1,168	997

注：『五常市統計年鑑』各年次により作成。

2作物に特化している。表10.1によると、耕地面積、水稲面積ともに2003年と2004年で段差があるが、これは2004年の農業税廃止と農業補助金制度の発足に伴い、耕地面積を正確に把握するために調査を行ったことによる。農家の荒れ地開墾による「非納税」農地がカウントされたのである。それ以降も水稲面積は拡大しており、2008年までに1.5万ha拡大している。ha当たり籾単収も2004年の8トンから9トン台に増加している（2003年までは過大表示）。

五常市は、全国的に有名な良質米の産地である。自然条件をみても、年間の日照は2,600時間であり、有効積算温度は2,700度である。年間及び昼夜の温度格差も大きく、月別の平均気温で最高の7月は22度、最低の1月がマイナス20度である。

なお、年間の無霜期間は130～135日である。また、主要河川の松花江の支流である拉林河と牤牛（マンニウ）河およびこれらの支流が域内を流れ、黒土の厚さは2mにも達する。こうした恵まれた水利条件と土壌条件が水稲作の基盤をなしているのである。

表10.2は市全体及び郷鎮ごとに水稲の所有形態別の面積を示している。稲作の主産地は、牤牛河沿いの4つの郷鎮（小山子鎮、竜鳳山郷、志広郷、沖河鎮、計37,132ha）が一つの団地を形成しており、全体の33.2％を占めている。牤牛河上流には有名な竜鳳山ダムがあり、1958年に施工を開始し、1960年に竣工した。一方、拉林河沿いには朝鮮族、満州族の自治郷鎮が多く、牤牛河

表 10.2 五常市における水稲面積の分布（2009 年）

単位：ha

	穀物播種面積	水稲面積					
		小計	請負地	借地	機動地	堤外地	小規模開墾地
市合計	245,672	111,995	91,310	3,920	5,097	2,194	9,406
五常鎮	4,034	2,249	2,128	-	9	106	6
興盛郷	10,682	4,794	4,794	-	-	-	-
衛国郷	6,868	5,153	3,282	-	-	-	1,872
常堡郷	9,522	5,156	2,749	1	1,725	680	-
安家鎮	8,682	4,891	4,611	8	57	183	32
民楽郷	3,248	3,248	1,604	1,336	18	290	-
二河郷	7,639	5,002	2,367	68	89	119	2,359
民意郷	9,364	3,445	3,329	15	24	-	78
志広郷	10,592	7,587	5,411	5	1,851	-	319
小山子	13,264	12,287	11,977	-	73	105	132
竜鳳山	13,262	10,760	8,199	119	110	86	2,246
沖河鎮	8,907	6,498	5,775	-	-	-	723
杜家鎮	7,421	4,496	4,338	-	19	-	138
山河鎮	7,424	4,323	4,158	-	-	-	166
長山郷	13,619	5,081	4,879	-	21	-	181
向陽鎮	7,966	5,544	3,469	1,282	362	17	413
沙河子	7,843	4,728	4,272	-	-	-	456
拉林鎮	11,522	1,231	1,119	-	106	-	5
背蔭河	5,612	975	951	-	-	-	24
八家子	12,833	90	80	10	0	-	-
紅旗郷	15,559	2,801	1,412	462	439	392	96
興隆郷	15,888	1,759	1,657	102	-	-	-
営城子	7,204	4,199	3,201	429	194	216	159
牛家鎮	14,858	83	-	83	-	-	-

注：五常市資料により作成。

との合流部の平野地帯は、黒竜江省の穀倉地帯である松嫩平原の最南端に位置している。

その中で朝鮮族自治郷である民楽郷は古くから中国の良質ジャポニカ米の産地として有名である。そして、最も借地率が高く、農地集積が進んでいると考えられる。また、拉林河の上流には磨盤山ダム建設が2003年に着工され、2006年に竣工している。水供給量は1.5億m^3、有効灌漑面積は70,300haに達する。

表 10.3 水田面積の推移（民楽郷）

単位：ha

年次	農地面積	水田	畑
1971	1,987	1,640	347
1981	2,074	1,884	190
1982～89	2,090	1,890	200
1990～03	2,051	1,856	195
2004	3,201	3,150	51
2005	3,201	3,145	56
2006	3,248	3,248	0
2007	3,248	3,248	0
2008	3,248	3,248	0

注：五常県・市の統計書により作成。

　民楽郷における朝鮮人移住の起源は、1939年に朝鮮の企業家である孔鎮恒氏が朝鮮人農家500戸（3,250人、うち男性1,785人、女性1,465人）を集め、「安家満蒙開拓組合」（安家農場）を設立したことに遡る。1941年1月に当時の五常県政府はこの地域で、朝鮮人専門の管理区を2つ（王家屯区、項家屯区）設置した。新中国の設立後、1952～1953年にこの2つの管理区は合併して朝鮮族自治区である五常県第8区となり、下には富勝、民楽、新楽、振興という朝鮮族自治村を設置した。1956年に第8区から分離され、民楽朝鮮族自治郷になった。1958年の人民公社化に伴い、民楽朝鮮族自治公社となり、傘下には10の生産大隊がおかれた。1983年の人民公社の解体により、1984年に民楽朝鮮族郷と改称し、10の生産大隊を再編して6つの行政村とした。その後、行政村の増減を繰り返し、現在の6村に定着したのは2001年であり、前述の4村以外に紅光村と双義村が付け加えられた。6村のうち、紅光村と新楽村に朝鮮族と漢民族の農家が混住している以外、残りの4村は純粋の朝鮮族村である。

　民楽郷の水田面積は**表10.3**に示したように、人民公社時代（1971年）において1,640haあり、水田率は83％に達していた。このように早い時点からほぼ水稲単作的土地利用を示し、さらに1980年代から90年代にかけて開田を行い、2006年には3,248haを示すのである。こうして、「満洲国」期の水田開発

目的による朝鮮からの「開拓団」を母体にしつつ、早期に稲作主産地としての地位を固めたといえる。近年では後述の「五優稲4号」(別名「稲花香2号」)の主産地として、高級ブランド化の中心になっているのである。

2．良質米生産の展開と産地形成

　五常市での水稲生産の発展のステージを産地形成との関連でまず整理しておく。解放から1950年代までの時期は、点播や散播による稲作が主に朝鮮族の村で始まる。水田面積は1949年の6,700haから50年代末頃には27,000haに拡大する。当時は、自然災害に弱く、籾単収も225〜375kgと低かった。播種期間は5月1〜15日頃である。播種量はha当たり225〜250kgで、1㎡当たり800〜900株という超密植栽培が普及していた。主な品種は「青森5号」や「石狩」など日本の品種で、生育期間は100〜110日であった(注1)。

　1960年代になると栽培技術の改善が進む。この頃には移植栽培も始まり、直播と田植えが半々ぐらいになる。播種量はha当たり150〜225kgで、1㎡当たり500〜600株の密植であり、密植栽培の全盛期で最も普及している。育苗期間は4月20〜5月10日頃、主な品種は「公主嶺」で生育期間が110〜120日間であった。栽培技術の改善によりha当たり籾単収が2.3トンから4.5トンに上昇する。また、国家による圃場整備事業も始まる。但し、自然災害や文革期の政治的混乱の影響によって、水田面積は13,000〜27,000haの間で大きく変動している。

　1970年代に入ると「ビニール湿潤育苗」(保温折衷苗代)が普及し、育苗期間が4月20〜5月5日で生育期間が130日に延びる。畑苗代の導入により苗立率(成苗割合)が60年代より4割も上昇した。この頃に密植から疎植栽培へと転換し、播種量がha当たり100〜150kg、栽植密度(㎡)が350〜400株までに低下する。そして、分げつではなく穂重増大効果で単収の向上を図っている。また、圃場整備の進展や化学肥料、除草剤の投入などにより籾単収が3.8〜5.3トンまで上昇する。主な品種として「東農12号」など国産品種も普及する。この期間の水田面積は20,000〜27,000haの間に安定する。

1980年代には、畑苗代と疎植栽培が全面的に普及する。畑苗代は、1982年頃に原正市氏を北海道から招聘して指導を受けた後、急速に普及していった(注2)。播種量はha当たり40～60kgで育苗期間は4月15～30日である。栽植密度は120～180株まで疎植になる。田植期間は5月中旬～6月5日で生育期間は130日間である。化学肥料の普及や農薬による除草効果で生産量も安定し、単収は5.3～6.8トンまで上昇する。主な品種は「下北」で最も普及した。その他にも「吉粳」（公主嶺試験場の開発品種）、「アキヒカリ」、「浜旭」等の日本の品種が導入された。この時期に籾単収の目標を7.5トンとする栽培モデルが確立した。また、1980年代後半の米価の急上昇や栽培技術の安定化により開田が進み、水田面積は53,000haまで拡大する。なお、1980年頃に国家資金で日本製の育苗機器や田植機、収穫機を購入し、ハウス育苗による稚苗移植が試験的に導入された。但し、ここではその試験的農法は普及しえなかった。

1990年代に入り、大・中型規模のハウス育苗が普及する。育苗時期は4月1～8日で、播種量がha当たり15～35kg、栽植密度も30～50株という超疎植栽培が定着する。主な品種として、「五優稲1号」、「五優稲3号」などが普及する。特に「五優稲1号」は画期的な品種であり、「合江20」を父系に、「遼粳5号」を母系にして育成された品種である。「合江20」の特徴は、生育期は五常地域に適するが、収量が低いことである。また、「遼粳5号」には南方のインディカ米（品種名：「矮脚南特」）の系統が入っており、特徴は、生育期はやや長いが、収量が高いことである。黒竜江省農業科学院第2水稲研究所と五常市竜鳳山郷農業総合サービスステーションはこの2つの品種をもとに長年の共同実験の結果、50余りの品種（長粒、短粒、緊穂、散穂、有芒、無芒など）を育種した。1993年に当時竜鳳山郷の農民技術員であった田永太氏は「松粳3号」の変異種を同定し、「五優稲1号」（品種番号93-8）に認定される。この品種の特徴はジャポニカ米でありながら、長粒（長さ6.6～7mm、幅3～4mm）であり、香りが濃厚である。そのため、一般的には「長粒香」と呼ばれている。生育期間も135～140日に延びる。分げつ及び出穂後

の肥培管理技術（追肥）が普及し、単収向上に寄与した。また、水稲専用肥料の投入や予察防除、節水灌漑など計画的な栽培管理の普及によって、籾単収は6.8〜7.5トンにまで上昇する。さらに、稲熱病にかかりにくく、1995年から普及され、1999年には五常市で5.3万haまで拡大した。

1990年代後半になると、温室での2段階（緑化・硬化）育苗や稚苗移植の試験が農家の間で始まる。これにより、生育期間を長くした新しい晩稲品種の開発が必要となってきた。また、単収の増大や価格条件の有利性から、農民自身による荒れ地の開田や畑地の水田転換が進展し、水田面積は70万haへと急速に拡大する。

以上のように、五常市の水稲生産は、密植から疎植栽培、直播から移植栽培（さらに稚苗移植）への転換、日本の北方品種から国内開発品種への導入、化学肥料・農薬の投入等によって飛躍的に収量を向上させてきた。そして、水稲生産の安定化とともに、水田開発や生産の担い手が、朝鮮族集落から漢族一般の農村にも普及・拡大していく。この間の水稲生産の目標はまさに増収・増産であった。

但し、1996年以降になると、米価の動向が上昇から下降に転じ、他の農産物一般とともに需給関係が過剰基調に変わる。そこで、五常市の水稲生産は、単純な増収志向から品質志向に変わり、特に外観に加えて食味が重視されてきた。1999年には、五常市の稲作27,000haが中国の「緑色食品」（減農薬農産物）として認定を受けた。これ以降、つぎの良質米品種の開発や有機農業の導入を踏まえ、市政府は積極的なブランド形成のための働きかけを多数行い、様々な表彰や認定を受けるに至っている（**表10.4**）。

他方、良質米への品種改良や新品種の導入に関しては、1990年代に「五優稲1号」が登場してから、「五優稲4号」（うるち米）、「松粳6号」（糯米）、「松粳9号」（糯米）が新たに開発された。2000年に田永太氏は海南島で「五優稲1号」の変異種に改良を加えた結果、2001年に病気に強く、食味（88〜92）が優れている「五優稲4号」を同定した。香りがさらに濃厚であるため、一般的には「稲花香2号」と呼ばれている。2001年春より一部の地域で試験

表10.4 五常米のブランド化

年次	ブランド選定
1994	東京国際優良米博覧会 二等賞 中国緑色食品発展センターより緑色水稲生産基地として許可
1996	中国国際食品博覧会で「国際食品品質の星」として認定
1999	中国の5つの大規模稲作産地として認定 国家緑色食品マーク獲得、「黒竜江省ブランド」に認定
2001	アメリカA.N.N.Aに認定を受ける 「五常米」の産地証明商標を取得
2002	第16回全人大の「特供米」に選定
2004	中国品質検査総局に「中国ブランド」に命名
2004	農業部の「100万ムー緑色食品基地」として指定

注：五常市政府資料により作成。

表10.5 五常市における「五優稲4号」品種の栽培面積と収量の推移

単位：万ha、トン/ha、万トン

年次	面積	単収	生産量
2003	−	5.1	−
2004	4.0	5.4	22
2005	5.0	5.5	27
2006	5.3	5.7	30
2007	6.7	6.0	40
2008	9.3	6.7	62

資料：五常市農業技術普及センター資料による。
注：「−」は不明である。

的に栽培を行い、大好評を得たため、翌年から本格的に普及するようになった。表10.5に示したように、2008年には栽培面積が9.3万ha（稲作全体の79％）、生産量が62万トン（同53％）にまで達している。

注
（1）以下の叙述は、青柳斉「五常米の生産と流通（1～3）」新潟県信連『信連月報』第596～598巻、2000～2001、および青柳斉・朴紅「精米加工企業による有機米の産地形成と農民組織化」青柳斉編著『中国コメ産業の構造と変化』昭和堂、2012、pp.188～189によっている。なお、東北地方における水稲の育種を含む技術研究は、「満鉄公主嶺農事試験場」（吉林省）ならびにジャムス支場（黒

竜江省)を戦後「継承」した農業科学院によっているが、五常市は黒竜江省の管轄であるものの気象的には吉林省に近く、吉林省農業科学院水稲研究所(公主嶺市)の技術の影響が強い。公主嶺での技術開発については、趙国臣編『吉林省農業科学院水稲研究所誌』吉林科学技術出版社、2008を参照のこと。なお、民楽郷内には黒竜江省第2水稲研究所が所在している。
(2)島田ユリ『洋財神　原正市－中国に日本の米づくりを伝えた八十翁の足跡－』北海道新聞社出版局、1999を参照。

第2節　産地の市場対応とブランド形成

1．糧食局の買付政策

　五常市の糧食作物の生産量は221万トンで、そのうち米(籾)が117万トンである(2008年)。このうち、農家の自家消費量(糧食・飼料)は46万トンであり、うち籾17万トン、トウモロコシ21万トン、大豆4万トン、雑穀4万トンである。商品化される糧食作物は175万トンとなり、そのうち籾は100万トン(全体の57%)である[注1]。その最大の買い手は過去には国有糧食部門であったが、現在では民間の米業である。

　中央政府は糧食の備蓄と需給調整のため、地方政府に糧食の買付と保管業務を義務づけている。その直接の管理部門が糧食局である。五常市の糧食局には15の下部企業があるが、そのうち、国有糧食買付販売企業(糧庫)が13、軍用糧食供給ステーションが1、塩業管理ステーションが1である。糧食企業の敷地面積は140万m²、貯蔵能力は100万トン、年間精米加工能力は20万トンである。1990年代末の国有企業改革前までは、国家買付のための糧食の検査、買付、貯蔵、乾燥、加工と運送など一連の業務を担当してきた。しかし、買付価格以下への市場価格の下落により大量の在庫が発生し、糧食部門は巨額の欠損を抱えることになる。その欠損は政府の糧食政策によって生じた「政策性欠損」にもかかわらず、国家からの補填はなかった。1998年からこの解消のために糧庫の改革を進め、13の糧庫のうち、4つを国家備蓄糧倉庫へ、残り9つを糧食買付販売企業へと再編した。1999年には、市政府と糧

食局が「五常LF優質米開発有限公司」(以下、LF公司と略する)を立ち上げ、糧食局長が公司の総経理を兼務し、13の糧庫と400余りの米業および200余りの米販売業者を公司の傘下に収めようとしたが、名目のみで終わった。さらに、2001年から2004年にかけて全国的に糧食流通システムの改革が行われ、その一環としてそれまで実施していた「契約買付」(農家に課された糧食供出義務)は廃止され、「保護価格買付」は価格の引き下げと買付量の縮小の措置が取られた。この改革後の2005年に、五常市では国有糧食企業の株式会社化を実施し、新たに「五常市CX糧食買付販売有限公司」を設立し、13の糧庫はその子会社となった。この公司の出資金1,758万元のうち、3分の2は国の出資、3分の1が13の糧庫の従業員の出資である。現在の従業員は364人であり、全員が元糧庫の従業員で、出資金を拠出し公司に再雇用されている。公司は2007年11月に各糧庫の資産評価を終了し、工商管理局に登記手続きを行った。しかし、新たな事業展開はみられず、米業からの委託買付や倉庫の賃貸を主要業務としている。なお、既存のLF公司は「良質米開発事業」の実施のために国から1,000万元、省政府から700万元の補助を受け、糧食局から独立した。

このように、旧国有糧食部門は政策の転換に翻弄され、自らの優位性(巨大な貯蔵空間、整備された乾燥施設と加工施設など)を発揮できない状態におかれている。これと対照的に、民間の米業は1990年代半ばの「農業産業化」政策のもとで相次いで設立され、現在は五常米の最大の買い手となっている。

2. 精米加工販売企業の機能

五常市には現在(2008年)「糧食買付許可証」を取得した糧食加工企業が319あり、うち民営企業が289、外資企業が1、合資企業が3、共同経営企業が26である。品目別には、米業が294、大豆加工企業が6、馬鈴薯加工企業が18、飼料加工企業が1であり、米業が圧倒的に多い。さらに、米業の加工能力(年間300日、1日10時間換算、籾ベース)が10万トンの企業が1つ、3～5万トンの企業が22、1～2万トンの企業が46、1万トン未満の企業が

第10章　一般農村におけるブランド米の産地形成と米業

表 10.6　五常市における優良米業の概要 (15 社、2008 年)

企業名	所在地	資本金(万元)	設立年次	従業員(人)	年間精米加工量(トン)	主要販売先	備考
QH	五常鎮	3,800	2005		5万	東北、山東、北京、杭州等	2008年面接調査実施。生産基地は12郷鎮に分布、26,667ha、うち50％が「緑色米」。ブランド「陽光」
JF	杜家鎮	2,000	2001	社員32 臨時雇用118	4～5万	沿海部80％、東北10％、その他10％。代理販売商16人(都市)	生産基地6,667ha。2008年5月有機米栽培1,333ha、5,334ha。日別加工量200トン、有機米認定。精米生産ライン3つ、日別加工量200トン。倉庫1.5万トン。ブランド「喬府大院」
CS	山河鎮	400	2007	40	4～5万	昆明、貴州、尊義、北京、石家庄	
LLH	杜家鎮		2003	42	3～4万	雲南、河北、内蒙古、甘粛等	
JH	杜意郷	500	2001	150	3万	北京、成都、天津等	精米生産ライン2つ、倉庫2万トン、ブランド「金禾」
HD	五常鎮	900	2003	36	3万	沿海部50％、東北20％北京、上海30％	ブランド「張大」
CW	山河鎮	400	2007	50	2～3万	ハルビン、沈陽、北京、天津、ウルムチ、成都、昆明等13都市	精米生産ライン2つ、日別加工量180トン、ブランド「昌旺」、「楊鑫」
MX	志広郷	2,000	2003	30	2～3万	東北70％、温州、深圳、珠海30％	契約栽培面積120ha
CF	竜鳳山郷	300	2003	28	2～3万	北京、天津、大連、沈陽、吉林等	ブランド「成富香米」、「超凡香米」
FX	竜鳳山郷	350	2000	68	2万	沿海部70％、東北30％北京、ハルビン、長春等に43代理販売商人	ブランド「福興」、「福大院」
FC	小山子鎮	50	2003	15	2万	沿海部	ブランド「群珠香米」、杭州瑞天食品公司とブランド生協同開発
竜芽	民楽郷	456	1994		1万	北京、東北部	日本独資。民楽郷の10の自然屯と栽培契約ブランド「民楽香」、中共16全人大の選定専用米、精米生産ライン4つ、無公害・緑色米が中心
丹貝	民楽郷	200	2000	35	6,000	社内福利事業50％沿海部30％、東北20％	黒電江省電力系統企業、精米生産ライン2つ、ブランド「丹貝」、2005年緑色米認定
中良美格	民楽郷	100	2007	20(民楽郷工場分)	3,000	北京、上海、天津、広州、ハルビン、吉林、福州、石家庄、徐州等	本部は北京、有機米専門、生産基地573ha、うち民楽郷433haブランド「美格」、216戸、市場販売価格34元～112元/kg
JQ	拉林鎮	100	2003	30	2,000	ハルビン市周辺	現総経理は元「LFグループ」総経理局長、「LFグループ」は2009年10月にハルビンDFグループに買取された

資料：五常市糧食局資料をもとに行った電話アンケートにより作成。

225である。

　表10.6はこのうち優良企業15社の概要を示したものである。竜昇（日本独資、後出）以外は2000年以降に設立され、主産地の9つの郷鎮に集中しており、特に民楽郷に多い（3社）。また、2005年に糧食局から独立したLF公司はQH公司、MX公司、FX公司、DB公司、JQ公司をはじめ、46の米業を傘下に収め、巨大なグループ企業を形成したが、2009年10月に外来企業（ハルビンDFグループ）に買収された。

　15社の年間の精米加工量は精米ベースで34～40万トンであるが、籾ベースで換算（平均精米率62％）すると55～65万トンである。これは五常市の年間販売量、100万トンの50～60％を占めている。また、各社とも独自のブランドを開発しており、主な販売先は東北部と沿海部の大中都市であり、直営販売店や大型スーパー（物美、カルフール、ウォルマート、華聯など）などの小売業が主流である。さらに、15社のうちQH、JF、中良美裕（後出）の3公司は栽培・加工・販売を一体化した企業である。QH公司は生産基地および生産量が最大規模であり、中良美裕は高級ブランド路線を堅持している。後者の「美裕米」の小売価格はkg当たり34～112元であり、新潟のコシヒカリより高い。また、北京をはじめ9つの大都市に直営店と販売代理店をおき、規格と価格の統一販売を行っている。例えば、2008年10月に設立したハルビン販売代理店には、うるち米の3規格、玄米の1規格と「粥米」の1規格を販売している。うるち米の3規格のうち、最高級の「美裕有機私家米」は、1箱2缶（3kg）入りで336元である。これは基本的に贈答用として購入する消費者が多いという。つぎに、「美裕有機精品米」は1箱4袋（5kg）入りで260元であるが、贈答用と自家消費の両方とも売れ行きが好調であるという。最後に、「美裕有機米」は1箱4袋（5kg）入りで170元であり、自家消費が主流である。玄米については「美裕有機玄米」の1箱4袋（5kg）入りで170元であり、近年の健康食品ブームに乗って売れ行きはいいという。「粥米」は「美裕有機粥米」で1箱4袋（5kg）入りで100元であり、砕け米のため、粥に向いている。

現在、五常米のブランドは150余りあり、登録申請中のブランドが59ある。また、ブランド毎に様々な規格があるが、合計は280種類である。五常米の品質強化のために、市では2001年に農業局、工商局、糧食局などの17部門からなる「五常米協会」を設立した。この協会は五常米のブランド開発、質の監視・監督、五常米の統一マークの設定を行い、五常米の信用を守ることを主旨としていた。同年7月には「五常米」の産地証明商標（ロゴマーク）を取得したが、これを印刷・販売するなどの違法行為が行われ、市場では偽物や低品質米が出回るようになった。やっと、2008年から取締が行われ、組織本来の主旨に戻りつつある。

　以上のように、五常市における米の加工販売の主体は、かつての国有糧食部門から民間の米業へと転換している。これらは、産地をある程度掌握し、消費地の量販店への販売ルートを確立しつつある。しかし、最近では生産者である農家が農民専業合作社の形で流通分野に進出するケースがみられるようになり、発展の可能性を秘めている。以下では、その先進事例である豊粟有機米栽培農民専業合作社の事業の特徴を明らかにする。

注
（1）五常市糧食局の資料による。なお、稲の品質をランク別に見ると、1等が20万トン、2等が30万トン、3等が45万トン、3等以下が5万トンである。

第3節　専業合作社の設立と事業展開

1．豊粟合作社の設立

　豊粟有機米栽培農民専業合作社（以下、豊粟合作社と略す）は、2006年に民楽郷の35戸の農家によって設立され、2007年には農民専業合作社法によって登記されている。2009年の会員数は、専業農家数の36％に当たる450戸であり、水田面積は郷の61.6％に当たる2,000haである。会員1人当たりの面積は4.4haである。

　すでに述べたように民楽郷は有数の米の主産地であったが、郷政府はさら

に基盤を強化するために1997年からは「無公害米」、「緑色米」を奨励し、米の差別化を図った。しかし、農家の米販売は米業や個人商人を対象に個別に行われ、買い手市場であるため、農家は不利な立場に立たされていた。

販売組織化の契機は、2006年にハルビンのHF有機肥料公司（以下HF公司）が郷内で有機栽培の試験農家を募集したことである。これには反応がなかったので、公司は郷政府の協力（担当は郷の党書記）を求めた。郷政府は契約の条件として、①慣行栽培の籾単価（kg）は2～2.1元であるが、有機栽培米の籾単価を先進地域の価格を参考に2.8元に設定すること、②有機栽培米を全量買い取ること、③決済は現金払いとすること、④緑色米栽培と比較して肥料代がha当たり600元増加するが、この負担を公司が負うこと、を提示した。HF公司はこの条件を受け入れたため、郷政府は生産基地の選定に入った。最初の候補地（水田が1団地で用排水分離が行われている50戸の自然屯）は合意が図られず、結局、省の試験田(注1)80ha、35戸の請負農家の合意を取付け、公司との契約を結ぶため「HF有機農庄」という任意組合を設立した。有機米の認証を受けるために、収穫後サンプルを北京の農業部の検査機関に送ったが、検査の41項目を全てクリアした。稲作生産は70年に及ぶため、重金属や有害物質が検出されることを危惧していたが、一年の努力で有機米の栽培基準に達したことは周囲を驚かせた。

2006年産の有機米は全量HF公司に出荷されたが、公司の米の販売能力は低く、在庫や代金未収が発生し、当初は販売代金の80％のみの支払いであったが、郷政府の再三の催促により支払いが完了した。農家の手取り単価（kg）は、慣行栽培より0.7元高く設定されたが、流通マージン0.1元も公司負担となったため、実質慣行栽培の0.8元増となった。郷政府資料によると、HF有機農庄の加入農家1戸当たりの所得は慣行栽培農家より1,000～1,200元の増加となった。

この実績により、2007年の加入農家数は104戸となり、面積も一気に433haとなった。販売力を強化するために、HF公司を通じて上海の「HW投資管理公司」（以下HW公司）が紹介された。同時に、農民専業合作社法の施行

を受け、HF有機農庄は「豊粟有機米栽培農民専業合作社」に名称を改め、五常市工商局に登記を行い、法人格を取得した。黒竜江省の最初の有機米生産販売合作社である。登記時の払込出資金はHW公司による110万元のみであり、会員数は104名であった。その後、合作社の規模は拡大し続け、2008年には308戸、1,000ha、2009年には450戸、2,000haに達している。中国では有機農産物の認証において転換期間は2年と規定しており、2007年には黒竜江省有機食品転換期認証を受け、さらに2008年には黒竜江省（OFCC）と国（OFDC）の双方から有機食品の認証を受けている。

このように組織化の契機は、資材会社による有機米生産の委託にあったが、郷政府がそれに強く関与しながら、法整備とともに農民組織へと転換したものと特徴づけることができる。

2．組織の特徴と事業内容

(1) 組織の特徴

まず、合作社の組織構成は、図10.1の通りである。理事会は、やや変則的で社長と理事長が各1名であるが、前者は出資者（110万元）であるHW公司の社長、後者はこの組織の契機となったHF公司社長である。彼等は実質、名誉職である。実際には郷政府幹部（農牧畜業総合サービスセンター長、女性）が副社長としてナンバーワンの地位にあり、大規模稲作農家（第12章のNo.1農家）が補佐的に副理事長に就いている。理事（5名）・監事（2名）は大規模農家から選出されている。なお、監事長は当初HF公司から有機栽培の依頼があった時の担当者で、ボランティアとして監督の地位にあるとみてよい。業務体制としては、市場販売部（2名）、財務部（2名）、業務部（倉庫、日常管理など、5名）、品質検査室（2名）と弁公室（5名）の5つの部署が設置されている。

このように、この合作社は実質的に郷の農業技術普及機関が主導して成立しているといえる。ただし、この理事会の下に組織の中心である民楽村の11の屯長（一般には村民小組に相当）を位置づけ、会員とのパイプ役としてい

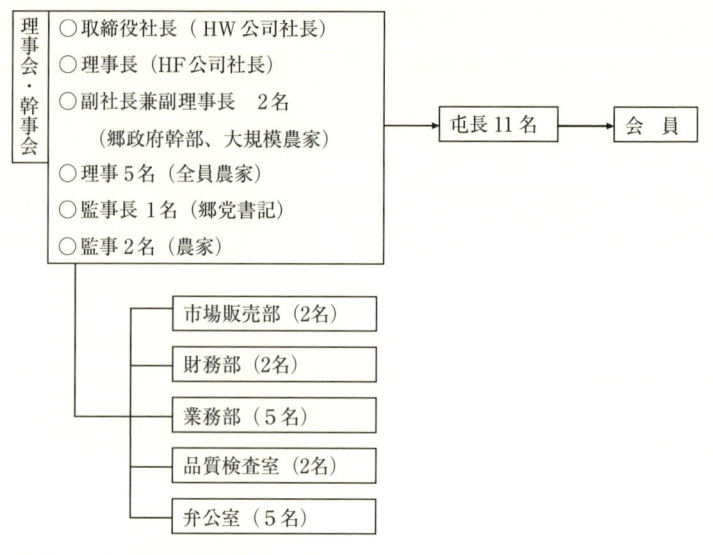

282　第4編　一般農村における米商品化と稲作経営

```
┌─────┐ ┌──────────────────────┐
│理事会│ │○取締役社長（HW 公司社長）    │
│・  │ │○理事長（HF 公司社長）      │        ┌──────┐   ┌──────┐
│幹事会│ │○副社長兼副理事長　2名      │────→│屯長11名│──→│会　員│
│   │ │　　（郷政府幹部、大規模農家）│        └──────┘   └──────┘
│   │ │○理事5名（全員農家）       │
│   │ │○監事長1名（郷党書記）      │
│   │ │○監事2名（農家）         │
└─────┘ └──────────────────────┘
              │
              ├──┤市場販売部（2名）│
              │
              ├──┤財務部（2名）  │
              │
              ├──┤業務部（5名）  │
              │
              ├──┤品質検査室（2名）│
              │
              └──┤弁公室（5名）  │
```

図 10.1　合作社の組織構成
　注：合作社の聞き取り調査による。

ることは農民合作社としての内実を有していることを示している[注2]。

（2）技術指導と資材供給部門

　業務内容であるが、有機栽培という技術普及をベースに作られた組織であり、それに資材供給・販売部門を加えた構成となっている。したがって、第1は生産技術・栽培方式の統一である。技術指導については、「郷農牧畜業総合サービスセンター」を通して、定期的に省、市の技術普及センター、試験場、大学・研究機関などから新しい情報、技術を入手し、会報などにより会員に伝達している。有機栽培については、有機肥料の使用方法、タイミングが最も難しいとされており、最近ではこれらの技術と情報提供に重点をおいている。このような努力により、会員の栽培技術は高レベルで平準化を実現し、五常市における有機米の平均単収はha当たり6.5～7トンであるのに対し、会員のそれは8.3トンとなり、最高は9トンに達している。

生産資材、特に種子供給と有機肥料の供給は、高級ブランドの要となっている。種子については「五優稲4号」に統一されており、前述のように、この香米の品種がブランド形成に決定的な役割を果たした。合作社の有機米のブランド名は「君丹」であるが、小ブランドとして「珍奇鮮米」、「長粒香」、「美裕」、「金楽源」などがある。生産資材の供給においては、当初からHF公司が有機肥料を供給している。供給価格は、仕入れ価格の原価での供給であり、一種の期中割り戻しとなっている。合作社と会員との代金の精算は春先（3月）に行うが、会員が自己資金で支払う場合と信用合作社からの借入による場合がある。後者については、信用社への返済期限が11月であるため、合作社が肩代わりし、会員は販売代金の受け取り後に合作社に元金返済するシステムをとっている。これも一種の利子補給に当たる。

（3）集荷・精米と販売部門

　当組織は、2006年にハルビンのHF公司（資材会社）の特約組合として出発し、翌2007年には合作社として独立した。しかし、販売に関しては上海のHW公司が合作社に出資する形で販売権を得ている。

　2007年の販売は全て籾形態であり、販売先はHW公司（中央政府の幹部専用米と上海市での小売り）の他に、深圳のS糧油公司と北京のJグループがあり、これ以外は全国の大都市の米商人にスポット販売した。2008年の取引先は同様であるが、上海HW公司には従来通り籾販売を行ったが、他2社には一部精米で販売し、個人商人には全て精米販売へと転換した。2009年には、高付加価値を実現するため、籾での販売を取りやめ、全量を精米での販売に転換した。このため、HW公司との取引は中止され（出資金は残っている）、深圳の企業もS社のほかM社を付け加え、北京、天津などを含む大都市での販売代理店130社への買い取り販売に切り替えた。

　物流と精算に関しては以下の通りである。まず、集荷については、稲刈り終了後に圃場で1ヶ月間自然乾燥し、脱穀を行う。その後、合作社の職員4人（検査員2人、保管員1人、会計1人）により籾の品質検査、重量測定、

記録、預り証の作成が行われる。さらに、合作社の車輌により合作社の倉庫に搬入する。精米販売の場合には、隣接する安家鎮の精米業者に委託している。有機米は前述の「君丹」名で商標登録を行っており、袋詰めの際には原産地(「五常市民楽朝鮮族郷産」)と合作社名を表示する。買い手の要望によっては、個別会員名を表示する場合もある。消費地までの運輸方法は上海行きの鉄道便(安家-大連-上海)と瀋陽行きのトラック便があり、後者は瀋陽から貨車輸送している。精算については、出荷の10～15日以内に行われ、販売先から合作社の銀行口座(五常市農業銀行)に振込まれ、合作社は出荷の順で会員の口座に振り込むかたちをとる。

　籾の買い入れ価格は、3月に合作社と会員農家との間で契約する(保護価格)。価格の基準は、慣行栽培の籾市場価格に0.3～0.4元あるいは20％上乗せるというが、実態はkg当たり籾2.8元という最低価格の保証という意味合いが強い。いずれにしろ、この保証によって会員、すなわち出荷者が毎年増加していることは間違いない。収穫後の実際の出荷価格は、合作社の役員5～6名、屯長11名、会員代表若干名からなる価格委員会が決定する。その際に、前年度の市場価格、有機肥料の価格、借地料、雇用労賃などの変化を参考にしている。

　2007年と2008年の合作社による籾の買上単価はそれぞれ2.84元(慣行栽培は1.96元)と3元/kg(同2.14元)であった。また、合作社の販売価格は、主な販売先であるHW公司が元値を提示し、合作社の価格委員会によって最終決定をしたものであるが、2007年と2008年の籾単価はともに4.7元であった。これは、つぎにみるように他のルートの単価の50％の水準でしかなかった。この結果が2009年からの取引中止となったと考えられる。

3．販売事業の実績と合作社経営

(1) 販売実績

　3年間の実績は表10.7に示した通りである。2007年の会員からの買上単価は2.84元、買上量は籾2,888トンであり、買上総額は820万元である。販売は

表 10.7　合作社の買上、販売量、価格の推移

単位：トン、万元

| | 買上量 | 買上額（A） | 販売量 | | 販売額（B） | | | 売上額 |
	籾	籾	籾	米	籾	米	計	(B−A)
2007	2,888	820	2,888	0	1,357	0	1,357	537
2008	6,670	2,001	4,669	1,241	3,285	1,688	4,973	2,972
2009	13,000	5,720	0	8,060	0	13,702	13,702	7,982

注：1）合作社の聞き取り調査による。
　　2）精米率は62％として換算している。

全て籾販売となっており、販売額は1,357万元である。差益は537万元である。

　2008年の会員からの買上量は6,670トンと増加し、単価は3元で買上総額は2,001万元となった。販売のうち70％、4,669トンが籾販売であるが、そのうち、HW公司（40％、2,668トン）への販売単価は4.7元であり、深圳S社と北京Jグループ（30％、2,031トン）のそれは10元であったため、籾の販売額は3,285万元である。残りの30％は精米販売であり（籾2,001トン、精米率62％、精米で1,241トン）、深圳のS社、北京、天津などの個人商人に籾単価で13.6元（小売価格は24～40元）で販売し、販売額は1,688万元、合計4,973万元に達した。差益は2,972万元である。

　2009年には全面的な精米販売へと移行する。販売量は前年度から倍増して13,000トンとなり、籾買上単価も上昇して4.4元となり（慣行栽培は3.7元）、買上額は5,720万元に上った。また、合作社による精米の販売単価は17元となり、販売総額は7,982万元（500万元の在庫含む）となっている。また、極少量であるが、2008年に北京の高級スーパー「九華山庄」（温泉別荘）に単価24元で販売している（小売価格は55.2元）。差益は7,982万元にも及んでいる。

（2）合作社経営と剰余金の配分

　合作社の会員は「投資会員」と「出資会員」に分けられている。前者については取締役社長と理事長の2人であり、これまで年間報酬100万元（1人50万元ずつ）の支払いを行ったのみで利益配当は行っていない。後者については、農家会員からの現金による出資はなく、原則として合作社の利益の20

％を経営面積ならびに籾出荷量に応じて利益配当することにしている。しかし、実際には設立して日が浅いことから2007年の配当はなかった。2008年については、合作社の売買差益は2,972万元で、コスト340万元^(注3)を差し引いた当期利益は2,352万元であった。その結果、2008年には280万元が利益配当とされ（利益の11.9％）、籾1トン当たり出荷に対し420元であり、会員1人当たりの平均配当金は9,114元であった。残りの利益は、内部留保として積み立てられ、投資資金として活用される予定である。現在、合作社出資の有機肥料工場と精米場が建設中であり、両者とも2010年2月に完成する予定である。

合作社の設立以前の民楽郷においては、米業は30社余り存在していたが、設立後には3社に激減した。2009年の郷管内の契約栽培面積をみると、第1位が合作社で2,000ha、第2位が「MY有機穀物有限公司」（2007年設立）で433ha、第3位が86haで、合計2,520haである。残りの728haは、小規模零細農家とそれを対象にしている個人精米業者の取扱い面積である。将来的には、これらの栽培面積も合作社が傘下に収め、有機栽培をさらに拡大するという。

また、一部の会員が周辺の郷鎮で借地経営を行っているが、合作社としては、水資源と土地条件が優れた郷鎮では支社を設立し、規模拡大を進める計画である。近い将来には、籾の買上量を現在の1.3万トンから5万トンに拡大する計画である。さらに、国内のみならず、輸出も視野に入れて戦略を立てている。すでに台湾、香港、アメリカから商談が来ているとのことである。

注
（1）これは五常市の第1良種場（採種圃場）と思われる。面積は81.4haである。
（2）屯長は一種の集荷推進委員であり、地域内の会員の出荷量に応じてkg当たり0.02元の報酬を受けており、平均の年収は2万元に上るという。
（3）コストの内訳は、人件費が200万元、その他の集荷コスト、保管費用、運搬費用、精米費用などが140万元である。

第4節　米の産地形成と合作社

　以上の五常市における米の主産地形成の特徴は次のように整理することができる。

　五常市の稲作は1930年代の朝鮮族の入植を契機とし、その後のダム建設や河川工事等による水利条件の整備とともに水田開発が進展する。また、漢族集落においても畑作から稲作への転換や水田面積が拡大し、現在の米の主産地が形成されたのである。このような歴史的展開は、東北部の一般農村に共通するものと考えられる[注1]。ただし、五常市の場合、盆地という自然的条件により昼夜の温度差が大きく、年間の日照時間や有効積算温度においても水稲栽培の適性に特に恵まれており、そのことが良食味米産地として早くから評判を得ていたのである。

　「五常米」を全国的なブランド米としたのは、1990年代初めに民間育種家によって開発され、1990年代半ば以降に市内で普及した「五優稲1号」の良食味品種であった。その後、同2号、3号の開発を経て、2000年代初め以降、やや長めの粒で香り特性のある「五優稲4号」（稲花香2号）が急速に普及・拡大して、良食味米としての高い評価を決定的にしたのであった。

　他方、1990年代末の米価下落のもとで、国営糧食企業の民営化企業も含めて多数の民間精米加工企業は、高価格で売れる「五常米」の販路を省外へ積極的に拡大し、その産地ブランドを全国各地に広めていった。さらに、高価格商品として緑色米・有機米のブランド化に取り組み、最近では包装に工夫した高級贈答品としての販売対応も見られる。ただし、米業における高価格販売の恩恵が、必ずしも稲作農民に還元されない場合もあった。ここに、郷政府幹部のリーダーシップによる農民専業合作社の設立・展開の意義がある。合作社による有機米の買付契約共同販売においては、契約価格の設定や利用高配当において、稲作農民への利益還元を実現している。今後、このような農民専業合作社が、民間米業に対抗して、拡大・普及するかが注目されるの

である。

注
(1) 朝鮮族や日本人「開拓団」の水田開発を基点とする旧開型の水田開発の動向については、吉林省舒蘭県および水曲柳鎮の事例を参照のこと（朴紅・坂下明彦『中国東北における家族経営の再生と農村組織化』御茶の水書房、1999、第2章）。

第11章

有機米の産地化と農民組織の形成

　本章では、前章を受けて、米業と農民組織との関係をさらに詳細に明らかにすることを課題とする。調査対象地は五常市のなかでも有機米生産の中核となっている民楽郷である。ここでは、急速な稲作有機栽培の拡大の過程で、3つのタイプの農民組織が形成されているが、それは産地ブランド形成における米業（加工流通企業）の機能変化のなかに位置づけることが可能であると考えられる。ここでは、第一に緑色米・有機米産地へと発展していくステージ毎に米の流通の変化とそれに対応した米業の設立動向をとらえ、その機能を明らかにしていく。つぎに、農民合作社型、技術協会型、特約組合型という3つの農民組織の設立経過、業務内容を検討し、その性格を明らかにする。その上で、各農民組織と米業との取引関係の変化を追うことで両者の関係を明らかにする。

第1節　有機米産地形成の経過

1．民楽郷の概況

　対象とする民楽郷は古くからの良質ジャポニカ米の産地として有名であるが、正確には民楽朝鮮族郷という名前にもあるように、1939年の朝鮮からの集団移民をその起源としている[注1]。

　水田化の基点はこの団体移民にあるが、戦後徐々に水田化は進み、取水源である拉林河の上流の磨盤山ダムが2006年に竣工し、水利基盤は強化されている。総面積5,530haのうち耕地面積が3,248haであり、水稲単作経営となっている。基盤整備は、2000年代に入り「五常市有機水稲民楽核心区規」として行われ、郷を2つに分けて北部、南部にわけて実施されている。主要幹線

表 11.1　民楽郷の村-屯の構成

1991～01	2001～	所属屯（村民小組）
富勝村	富勝村	*美裕新村（太平屯＋翻身屯）、張義屯
友誼村 民楽村	民楽村	友誼屯、大産屯、*運勝屯、閻家屯 *民楽屯、紅火屯、民安屯
紅光村	紅光村	*横道子屯、紅光屯、栄華屯
新楽村 星光村 東光村	新楽村	新楽屯、東光屯、東興屯、永興屯、星光屯
双義村	双義村	趙壁屯、万来屯、三家子屯
振興村	振興村	項家屯、陸家屯、旱泡子屯、小陸家屯

注：1）『民楽朝鮮族郷建郷五十周年記念冊』により作成。
　　2）斜体字は漢民族の屯、＊は調査対象屯を示す。

の護岸工事が8,000m、支線が17線、35,000mであり、灌漑面積は2,667haとなっている。1圃場180×60mの圃場整備を行う計画であったが、圃場占有の分散が激しく、水路改修と農道整備に終わっている。

農家戸数は4,164戸、人口は13,053人であるが、出稼ぎ労働者が3,454人、26.5％を占める（2008年）。朝鮮族が多い事もあり、出稼ぎ先は韓国が最も多く70％を占めるが、残りは沿海部の大都市やハルビン市の周辺地域であり、漢民族の出稼ぎもある。このため、賃貸借面積は1,336ha、41.1％を占めており、うち出稼ぎ者によるものが3分の2を占めている。その他は、高齢者や零細農家、出稼ぎ先からの帰還者などによる。このため、営農農家1,249戸の1戸当たりの経営面積は2.6haであり、市平均の82aをはるか超えている。ただし、規模拡大が進んだのは2005年前後からであり、1990年代初頭から始まった韓国への出稼ぎブームが直接的契機ではなく、2004年の農業税の廃止と米の市場価格の上昇、各種の農業補助金制度の実施が寄与している。その

ため、ha当たり借地料は2003年の1,800元から2009年の7,000元にまで跳ね上がっている。

民楽郷における村と屯（一般村では村民小組に相当）の配置を示したのが、**表11.1**である。2001年に9村から6村への再編が行われているが、自然屯は25屯から後に述べる新村の建設により24屯に減少している。

調査の対象としたのは、中心に位置する民楽村の民楽屯と運勝屯、紅光村の横道子屯、富勝村の美裕新村である。郷の中でも優等地に位置し、組織化も活発な地域である。

2．緑色・有機米産地化と流通の変化

（1）産地ブランド化以前の米の流通

家族請負制への転換以降、稲作生産は畑苗技術の導入による増収や水田そのものの外延的展開により拡大をみせたが、流通の改革は必ずしも進展をみせなかった。むろん、双軌制の導入により、糧庫の一元支配は見られなくなったものの、民間業者の集荷のねらいは質より量、および価格水準にあった。しかも、民間業者は現在のかたちの地場に拠点をおいた米業ではなく、庭先集荷を行う存在であった。したがって、村の精米所は小規模で、加工賃を取るだけであった。横道子屯の場合では、買付は糧庫と都市部の企業が福祉目的で購入（団体購入）する程度であった。庭先での商人への販売は、精米の形態であり、籾の歩留まりは関係なかった[注2]。ちなみに、籾の計量単位は確立しておらず、80kg入りの袋に、80kg、75kg、70kgを入れるなど区々だった。精米については、25kgないし50kgであった。

しかし、1990年代半ばから、五常水稲研究所による「松粳」系統の優良品種や農民育種家の田永太氏による「五優稲1号（長粒香）」の同定などにより、コメの端緒的なブランド化が進み、後述するように米業の民楽郷への進出がみられるようになる。ただし、この集荷方式はスポット的なものにとどまっていた。

（2）Ａ級緑色食品基地化と米流通の変化

　1998年以降は、こうした構造が大きく変化する。まず、1990年代後半以降、政府が私営企業の設立を奨励して米業が乱立したからである。さらに、1998年に農地請負制の第2ステージ（30年不変）が実施され、韓国出稼ぎも増大したことから規模拡大が進展をみせた。そして、米が過剰基調に変化したことから、水稲生産も単純な増収志向から品質志向となり、特に外観に加えて食味が重視されるようになってくる。2000年に「五優稲4号（稲花香2号）」が同定されたことも大きかった。

　こうした中で、五常市政府は以前から勧めていた緑色水稲生産基地化（1994年に中国緑色食品発展センターから生産基地として許可）をさらに質的に向上させるため、1998年からＡ級緑色食品基地を目指すようになり、五常市の普及センターにより推進された。1999年には五常市の稲作27,000haが「緑色食品」として国の認定を受けている。市の緑色食品弁公室は、「緑色水稲栽培技術操作規定」を策定するとともに、使用禁止農薬のリストを作成し、『五常市Ａ級緑色食品基地生産者使用手冊』により生産履歴の記帳を義務づけている。こうした動きに対応して積極的に緑色食品（緑色米）を打ち出す米業も現れ、その生産は急速に増加をみせるのである。

　それまで、稲作の生産は拡大したが、米価は外部の商人の力が強く、それを前提に米業のコスト・利益が差し引かれ、農家の庭先価格はkg当たり1.5元に止まった。しかし、優良品種の拡大と緑色食品の指定により価格の上昇が起きる。また、米業の乱立のために農家の囲い込みが必要となり、生産基地の形成が見られるようになっていった。ただし、これは春に米業と農家が契約するものであって、前渡し金はない。契約では最低保証価格が設定されるが、市場価格により変動するものである。また、多くは1年契約であり、特定農家や集団との関係は流動的であり、米業のいう生産基地とは精米処理能力に換算した稲作面積であることが多く、必ずしも固定化されたそれではなかったのである。

（3）有機栽培への転換

　有機栽培への転換は、以上の市政府の政策のもとで、A級緑色食品を超えるものとして推進されたと考えられる。ここでも、技術普及センターの役割が大きかったとみられる。また、黒竜江省政府が、有機肥料公司と組んで実施した普及事業の対象となったことも大きく影響を与えている。この企業は、ハルビンのHF有機肥料公司であり、2002年から2005年にかけて東北3省86か所において有機稲作の普及試験を行っている。20名の技術員が指導を行い、この結果、2006年には有機稲作の技術が確立されていた。黒竜江省政府は、これに対応して緑色食品協会専門家顧問チームを組織し、国家級ハイレベル科学技術団地を五常市に設定し、民楽郷がその最重要地域となった。このHF有機肥料公司の技術員の1人がW氏であり、2006年からこの公司の委託を受けて、民楽郷での有機米普及田の担当となる。これを契機に、豊粟有機米栽培農民専業合作社が2007年3月に設立されるのである。W氏はこの合作社の技術顧問となる。

　この時期には、有機米を専門に扱う米業・合作社が出現し、技術習得が高度であるため、強力な組織化が進んでいることが大きな特徴である。

　なお、有機認証は北京の農業部管轄の「中緑華夏」と南京の国環有機産品認証センターがある。認証は1年更新であり、事前通告なしに審査に入り、10名のうちから2名をランダムに選定して質問を行い、記録をチェックし、技術者からの裏付けをとる。もちろん、圃場ごとの確認である。認証は米業・合作社が申請する。普及センターは、有機の転換期が終わり有機の申請を行うときに証明書を発行するのみである。

3．米業の展開とその特徴

　以上の各段階を踏んで、米業が確実に展開をみせている。以下では、郷の記念誌と聞き取り調査によって作成した民楽郷内の精米業者（米業）14社のリストから、その展開の特徴を明らかにする（**表11.2**）。なお、郷内の米業は、小規模なものを含むと20社にのぼる。

表 11.2 民楽郷所在の精米業者（2010年）

単位：トン、名、万元

会社名	設立年次	加工米	従業員数	出資金	ブランド	備考
竜昇稲業開発	1994	10,000	21	456	民楽香	日本独資、生産基地10の自然屯
晶淳米業	1994	1,200	36	(150)	なし	自己採種基地、晶淳種植協会（2006年）
磨盤山*	1994	1,000				地元農民企業、北大荒米業系列
万興*	1998	650				
華米米業	1999	5,000	45	500	なし	地元農民企業
丹貝米業	2000	6,000	85	600	丹貝香米	黒竜江省省電力系企業
泰達米業	2000	350	35	(700)	泰達香米	生産基地3屯
竜洋種子	2000	900	32	240	国米	民楽水稲研究所と龍洋精米廠からなる
松粳科技	2000	100	19		松粳香	省農業科学院五常水稲研究所の別会社
米楽*	2004	100				
金達莱米業	2005	350	13			地元農民企業
中良美裕*	2006	3,000			美裕	美裕有機農業農民専業合作社（2008年）
豊粟合作社*	2007	8,060	16	11	君丹	11の自然屯、委託精米
一佰垧*	2009	100				

注：1）『民楽朝鮮族郷建郷五十周年記念冊』（2006）をもとに聞き取りで補正。＊は聞き取りによる。
　　2）加工米は2009年の実績、従業員数・出資金（投資額）は2006年時点である。

　まず、設立年次をみると、1994年に3社、1998年から2000年にかけて6社、2004年以降5社が設立されており、段階をおって増加をみせていることがわかる。

　最初に立地した竜昇米業は日本の独資企業であり、規模も大きく（精米ライン4条）、精米施設も日本製であり、先駆的な存在である。1999年にはISO9002を取得するとともに、2001年にはハルビン市から無公害水稲生産基地の資格を得ている。第16回全国人民代表者会議（2002年開催）に緑色米を提供したことで、産地形成に大きく寄与している。同じく1994年に設立された晶淳米業（2000年に現在の名称に変更）は精米ライン1条のやや小振りの企業（本社五常市）であるが、自家の種子生産基地を有し、稲花香2号を中

心にA級緑色米の販売を行っている。2004年にはハルビンに、2005年には北京の農業科学院に出張所を開設し、直接販売を行っていることも特徴である。さらに、磨盤山米業は、最初の地元農家の起業により設立された精米所であり、晶淳米業と同規模の企業である。現在は北大荒米業の系列下にある。

2000年前後に設立された米業は、五常米の地位を確立した品種「五優稲1号」(長粒香)が1990年代後半から一般化し、しかも市政府が勧めてきた緑色米へのシフトが1999年に国家認定を受けたことから、一気に増加をみせたということができる。また、農業産業化の推進とも関連して、私営企業(竜頭企業)の設立が奨励されたことも見逃せない。このなかで、華米米業(地元農家企業)と丹貝米業(黒竜江省電力系企業)はともに精米ライン2条を有する中堅企業であり、前者は緑色米から有機米を主力とした販売に移行し、後者は社内福利事業に重点を持ちつつ市内の15優良米業のひとつに数えられている。また、松粳科技と龍洋種子に見られるように、種籾供給機関・会社が米業を兼営するケースが現れている。前者は黒竜江省農業科学院五常水稲研究所の別会社であり、後者は民間の民楽水稲研究所を母体としている。ここにも、育種部門の半・民営化の流れが反映されている。

2004年以降の設立企業の特徴は、有機米を専門とする企業の出現にある。中良美裕有機穀物製品有限公司(2006年)および先に取り上げた豊粟合作社(2007年)がそれである。前者は北京を本社とする有機米専門会社であり、後者は農民専業合作社形態をとりつつ有機米に特化しているのである。

このように、民楽郷内では、米業の設立が相次ぎ、企業間の競争は激化しているが、2002年から普及した香米系の高級品種「五優稲4号(稲花香2号)」をベースとした市場拡大と緑色米・有機米の拡大により産地規模もまた拡大している。

このなかで、企業は不安定な1年契約から永続的な基地化の流れを加速化させている。さらに注目されるのは、有機肥料会社との特約組合として出発した豊粟合作社が、販売面での自立性を強めており、郷内の水田面積の60%の集荷を達成していることである(2009年)[注3]。また、晶淳米業(1994年

設立)は2006年春に晶淳米業種植協会を設立し、中良美裕もまた2008年に美裕有機農業農民専業合作社を設立している。後者は、企業インテグレーション型の合作社・協会である。このように、農民自らの合作社、あるいは特約型の合作社が形成されている点が大いに注目されるのである(注4)。

以下では、この両タイプの合作社に、技術協会型の営農科学技術協会(2002年設立)を加え、有機米生産をベースとした農民組織化の動向を米業との取引関係の変化の中に位置づけてみよう。

注
(1)『民楽朝鮮族郷建郷五十周年記念冊　1956-2006』民楽朝鮮族郷人民政府、2006を参照のこと。
(2)水分量は圃場での自然乾燥で15〜16%になるため、取引の要素にならなかった。
(3)第10章を参照のこと。
(4)特約組合型の合作社については、黒河功・朴紅・坂下明彦「中国沿海部における農業合作社の展開と類型」『農経論叢』第57集、2001を参照のこと。

第2節　緑色・有機米生産の展開と農民組織の形成

1．農民合作社型－豊粟合作社－

(1)合作社の性格

豊粟合作社は、2007年に設立された農民専業合作社である。この内容については、第10章ですでに詳細に検討しているので、行論に必要な限りでその特徴のみを示す。

組織化の契機は、前述のハルビンのHF有機肥料公司が展開していた有機栽培の試験地として受け入れたことであり(2006年)、郷政府、普及センターの支援のもとで80ha、35戸の団地を形成した。ただし、この肥料公司は販売対応が悪く、2007年に新たに上海の投資会社と契約を結び、販売を強化した。産地の拡大(**表11.3**)とともに、合作社は単なる籾供給から委託精米により販売に乗り出し、現在では全量を自己販売するに至っている。これにより、農家の手取り価格も向上している(**表11.4**)。役員については肥料会

表11.3　豊粟合作社の作付面積と社員

単位：ha、戸

年次	作付面積	社員戸数
2006	80	35
2007	365	110
2008	567	314
2009	1,000	456
2010	2,000	804

注：合作社資料による。

表11.4　豊粟合作社の籾買取価格

単位：元/kg

年次	買取価格	一般価格
2006	2.7	1.9
2007	3.1	2.0
2008	3.1	2.6
2009	4.4	3.6

注：合作社資料による。

社と投資会社の社長をトップに位置づけているが、実際には技術普及センター（農牧畜業総合サービスセンター）長が副社長として実権を握っており、郷政府のイニシャティブのもとにあるといってよい。2010年の作付面積は2,000haに上っており、郷全体の62％を占めるようになっている。地域的には、民楽村の7つの屯と紅光村の3つの屯からなっている[注1]。

技術指導では、肥料公司の技術員であったW氏を技術顧問に迎え、普及センターによる指導体制が確立している。種子は、稲花香2号に統一されており、肥料はHF有機肥料公司から供給を受けている。有機栽培の基礎技術がこの有機肥料に依拠するものだからである。資材購入における一部融資も行われている。また、2010年に農業機械合作社（社長は豊粟合作社の副社長）を設立し、2011年からは育苗・田植えから収穫までの受託作業を行っている。

（2）緑色・有機米栽培と販売先の変化

以下では、豊粟合作社の拠点である民楽村の米販売の変化を辿り、合作社の位置づけを行っておこう。

1990年代においては、米販売は糧庫（籾販売）と郷内の米業（龍昇米業1994年設立、晶淳米業1994年設立）に販売していた。米業への販売は精米価格での取引であったが、実際には庭先販売のために籾渡しが基本的であった。精米渡しのケースでは、集荷の車に同乗して工場で精米後に販売を行っていた。

民楽屯では、2000年から徐々に緑色栽培を導入し、2002年からその価格優位性が出てきた。これは、龍昇米業が進めていたもので、第16回全国人民代表大会（日本の国会に類似するもの）に緑色米を提供したことから有名になった。

　この頃から、民楽郷は良質米産地として有名になったため、米業が乱立することになる。ただし、米価はkg当たり2元と低水準であったが、地代も安価であった。

　有機米は、2004年から導入され、当初は合鴨農法であり、五常市の普及系統会社の有機肥料も供給されていた。これは、民楽郷の技術普及センター長（現在の合作社副社長）が五常市政府の情報を伝達したものである。2004年から2005年にかけて、郷の3分の1の農家がすでに有機米に取り組んでいた。この時、有機米が普及したのは五常市から供給される有機肥料がha当たり1,245元と安かったからである。当初は、晶淳米業に出荷していた。しかし、2006年にW氏が現地に泊まり込みで指導をしており、合作社の設立につながっていく。合作社の有機肥料は高額であったが、市政府供給価格との差額分を公司が負担することになり、同一コストでスタートすることができた。

　このように、合作社の形成は必ずしも有機栽培導入を契機としたものではなく、当初は技術指導体制のあり方が重要だったのであり、その定着後、市場開拓と農家手取り価格の上昇が組織拡大に結びついたということができるのである。

２．技術協会型－営農科学技術協会－

（１）協会設立の経緯

　営農科学技術協会の設立は、会長である民楽村運勝屯の篤農家No.3（1963年生）に負うところが大きい。

　現在の運勝屯の農家戸数は70戸であるが、在村者は13戸のみ、営農しているのは3戸のみである。水田面積は52haであるが、朝鮮族農家はNo.3の11.3haの他、2ha、1haであり、合わせて14.3haである。残りの37.7haは漢

民族の農家12戸（屯外2戸、郷内2戸、郷外8戸（安家鎮））への貸付となっている（平均面積は3.1ha）。

No.3は1994年に1haから営農を開始し、1995年に4.7haに拡大し、大学と五常水稲研究所の技術指導を受ける。1998年には6.6haとなるが、この年のha単収が12.2トンとなり、「省水稲大王」、「労働模範」となり、全国から水稲技術の視察が殺到した。これを契機に2000年に8戸で水稲技術の研究グループを結成した。これをマスコミの記者が「営農協会」という名前で報道したが、これを契機に2002年に「営農科学技術協会」という名称で民政局に正式に登記した。2004年からは周辺の屯の農家の加入を進め、2007年には65名となった。2010年現在では、会員は、民楽村22名のうち運勝屯4名、民楽屯5名、紅火・民安屯4名、友誼屯6名、大産屯3名であり、紅光村、新楽村、双義村の万来屯を合わせ、85戸で300haの規模となっている。郷外の会員は20戸、100ha程度であり、合計で105戸、400ha程度である。

2007年からは、田永太氏の育苗会社から「稲花香2号」の供給を受け会員への種子供給を行っているが、2010年からは会長の2haの圃場で40品種の比較試験を始めている。2009年には、北京での小売価格がkg当たり112元となり、農業部から「ねばり、光沢、香り」で中国一と太鼓判をもらっている。また、2008年には韓国の京畿道の議政府市農協から省政府に対し朝鮮族の支援をしたいとの要請があり、この協会が紹介されて視察を受け、支援先に決定されている。支援内容は、農業機械の技術指導と部品の機械提供、資金支援である。

（2）緑色・有機米栽培と販売先の変化

営農科学技術協会は、2002年に8名の研究グループとして発足したが、その販売先は、2002年から2006年が丹貝米業、2007年から2009年が中良美裕、2010年からはハルビンの海洋奇力公司である。

2002年に緑色米を導入したが、これは郷内で一斉に進行した。朝鮮族は技術が高く、団結心が強く、韓国の情報も入手し易いためである。この時に、

8名で協会を設立したが、協会として丹貝米業との契約販売を行った。それ以前は各自のスポット販売であった。当初は1年契約であったが、技術員が無料で指導を行う、作業規定を設け企業が監督するという契約内容であった。2年目の2003年は、生産資材の購入資金の一部を秋返済で供給する、外部からの講習の費用を企業が補助する、価格は市場価格に一定の上乗せをするという契約であった。2005年には転換期証明書をつけて北京の認証機関に有機の認証申請している。2005から2006年は黒竜江省農業科学院の肥料（BB肥料）を共同購入している。2007年の契約価格に不満があり通告したが変化がなかったため、この年会員65名中11名が美裕公司に移動し、2008年には全員が移動した。この年に、有機栽培の認証を取得している。共同販売数量は、100戸、300ha、単収7.5トンとして2,250トンである。2007年からは阿城酵素有機肥「竜棋」（美裕公司の指定）を共同購入している。美裕公司への移行は、普及ステーション長であったＱ氏が美裕公司の技術顧問に就任していたことが大きく、移行後の指導も受けている。2008年からは有機米に移行している。

　2010年からはハルビンの海洋奇力生物工程有限公司と契約し、CHITOSANの添加米として販売する予定となっている。これはCHITOSANを種子浸水時、施肥、葉面散布時に施用するものであり、ha当たり1,400元の補助があり、価格は民楽郷の最高価格とするという契約内容となっている。

3．特約組合型－美裕有機農業農民専業合作社－

（1）富勝村農業の特徴

　富勝村は、太平屯、翻身屯、張義屯からなるが、前2者と中良美裕有機穀物製品有限公司（以下美裕公司と省略）との契約生産の一環として、160棟の2階建てマンションが建設され、2009年10月に入居が開始された。2010年夏現在、157戸、500人が入居している。これにより、太平屯と翻身屯が合併し、美裕新村（屯としての位置づけ）が新設されている。

　美裕新村を構成する2つの屯のうち、太平屯は89戸、345人で、実際の在住は50戸程度、39戸は長期出稼ぎであり、営農戸数は44戸（農家人口200人

程度)である。1995年頃から沿岸部への長期出稼ぎとそれに伴う農地流動化が開始され、1998年以降に本格化している。39戸の不在者はほとんどが沿海部への出稼ぎ者であり、出稼ぎ先は主に北京・西安・ハルビン等である。漢民族の村であるため、韓国など海外への労働力移動はない。このうち、20戸は戸籍だけ残して住宅も売却しており、今後も戻る条件はない。農地の権利は保持し、直接支払い補助金を受け取っている。借地料の交渉等の連絡は電話で行い、借地料は銀行口座振り込みであり、対面することはない。残りの19戸は旧正月には帰郷している。1998年から30年間は農地の権利が保障されており、不在であっても農地の権利は手放さない。屯の集団所有農地は52haであり、他の屯に60haの借地があり、合計で112haである。農地の配分は、1982年請負制開始時の人口割り(1人当たり8.6a)の後は、1998年(30年契約開始時)の再調整のみであり、中間調整は行われていない。もうひとつの翻身屯は、営農戸数は60戸であり、出稼ぎ者は10戸程度と少ない。農地面積は86haである。両者をあわせて、営農戸数は104戸、農地面積は屯内が138ha、屯外が60ha、合計198haであり、後者は美裕公司との契約対象外である。平均面積は2haであり、5ha以上は20戸であり、10ha以上はいない。朝鮮族の村と比較して規模拡大は進んでいない。借地料は、かなり以前から高かったが、近年は停滞的であったが(2009年にha当たり6,500元)、それが2010年に跳ね上がって10,000元となっている。漢民族は金納であり、契約は相対で、書面、口頭の両方がある。

(2) 美裕公司との契約と特約組合的合作社の設立

この村のブランド米産地としての契機は、他の地区同様、緑色米の導入であり、2002年にスタートした。さらに地域での有機栽培の拡大を受けて、2005年には有機転換の申請をおこなった。この時点での取引先は晶淳米業であったが、2007年からは美裕公司との契約栽培に移行し、2008年から有機認証されている。

美裕公司との取引は、昌淳米業の副社長をしていたZ氏が、2006年末に北

京で友人が設立していた美裕公司に経営参加したことが一つの契機である。Z氏は民楽郷の土地条件等を熟知しており、この村が圃場が平坦で用排水分離が整っていること、「言われた通りにやる」人柄であることを評価して白羽の矢を立てたという。すでに述べたように、屯外での借地からの籾も買上はしているが、条件は別となっており、土地条件を吟味した上で基地の選定が行われたことを示している。有機ブームのもとで、有機米専門の米業として産地基盤の強化を求めた時期に重なっていたのである。

これに対応して、2008年6月には美裕有機農業農民専業合作社が設立されているが、それは単なる特約型の合作社設立にとどまらず、社会主義的農村建設運動に対応した新しい村づくりを伴っていたことが特筆される。社員は115戸（現在は157戸）で、出資は700万元であり、これは村の新設により余った旧屋敷地と屋敷付属地（17万㎡のうち新築用地が10万㎡で、残りの土地7万㎡＝7haが合作社有地）の資産評価分であり、この他に美裕公司が300万元、五常市の信用社が100万元を出資し、合計1,100万元となっている。この合作社有地のうち、3haは有機肥料工場に、残りは水田1ha、大豆3haの作付となっている。住宅建築費は1,920万元であったが、これは会社負担であり、ただし肥料工場で利益が出れば補填するという契約になっている。合作社は、2008年から2010年の3年間は手数料を徴収せず、2011年から有料化して利益を出資配当する計画になっている。高級米販売会社としての社会貢献と生産基地のモデル化による宣伝効果が期待されていると思われる。

会社との籾の販売契約は、有機認証を受けた2008年では単収ha当たり5トンを想定して、ha当たり30,000元（kg当たり6元）の面積保証価格であった。しかし、2009年にはkg当たり5.4元（ha当たり27,000元）の契約となり、不利となった。そのため、2010年はkg当たり地元最高価格＋0.2元（予想価格6.2元）に近傍の平均反収（7.5トン）を掛けてha当たり46,500元とし、さらに有機栽培によるコストアップ分のha当たり6,700元（除草3,000元、肥料1,700元、その他2,000元）を加えたha当たり53,200元（予想価格）で契約を行っている。

注
（1）友誼屯では、100戸程度がハルビンの米業と提携して別の合作社の設立を申請中であるという（2010年時点）。

第3節　緑色・有機米産地化と米業・農民組織

　表11.5は、以上の合作社が存立する屯において、1990年代からの米の販売がいかに変化したかを整理したものである。技術協会については、共販組織であるため、その販売先の変化を示した。

　1990年代については、必ずしも聞き取りが十分ではないが、国家買付機関である糧庫の他に1990年代に村内に設立された米業や五常市の米業の系列化にある集荷商による庭先取引が一般的であり、良質米への転換（長粒香や松粳系統）にもかかわらず、米価はkg当たり1.5元から2元という低水準であった。

　緑色米への転換は郷の中心地（民楽村）で2000年から、その他でも2002年から進められる。それを先導した竜昇米業や丹貝米業などが契約栽培の先鞭をつけるが、1年契約やスポット買いが主流であったと考えられる。

　米業との関係が長期・固定化傾向をみせるのは、有機転換（3年）が始まってからである。これは、中心部で2004年、周辺部で2005年であり、転換は一斉に行われたことがわかる。申請は、米業を通じて行われることになり、新たな技術導入で生産資材の指定や生産履歴の記帳などが必要となり、有機認証を得るまでにはかなり高いハードルがあり、企業による支援が必要であったからである。ただし、豊粟合作社の中心である民楽村でも有機米に力を入れていた晶淳米業から豊粟合作社へと販売先が移行しているし、技術協会においても丹貝米業から美裕公司へ、富勝村でも晶淳米業から美裕公司へと転換がみられる。この移行に関しては米価水準や助成処置といった契約内容もさることながら、豊粟合作社のW氏、美裕公司のQ氏という技術顧問の存在が非常に大きかったといえる。ただし、企業・合作社との関係が強固かと

表11.5 緑色化・有機化による取引先の変化

年次	民楽村（民楽屯）主な米業・組織の形成	民楽村（民楽屯）商品化動向	民楽村（民楽屯）取引組織	営農科学技術協会 商品化動向	営農科学技術協会 取引組織	富勝村（太平屯）商品化動向	富勝村（太平屯・翻身屯）取引組織	紅光村（横道子屯）商品化動向	紅光村（横道子屯）取引組織
1994	竜昇・晶淳								
1995			糊騒（竜昇）（晶淳）						
1996									
1997									
1998									
1999	華米				スポット取引		スポット取引		
2000	丹貝	緑色米の導入	竜昇	緑色米の導入	丹貝	緑色米の導入	不明		
2001									
2002	協会								
2003									24戸 華米
2004		有機転換	晶淳	有機転換		有機転換	晶淳		
2005	美裕				美裕		美裕	20戸	美裕
2006					奇力				
2007	合作社	有機認証	合作社	有機認証		有機認証		21戸	合作社
2008	一佰晌							10戸	一佰晌
2009								6戸	協会
2010									

注：各組織の責任者への聞き取りにより作成。

いうと、技術協会は2010年から新たな技術導入を伴う販売先の変更を行っており、合作社についても前節の注に記したように他の米業との連携によって分裂的な新合作社の設立の動きがあるなど必ずしもそうは言えない。横道子屯のように、有機栽培が一般化しておらず、各企業・合作社の拠点から外れたところでは、多数の米業・合作社との関係を有している屯も存在している。

　このように、有機米導入以降はある程度は固定された米業・合作社との関係が屯を基盤として形成されているとみられる。それぞれの合作社の特徴を改めて整理すると次の通りである。豊粟合作社は2006年に設立された農民専業合作社であり、生産基地が450戸、2,000haにおよぶ大規模な組織である。郷の農業技術普及機関が主導して設立されたものであるが、村民小組を媒介することで農民合作社としての内実を有している。営農科学技術協会は、2002年に設立された技術協会型組織であり、篤農家を中心に100戸、300haを生産基地としており、地域横断的な組織をなしている。美裕合作社は、2008年に設立された企業インテグレーション型の組織であり、100戸、200haからなる村民小組単位の組織であり、企業支援による集合住宅を併設し、米業の支配下にある。

　米業による個別農家との契約による集荷方式も存在するが、香米の有機栽培による高価格販売の実現を背景に自立的あるいはインテグレートされた形態で農家の組織化が進展しているところに高級ブランド米産地としての特徴が現れている。今後、さらなるブランド化をめざして生産基地と米業・合作社の関係は変動が予想される。ただし、当初、生産資材会社の特約組合的に設立された合作社が、郷政府・技術普及センターの主導のもとで郷内作付面積の60%のシェアーを確保していることはこれまでにない変化として注目する必要がある。

第12章

有機米産地における生産基盤

　本章は、第11章と同様に五常市の民楽郷を対象として、良質米産地の生産基盤としての稲作農家の動向を把握することを課題としている。地域の概況についてはすでに概説したが、朝鮮族の韓国あるいは沿海部への大量の出稼ぎを背景として、実農家数の極端な減少と農地の集積が進行をみせている。その中で、三江平原に匹敵する大規模農家も出現している。ここでは、大規模層2戸、中規模層3戸の事例によりながら、その規模拡大過程と稲作の作業方式について考察を行う。その際、借地関係の安定度や有機栽培への技術対応と労働力確保状況に注意を払う。農家経済については、借地料と労賃の水準が経済収支にいかに影響を与えているかが焦点となる。この分析により、中型機械化一環体系をほぼ完成させている三江平原との比較を行う。

第1節　農家の規模拡大の特徴

1. 民楽郷における農地の集積状況

　対象とする民楽郷の人口（2008年）は13,053人（4,164戸）であり、そのうち朝鮮族が51％、漢民族が48％、その他の民族が1％である。総面積は5,530haであり、そのうち耕地面積が3,248ha（58.7％）であるが、全て水田である。水田灌漑は磨盤山ダムと竜鳳山ダムから引水しており、幹線用水路は郷の南北を貫通している。

　総人口13,053人のうち、出稼ぎ労働者が3,454人であり、全体の26.5％を占める。出稼ぎ先は韓国が最も多く、7割を占めており、残りの3割は沿海部の大都市やハルビン市の周辺地域である。2009年における水田の借地面積は1,336haであり、水田総面積の41.1％を占めており、うち出稼ぎ者による賃貸

表 12.1 民楽郷の水田所有形態（2009年）

単位：ha

	耕地計	請負地	借地	機動地	堤外地	借地率
五常市	106,380	85,762	3,920	5,097	2,194	3.7
民楽郷	3,248	1,604	1,336	18	290	41.1
富勝村	331	251	80	0	0	24.1
民楽村	650	170	399	0	82	61.3
紅光村	392	152	187	0	53	47.6
新楽村	695	69	539	0	87	77.6
双義村	352	257	69	0	25	19.7
振興村	800	677	62	18	43	7.7
堤防站	28	28	0	0	0	0.0

注：郷政府資料による。

面積は864haで、残りの472haは高齢者や零細農家、出稼ぎ先からの帰郷者などのものである（**表12.1**）。

　農家戸数4,164戸のうち専業農家は1,249戸であり、1戸当たりの経営面積は2.6haである。これは市平均の82aを遙かに超えており、出稼ぎ労働者による水田供給（賃貸地）が規模拡大に大きく寄与しているといえよう。

　農地の賃貸借は基本的には相対で行うが、契約時には「郷農業経営管理ステーション」の幹部が立ち会い、契約書は一式3部を作成し、貸し手と借り手以外にトラブル防止のためステーションにも1部を保管している。契約期間は1年、3年、5年と最長の20年があるが、3年が一般的である。借地料は契約期間が1年の場合には、前年末に支払うが、3年以上の場合には一括の前払いである。

　民楽郷における規模拡大は2005年前後から始まっているが、以下のような背景の下で行われた。まず、1990年代初頭から韓国への出稼ぎがブームになり、多くの農家が他出した。ただし、2003年までは農業税など土地に過重な負担がかかっていたため、土地流動化はあまり進展しなかった。しかし、2004年の農業税の廃止[注1]と米の市場価格の上昇、各種の農業補助金制度[注2]の実施により、農地流動化が一気に進んでいる。それにより、借地料（ha当たり）は2003年の1,800元から2009年の7,000元にまで急上昇している。

表12.2 民楽屯における農地の賃貸借（2009年）

単位：ha、戸

農家番号	借地面積	借地所在地 屯内	借地所在地 屯外	貸し手戸数 屯内	貸し手戸数 屯外
No.A	18.0	9.3	8.7	12	15
No.B	17.0	17.0		21	
No.C	16.0	4.7	11.3	4	10
No.D	13.0	13.0		10	
No.E	11.0	11.0		9	
No.F	8.7	8.7		6	
No.G	4.5	4.5		3	
No.H	4.2	4.2		4	
No.I	4.2	4.2		3	
No.J	3.0	3.0		2	
合　計	99.6	79.6	20.0	74	25

注：1）2009年の聞き取り調査による。
　　2）当初からの請負地は含んでいない。1戸当たり80.6aとなるので、10戸で8.1haとなる。聞き取りのため総面積と一致しない。

以下では自然屯をなす民楽村民楽屯の実態を示しておく。民楽屯は人口427人、農家戸数は126戸であるが、屯の耕地面積は101haであり、1人当たり23.7a、1戸（平均3.4人）当たり80.6aで、経営規模が非常に零細である。そのこともあり、農家のうち70％が韓国や沿海地域などに出稼ぎに他出したため、残り30％の128人、37戸が在村している（2009年現在）。これは郷全体の2倍以上の数値である。さらに、高齢者、近隣での兼業農家、韓国出稼ぎからの帰郷者などを除けば、実際に農業経営を行っている農家はわずか10戸である。

それを一覧にしたのが**表12.2**である。10戸のうち、10ha以上層は5戸であり、そのうち屯外に農地を取得している農家は2戸である。郷全体の10ha以上農家の3分の1が集中している。残り5戸は10ha未満であるが、ほとんどが5ha未満であり、かなり格差があるといってよい。屯内の借地面積は79.6haであり、貸し手農家数は74戸であるから、1戸平均の貸付面積は1ha余りとなる。1戸当たりの分配面積は0.8haであるから、平均的な農家が

貸し出しているといえる。ここでも、貸借関係が複雑になるため、郷の「農業経営管理ステーション」の仲介機能が重要となっている。

聞き取りによれば、民楽屯の規模拡大は郷のそれとほぼ同じ時期で、2005年からであった。借地料（ha当たり）は1993年から2003年の10年間では、1,800～1,900元でほとんど変化しなかったが、2004年からは急騰して、4,000元になり、以降毎年500～1,000元ずつアップし続け、2008年と2009年にはそれぞれ6,500元と7,000元にまで達した。これは民楽村全体でも同様であり、他地域より高額である。No.A農家やNo.C農家のように屯外（村外）に進出し、借地経営を行う背景にもなったのである。

2．対象農家の属性

民楽郷の稲作の特徴を確認すると、1戸当たりの経営面積は2.6ha、借地率が41.1％と高く、転出者の農地を集積して規模拡大が進展している点である。2004年以降、有機農業への転換が進み、かなりの農家が全農地の有機認証を受けている。

調査対象とするのは5戸の農家である（**表12.3**）。経営主年齢は、ほとんどが40歳代後半であり（No.4のみ50歳代後半）、No.1が民楽村長で、農民専業合作社の副社長、No.3が技術協会の会長、No.4が屯長、No.5が村長と、郷内のリーダーをなしている。家族構成は、4人家族が3戸、夫婦家族が2戸であり、後継者がいるのはNo.5のみであるが、精米工場の技師である。それ以外の子弟は若年者を除き転出しており、No.2の長女、No.3の長男、No.4の長男は大学生であり、学歴は高い。なお、No.3は再婚であるが、その連れ子の娘2人（20歳、19歳）は韓国に出稼ぎ中である。

経営面積は、全て水田であり、請負地は1haに満たないので、ほとんどが借地である。No.1が民楽屯内に17haと郷外に85haの借地を持ち、郷内でも最上層に位置する経営である。No.2も屯内で急速に規模拡大を行い70ha経営となっている。以上、2戸が最大規模の経営ということができる。No.3は、1998年に「黒竜江省水稲大王」に選定された篤農家であり、経営面積11.3ha

表12.3　調査農家の概要（2009/10年）

単位：歳、ha、元/ha

	経営主	妻	その他（他出）	役職	経営地	借地料	村	屯
No.1	48	38	長女16、次女3	村長、豊粟合作社副社長	102.0	7,000	民楽	民楽
No.2	47	47	（長女24）		70.0	7,500	紅光	横道子
No.3	46	41	父82、母77、（長男23）	営農科学技術協会長	11.3	7,000	民楽	運勝
No.4	56	54	（長女結婚）、（長男大学生）	屯長	6.4	7,000	富勝	太平
No.5	46	43	長男21、妻21	村長	5.2	4,500	富勝	翻身

注：2010年6月の農家調査による。

は郷内でも上位層ということができる。No.4とNo.5は、それぞれ6.4haと5.2haであり、中規模層に位置づけることができる。なお、No.1～3の3戸は朝鮮民族、No.4・5は漢民族である。

以下では、規模階層毎に農地の集積過程をみていこう。

3．最上層の規模拡大と借地形態

（1）事例1（経営規模　102ha）

経営主は1992年（30歳）に両親と3人で隣接する宝山郷から転入し、親戚から80aの水田を借地している。1994年に結婚し、屯内（朝鮮民族）の韓国出稼ぎ農家の水田を集積し、徐々に規模拡大を図り、1999年に6ha、2000年には10ha、2003年には14haとなり、以降の増減を経て2009年には17haとなっている。借地料は2008年がha当たり6,500元、2009年には7,000元となっている。

この村内の10数haを基礎として、2004年から10年契約で営城子郷青光村の村有地85haを借地している。この土地は拉林河の河川敷であり、1980年に4戸の農家によって無断開墾され、請負制開始時には4戸名義となったが、市の水務局の指示により村有地に移行したものである[注3]。借地料は、2007年から2009年がha当たり600元、2010年は1,200元であり、一般の10分の1の水準である。用水は河からの直接のポンプアップであり、2007年の水害による収穫皆無を受け独自に築堤を行ったが（13万元の費用）、磨盤山ダムの完

成により水害のおそれはなくなっている。
　今後の経営展開上の最大の問題は、2013年の契約期間後に河川敷の借地権を回収されることであり、契約解除後については、親戚（姪）が経営している10数haの水田を賃貸すること、屯内の101haの水田のうち40数haを借地する計画を有している。屯では、漢民族による借地を制限しており、空き屋についても賃貸を行わない処置をとっている。大規模経営にもかかわらず、借地権が安定していないことが特徴である。

（2）事例2（経営規模　70ha）
　1982年の請負制開始時の面積は、1ha程度（3人分）であった。1984年から5年間は、農地を貸し付けて韓国へ出稼ぎに行き、1989年の帰国後に請負地1haに韓国・沿海州への出稼ぎ者3～4戸からの借地3haを加え、4haで農業を開始する。2000年から徐々に農地拡大を行って10haを超え、2005年には20ha規模となっている。これは、10から20年の長期契約であり、安定した借地である。貸し手は40戸程度であり、韓国および上海への出稼ぎ者が多い。
　その後、2006年に豊粟合作社ができ、有機米生産により収入が見込めることから、急速に規模拡大を行い70haに至っている。これらの50haは通常2～3年の短期契約（口頭契約）であり、最近5年で変動しつつ急拡大している。借地料は、米の現物支払が多く、代金納の場合には米価で換算している。2009年はha当たり籾1,500kgであり、kg当たり5元で換算してha当たり7,500元にまで上昇している。今後も規模拡大の意向はあるが、貸し手市場であり、しかも貸し手の増加は見通せない状況にある。

4．中上層の農地集積の特徴

（1）事例3（経営規模　11.3ha）
　経営主は大学入試に失敗したことから1981年に18歳で村の会計になる。1994年に31歳で韓国に密入国により出稼ぎに行くが、短期間で強制退去処分

表12.4 No.3の借地相手の性格

単位：ha

出し手	面積	口数	相手の状況
a	1.5	8	3人兄弟、沿海で食堂
b	1.7	9	2人兄弟、韓国出稼ぎ、父の兄弟
c	1.7	9	3人兄弟、沿海2人、韓国1人、父の兄弟
d	0.4	11	父親は70歳で在村、他は韓国出稼ぎ
e	0.7		
f	1.1		
g	0.6	3	夫が韓国出稼ぎ
h	1.0	5	身体障害者
i	2.0	9	韓国出稼ぎ
合計	10.7		

注：聞き取り調査による。

に遭い、地元で1haから経営を開始した（1人25aで4人家族）。翌1995年には4.7haに拡大し、大学と地元の水稲研究所の技術指導を受ける。1998年には6.7haとなるが（請負地の調整で1人25a、6人家族）、この年の稲作単収が12.2トンとなり、「黒竜江省水稲大王」「労働模範」に選定された。2000年には現在の11.3haとなっている。ha当たり借地料は、2008年が5,000元であったが、2009年には7,000元、10年には10,000元となっている。

表12.4は借地の相手の性格を示したものである。借地は全て運勝屯内にあるが、bおよびcは親戚（叔父）であり、一定の血縁による賃貸が存在することがわかる。また、出し手は一部を除き、韓国ないし沿海部への出稼ぎ農家である。

今後は、3〜5年以内に屯の全面積52haを借地する計画である。この水田は現在、漢民族の借地となっているが、本人の実力が評価されているため、その実行は十分可能であるという。ha当たり借地料は13,000〜15,000元の水準であれば支払い可能であるとしている。

（2）事例4（経営規模 6.4ha）

1982年の請負面積は0.4haであったが、2005年に6年契約で3haを拡大し

ている。さらに、2006年には10年契約で1ha、2007年に2haを5年契約し、6.4haとなっている。契約は全て口答契約である。なお、ha当たりの借地料は2005年が4,000元、2006〜08年が5,000元、2009年が7,000元と引き上げられている。農地の貸し手は、いずれも沿海部への出稼ぎ者である。

娘が既に結婚他出し、息子も2010年に大学卒業予定なので、2011年には2005年の契約分のうち、2戸分2haを返却する予定としている。ただし、60歳代までは、営農を継続する予定である。

屯内での農地流動化は一段落し、貸し手はあまり増加しない見込みであり、現在まで在村している農家は農地を守って屯に残る志向が強いという。

(3) 事例5 (経営規模 5.2ha)

1982年の請負地の配分は1人13a×4人（父母＋本人＋弟）で52aであった。本人は1988年の結婚時に分家独立して13aとなり、ハルビン・五常の建築現場で兼業して生計を立てていた。弟は1990年に結婚して両親と暮らし、39aとなった。この弟も同様に兼業を行った。

1998年に農地の再配分（調整）が行われ、夫婦＋息子で13a×3名で39aとなった。同年、3戸（13人）から1.7haを借地し、同時に村の「機動地」(注4)0.1haを借地し、2.2haとなった。借地料はha当たり1,500元であり、契約は20〜30年である。貸付者は同村の元農家であるが、現在は自営業（商売）を行っており、居住地は五常市が1戸、ハルビン市が2戸である。この時点では直接支払政策による補助金は100％耕作者に帰属していた。

さらに、2003年には翻身屯の7戸（18人、16a／人）、計3.0haを借地し、5.2haとなった。借地料は4,500元であり、5年契約、5年更新である。貸付者の7戸の現在の職業と居住地は、瀋陽での商売・タクシー業、大連でのタクシー業、北京での自営業などである。直接支払政策による補助金は、耕作者が50％以上受け取る形態に変化している。

5．借地経営の特徴

　以上みたように、最上層と中規模層では農地集積の有り様は異なっている。最上層のNo.1は、屯内の10ha規模の稲作経営を基盤に、管内に多数存在する拉林河の河川敷を活用して有機栽培への転換が行われた2000年代中期に一気に85haの拡大を行っている。しかし、米価上昇のなかで安価な借地料による借地継続は望めず、血縁や屯内での実力を背景とした農地集積に活路を見出そうとしている。No.2は、農地集積自体は屯内であるが、20ha分は長期借地として確保しているものの、残り50haは不安定な短期借地であり、貸し手市場の中で借地料競争に勝ち残れるかが鍵となっている。両者ともに、借地の安定度は低く、借地料の引き上げに対応せざるを得ない状況の中にいると考えられる。

　これに対し、**表12.5**に整理したように、5haから10ha前後層においては、集積時期の違いがあるものの比較的長期的な契約形態が多い。No.3は2000年に現状の規模に達しているが、これは10年を経過した2010年においても継続されている。No.5においても現状の規模は2003年に達成しているが、再更新されている。また、No.4は56歳であり、2haの借地更新は行わない予定であ

表12.5　大中規模農家の農地集積

単位：ha、契約年数

	No.3	No.4		No.5	
1982	1.0	0.4		0.5	
1995	3.7				
1998	2.0			1.8	20年
2000	4.6				
2003				3.0	5年
2005		3.0	6年		
2006		1.0	10年		
2007		2.0	5年		
合計	11.3	6.4		5.2	

注：聞き取り調査による。

表12.6　借地料の変化

単位：元/ha

	民楽屯	運勝屯	太平屯
1997		2,000	1,500
98～02		2,000	4,000
2003	1,800	2,000	4,500
2004	4,000	2,000	4,500
2005		2,000	4,500
2006		3,000	4,500
2007		4,000	5,000
2008	6,500	5,000	6,000
2009	7,000	7,000	6,500
2010		10,000	10,000

注：聞き取り調査による。

るが、貸し手側からの要請ではない。この層は屯内を基盤に、リーダー的な地位に依拠しつつ、安定的な借地関係を形成しているのであり、No.3のように大幅な規模拡大を志向するものも現れている。

ただし、こうした激しい借地競争の結果、地価はどの屯をとっても大幅な上昇をみせている。表12.6にそれを示している。太平屯では、1990年代末に4,000元を示しているが、緑色米・有機米の導入の先進地であった民楽屯では、それとともに借地料の上昇がみられ、それが普及した2009年には7,000元水準に、2010年には10,000元の水準となっているのである。この点は、今後の大規模借地経営の安定度と関わって、重要な問題となっている。

注

（1）農業税の廃止については、2004年に黒竜江省と吉林省で試験的に行い、2006年に全国的に廃止するようになった。農業税とともに、農業特産税（2004年から廃止）と牧業税（2005年に実質的に廃止）が廃止された。

（2）農業補助金のうち、1つは「総合収入補助」である。うち、糧食生産農家直接補助は、従来の糧食流通企業向けの補助金を直接農家に支払うものであり、「糧食リスク基金」という名目で中央と地方政府が集めている。2004年からの5年間の総額は692億元に達する。生産資材購入直接補助は、2004年からの化学肥料、農薬などの生産資材の価格高騰を受け、2006年から実施した補助金

であり、2006年からの3年間の交付額は758億元であった。もう一つの農業補助金は「専門項目補助」である。うち、優良種苗購入補助は、大豆（2002年）から始まったが、2004年に水稲、小麦、トウモロコシに対象を拡大しており、東北三省での水稲種子の補助金は、ha当たり100元である。農業機械購入補助は、2004年から一部地域で試行され、2006年からは糧食の主産地及び大規模農家を対象として実施されている。

（3）五常市の河川敷は2,194haにのぼるが、栄城子鎮では216haとなっている。第10章を参照のこと。

（4）一般農村の「機動地」の内容は、第1章で述べた国有農場のそれとほぼ一致するが、村（組）の収入増のために、農家に貸し付けるケースが多い。

第2節　稲作作業体系の特徴

1．作業体系の規模差

　以下では、5戸の農家を事例として、規模差による作業体系の相違を特に雇用・請負関係に焦点を当てて分析した上で、作業毎の技術的特徴を明らかにしていく。なお、No.1については煩雑になるので、85haの団地のみを対象とする[注1]。

　表12.7は、5戸の農家の作業体系を示したものである。全ての農家は全地の有機認証を受けており、有機栽培を行っている。その最大の特徴は、機械化が耕起・代掻き時のトラクタ耕に留まっていることであり、それを含めて作業委託や雇用労働に依拠している点である。しかも、最上層においても三江平原の大規模経営にみられる季節雇いが全く見られない[注2]。No.1は、85haの団地が遠距離にあるため、実際の労務管理はNo.1の兄（56歳）とその息子（25歳）が行っているが、これは性格が異なる。

　その要因は、田植えや施肥、収穫作業という基幹労働が出来高制の臨時雇用に依拠していることによっている。これは三江平原においては1990年代に実施されていた形態であり、機械化の進展にともない現在は消滅している。三江平原の場合には、黒竜江省・吉林省内の稲作農家の主婦が短期の住み込み労働者として流入することで成立していた労働方式であった。

表 12.7 稲作の作業体系

		育苗ハウス	耕起・代掻き	田植え	施肥	除草	収穫	脱穀
No.1	85ha	250m²×17棟 日雇い	TR：54ps・18ps 作業委託（2台）	出来高払	一括委託	日雇い	出来高払	作業委託
No.2	70ha	−	TR：55ps 作業委託（4台）	出来高払	−	除草機5台 機械除草＋手取り	出来高払	−
No.3	11.3ha	日雇い	TR：40ps・15ps オペレータ雇用	日雇い	出来高払	除草機3台 機械除草＋手取り	田植機（協会有）＋出来高払	−
No.4	6.4ha	−	TR：中型・10ps オペレータ雇用	出来高払	−	機械除草（2台借入）＋手取り	出来高払	合作社
No.5	5.2ha	500m²×2.5棟 手間替	TR：18ps オペレータ雇用	出来高払	自家労働	除草機1台 機械除草＋手取り	出来高払	作業委託

注：1) 2010年6月の農家調査による。
　　2) −は調査未了を示す。

　最上層のNo.1のケースでは、拉林河を挟んで隣接する吉林省楡樹市の労務受託グループに依拠しており、そのリーダーに電話連絡することによって、作業別の臨時雇用者を調達している（リーダーには20元の割増料金）。施肥に関しては、一括料金で作業委託を行っており、一種のコントラクタの性格を有している。また、No.2の田植えのケースでも、近隣だけではなく、他県や吉林省の同一地域・村から調達する慣行が成立しており、特に農繁期の異なる畑作地帯からの臨時雇用に依拠している。中上層に関しては、その給源には地域差があるが、No.4の事例では屯内に分厚く存在する1ha未満の小規模層が給源であり、彼らは1万元程度の農業収入を得るとともに、2万元程度の農業日雇い収入を得ている。
　これに対し、育苗、除草は日雇いの臨時雇用であり、耕起・代掻きについては自己所有のトラクタによる自家作業もあるが、最上層ではオペレータ付きのトラクタ賃貸が、中大規模層ではオペレータの雇用がみられる。

以上のように、稲作の作業方式は基本的に分割可能な作業から成り立っており、経営規模の差は作業量の多寡の相違に他ならないのであり、質的相違は発生していないのである。したがって、規模の拡大は育苗施設を除き、新たな投資を必要としないのであり、借地の不安定性による作付面積の変動は臨時雇用労働力の調達によって吸収することが可能となっている。

2. 労賃水準と労働費

つぎに、作業別の雇用・請負の実態を示したのが、**表12.8**である。必ずしも調査では全作業を捕捉していないが、およその特徴は把握できる。

労働単価をみると、日雇い賃金は、育苗作業で70元、除草で60〜80元となっており、ほぼ平均化している。トラクタのオペレータは、100〜150元、コンバインは200元であり、前者は日雇い賃金の1.5倍から2倍となっている。

ha当たり出来高賃金は、田植えが1,100〜1,500元、収穫が1,000〜2,250元であり、かなり格差がある。この2つの請負作業の効率と日換算賃金を示したのが**表12.9**である。田植え作業の作業効率は、中層で10〜20a、最上層で30〜40aと大きな差があるが、これは労働時間の差であり、No.1では17時間労働となっている。したがって、標準労働日当たりの日単価は200元前後と想定される。これは、日雇い賃金の3倍に相当する。収穫作業においては、作業効率は9a〜15aとこれも差があるが、それ以上に請負賃金の差が大きく、日単価は100元前後から200元以上と格差がついている。平均では、150元程度となり、日雇い賃金の2倍程度の水準となる。このように、請負制による実質賃金は労働の強度の問題はあるが、日雇い賃金と大きな格差があり、賃金の上昇傾向を考えると機械化は必然的であると考えられる。

委託を含む労働費をみると、すでにみたように作業方式に階層間の差はないため、ha当たりのそれは、大きな差はない。No.1がおよそ4,000元であり、No.2も数字の欠落部分を補完すると4,000元近くになる。No.3とNo.4はやや低い値であり、No.5は除草の割合が高く4,400元と最も高くなっている。

作業別の労働費をみると、5戸の農家の平均では、収穫作業が37％、田植

表12.8 作業別の雇用・委託と賃金

単位：元，%

		育苗ハウス	耕起・代掻き	田植え	施肥	除草	収穫	脱穀	合計
No.1	85ha	日雇70元×45人日	オベ150元×7日 委託500元×50ha	出来1100元× 85ha (210人日)	一括10,000元 (120元/ha)	日雇80元×500人日	日雇1,000元× 85ha (800人日)	9.1元×9,350袋 (1袋=65kg)	3,989
		3,200	22,300	93,500	10,000	40,000	85,000	85,100	339,100
No.2	70ha	—	—	出来1400元× 70ha (210人日)	—	日雇80元×200人日	出来2,000元× 70ha (600人日)	—	3,629
				98,000		16,000	140,000		254,000
No.3	11.3ha	日雇70元×100人日	オベ125元×7日	日雇300元×56人日	日雇100元×17人日	—	オベ200元×5.7日 出来2250元×5ha	—	3,434
		7,000	900	16,800	1,700		12,400		38,800
No.4	6.4ha	—	オベ100元×10日	出来1,500元× 6.4ha	—	日雇60元×102人日	日雇1,000元× 6.4ha (70人日)	合作社負担	3,609
			1,000	9,600		6,100	6,400		23,100
No.5	5.2ha	—	オベ100元×5日	1,200元×5ha	自家労働	カルナ100元×10人日手取70元× 105人日	出来1,000元× 5.2ha	5元×520袋 (1袋=50kg)	4,365
		0	500	6,000	0	8,400	5,200	2,600	22,700
手間替		10,200	24,700	223,900	11,700	70,500	249,000	87,700	677,700
	No.1	0.9	6.6	27.6	2.9	11.8	25.1	25.1	100.0
	No.2	—	—	38.6	—	6.3	55.1	—	100.0
	No.3	18.0	2.3	43.3	4.4	—	32.0	—	100.0
	No.4	—	4.3	41.6	—	26.4	27.7	0.0	100.0
	No.5	0.0	2.2	26.4	0.0	37.0	22.9	11.5	100.0
合計		1.5	3.6	33.0	1.7	10.4	36.7	12.9	100.0

注：1) 2010年6月の農家調査による．
　　2) 合計欄の上段はha当たりの労働費を示す．

第12章　有機米産地における生産基盤　*321*

表12.9　請負作業の効率と日単価

農家No.	水田面積	田植え作業 労賃計(元)	請負賃金(元/ha)	作業効率(a/人日)	延べ人数(人日)	日単価(元)	収穫作業 労賃計(元)	請負賃金(元/ha)	作業効率(a/人日)	延べ人数(人日)	日単価(元)
No.1	85	93,500	1,100	40	210	445	85,000	1,000	10	800	106
No.2	70	98,000	1,400	29	245	400	140,000	2,000	12	600	233
No.3	11	16,800	1,487	20	56	300	12,400	2,250	15	77	161
No.4	6	9,600	1,500	10	67	143	6,400	1,000	9	70	91
No.5	5	6,000	1,200	16	33	185	5,200	1,000	10	50	104
平均				29	611	366			11	1,597	156

注：2010年6月の農家調査による。

え作業が33％と大きくなっているが、これはNo.2の数値に引きずられており、一般的には収穫作業での比率の方が高い。これに脱穀作業と除草作業が続くが、脱穀作業はNo.2、No.3がデータを欠落している。後に見るようにNo.1ではha当たり1,000元、No.5では500元となっている。No.2、No.3にはこれが加わることになる。なお、コンバイン化が進めば、生籾出荷となり、この経費が不要となる。除草に関しては、有機栽培であるため、後に述べるように除草機による機械除草と3回の手取り除草が必要であり、農家により労働費に占める比率は異なるが、最上層で10％程度、中規模層で30％前後の比重となっている。耕起・代掻きの割合は低く、育苗ハウス、施肥についても数％の割合である。

機械化の進んだ三江平原の9戸の記帳結果では、最も大きい割合を示すのは育苗ハウス（22％）であり、田植え・補植は18％、収穫はわずか10％であり、大きな違いとなっている[注3]。

3．作業別の技術構造の特徴

以下では、作業別の技術構造の特徴についてみていく。

（1）育苗作業

表12.10はha当たりの水稲の経費を示したものである。これによると、標準的なビニールハウスは、1ha当たり50㎡必要であり、標準的な2ha用ハウスが120㎡で2,000元であり、これは50％の国庫補助がある。耐用年数は10年であるから、ha当たりの年償却は100元である。ビニールは同700元であり、3年更新なので年額は100元となる。播種量はha当たり25kgであり、単価10元で250元となる。雇用は㎡当たり5元でha当たり250元となる。育苗費は合計で700元となる。No.5の場合は、中良美裕公司の特約組合的合作社の構成員であり、共同育苗が行われ、手間替えを行っている[注4]。

（2）耕起・代掻き作業

トラクタ（耕耘機）は、全戸が所有している。最上層は50psが導入されているが（前掲表12.7）、No.1の場合には半分は自家所有のトラクタ2台を兄の息子と雇用1名が使用して行うが、残り50％はトラクタ2台（54psと30ps）による委託作業（500元）となっている。この体制で1日12haを耕起し、作業期間は1週間となる。No.2も本人がトラクタ耕を行うが、他に4台を借入し、運転手を雇用して5台体制で作業を行っている。

上中層では、No.3は15psと40psの2台で本人と雇用の運転手により、No.4は小型トラクタと耕耘機2台で本人と雇用の運転手により、No.5は耕耘機2台を本人と雇用の運転手で作業を行っている。

このように、最上層（85ha、70ha）においては、大型トラクタ1台体制では作業が間に合わず、作業委託を入れており、中上層では小型トラクタおよび耕耘機2台体制でオペレータ雇用をいれて対応している。これに対し、No.1は大型トラクタ3台を2011年に購入する計画を有している。

作業日数は、5日から10日であり、平均7日となっている。表12.10によれば、委託作業料金は耕起600元、代掻き500元であるが（他に畦塗り200元）、自己作業部分もあるので、ha当たりの雇用・委託費用はNo.3が80元、No.5が100元、No.4が160元、No.1が250元となっている。

表12.10　ha 当たりの水稲経費（雇用・委託）

作業別の労賃・物材費			経費（元）	備　　考
育苗	種子		250	播種量25kg、単価10元
	労賃	雇用	250	50m^2、5元/m^2
	ハウス		100	120m^{2}で2,000元（50%補助）、10年償却
	ビニール		100	120m^{2}で700元、3年償却
耕起・代掻き	耕起	委託	600	春耕
	代掻き	委託	500	
	畦塗り	雇用	200	
施肥	労賃	雇用	—	
	肥料		2,600	元肥1,750kg、追肥①150kg、追肥②100kg
	葉面散布		240	3回
田植え	労賃	委託	1,500	
除草	労賃	雇用	3,500	3回
収穫	労賃	委託	1,500	
脱穀	労賃	委託	1,000	
水利費			500	
合	計		12,840	

注：技術員からの聞き取りによる。

　なお、有機栽培の技術的問題からも、トラクタ耕による深耕が必要であるとされている。それは、第1には有機物の投入のため、第2には土壌の重金属を表面に出し分離するため、第3に秋耕を行って冬季の凍結により殺虫を行うため、そして第4に雑草の駆除を行うためである[注5]。

（3）田植え作業

　田植えは、全戸が出来高払いの雇用労働に依拠している（No.3は日雇い換算した額）。機械移植については、No.1の場合は柔らかい土壌への対応という問題を、No.2は機械移植では密植栽培になるという問題を、No.3は3.5～4葉での移植を継続する場合のマット（30×60cm）の問題を指摘している。

　雇用については、No.1、No.2の最上層で集団的・固定的に雇用グループを確保していることを述べたが、No.1の場合は6室の煉瓦小屋に女30人（田植え）と男8人が泊まり、朝3時から夜8時までの17時間労働体制をとってい

る。No.3、No.4、No.5では、屯内や近傍の屯の女性を主に雇用している。労賃水準についてはすでに述べたが、表12.10では1,500元となっている。

　今後については、No.3は規模拡大に対し、雇用の問題が発生すること、No.5は若年層は手植えの技術がないという理由で機械移植の必要性を強調している。

（4）施肥水準と作業

　有機肥料については、籾の出荷先の米業によってその成分や使用基準が異なるが、民楽郷でのシェアーが最も高い豊粟合作社の基準では以下の通りである。有機肥料は生物菌（土壌から抽出した複合菌）を入れたものであり、元肥がha当たり1,080kg、追肥が1回目225kg、2回目225kg、3回目75kg、合計1,605kgである。葉面散布は3回各7.5kgであり、葉面散布剤にはニンニク・生姜などの忌避剤（韓国の技術）が入っており、これにより殺菌剤は不要である[注6]。また、No.4、No.5が取引を行っている美裕公司が指定する阿城酵素有機肥料「竜棋」はha当たり2トンが基準であり、ha当たりの肥料代は2,600元である。

　実際の投入量は、表12.11に示したように、大きな差があり、これが単収の差につながるわけでもない。稲藁堆肥は、稲藁自体が農家の燃料となっているため利用は難しい。表12.10によるとha当たり有機肥料は2,600元であり、葉面散布は240元である。施肥作業は、雇用が一般的であるが、すでにみた

表12.11　施肥量と回数

単位：ha、kg/ha

農家 No.	面積	元肥	追肥1	追肥2	合計
1	85.0	850	100	100	1,050
2	70.0	−	−	−	−
3	11.3	1,000	500	250	1,750
4	6.4	−	−	−	2,000
5	5.2	1,000*			1,000

注：1）2010年6月の農家調査による。
　　2）＊は他に20m²の堆肥を投入している。

ように、雇用全体に占める割合は小さい。

(5) 除草作業

　除草作業は、有機栽培のために加重となる作業である。現在は除草機による機械除草と手取り除草を組み合わせるのが一般的である。除草費用は3回でha当たり3,500元と非常に高い水準となっている。No.2の場合は、転換期の3年間は合鴨農法、冬季湛水や水面を濁らせることによる雑草発芽抑制等の技術など様々な方法を試行錯誤したが、結局手取り除草に落ち着いた。水田中の雑草種子を取りつくしたために雑草は減り、基本は1回であり機械除草（6台所有）と補助的に手取り除草を入れており（1日3.5ha、20日間）、一部の繁茂した箇所だけに2回目を入れている。この結果、除草費用は230元と大幅に縮小している。

　No.1については、手取り除草のみで3回行っており、費用は470元と低くなっている。No.3は機械除草（3台所有）と手取り除草の併用（オペレータ1人＋日雇い2人）と3回の手取り除草、No.4、No.5は美裕合作社（20台所有）の除草機を借受け、1回は併用（縦列を機械除草した後に横列を手取りチームが続く）、2回は手取りを行っている（ha当たり25人）。No.4の費用は950元、No.5の費用は1,620元となっている。なお、除草機は、五常市の農機製造会社製であり、1台2,000元であるが、仕様書によると1台の作業効率は1時間10aである。

(6) 収穫作業

　収穫作業は、基本的に出来高制の雇用に依拠しているが、No.3のみは営農科学技術協会所有のコンバイン1台（韓国製）を借入してオペレータを雇用して利用している（収穫面積の50％）。作業効率は1日2haである。コンバインは、比較的機械化の進んだ民楽村では、個人所有が30台あるが、その他に広域を移動する受託作業請負人が入っており、最も多い河北省で30台、遼寧省、河南省などを合わせ70台ほどが稼働し、全体で100台ほどが収穫作業

に当たっている。No.2によると、機械刈りは手刈りより歩留まりが悪く、ha当たり500kg減収することから中止している。

収穫作業の労働費は、**表12.10**によるとha当たり1,500元であるが、すでに述べたように1,000元と2,000元台に二分されている。

（7）乾燥・脱穀

ほとんどが手刈りであるため、収穫後の乾燥は圃場乾燥であり、20束（1碼あるいは1推）を立てて15〜20日乾燥させ、切り返しを行い20〜25日で仕上げる。水分量は圃場での自然乾燥により一般的に15〜16%まで落ちる。精米歩留まりは現在55〜60%と低いが、これは晩生種（生育期間140日）であり未熟米が出ること、機械のレベルが低いこと、気候の影響（春先の低温、干ばつ、霜）が要因である。

調査の欠落が多いが、No.1の場合には、65kg 1袋で9.1元であり、ha当たり110袋（7,150kg）であるから、ha当たり1,000元の費用となる。No.5の場合は50kg 1袋の作業料金が5元であり、ha当たり100袋（5,000kg）であるから、500元の費用となっている。**表12.10**ではha当たり1,000元の水準である。稲藁の用途は、家庭用の燃料、飼料のための加工工場仕向けがあるが、焼却される場合もある。

注
（1）No.1農家の村内での経営内容については、朴紅・青柳斉・李英花・郭翔宇・張錦女「中国東北における高級ブランド米の産地形成と農民専業合作社の機能－黒竜江省五常市を事例として－」『農経論叢』65集、2010のNo.2の事例として分析している。
（2）第7章を参照のこと。
（3）第7章を参照。このデータは記帳にもとづくものであり、労働日数に占める割合であり、管理労働を含んだ値である。
（4）中良美裕公司とその特約組合型合作社については、第11章を参照のこと。
（5）豊粟合作社の技術顧問による。
（6）同上による。

第3節　農家経済の収支

最後に、農家の経済収支をみてみよう（**表12.12**）。ha当たりのコストは、労働を全て雇用ないし作業委託にした場合には、**表12.10**では12,800元となっている。実際にはすでに見たように除草費が高く算出されており、自家労働費を差し引くと聞き取りでも9,000〜10,000元という水準であった。

まず、最上層のNo.1はha当たりの単収が7.5トンで、単価がkg当たり4.2元であるから、およそha当たり3万元の粗収入となる。ha当たりのコストは、労賃・機械償却が7,500元、肥料1,500元、種子160元、健苗剤70元、水利費125元であり、合計およそ10,000元である。したがって、ha当たり所得は2万元となる。この高さは、堤外地を賃貸することで借地料が600元と極めて低いことによっている。85haの総所得は170万元となり、半分は海外旅行等に使い、80万元を貯金したという。No.2の単収は、7トン水準にあり、経営費は9,000元、借地料が7,500元であるから、ha当たり所得は13,500元、総所得は95万元に達する。以上のように、最上層の2戸は極めて高い所得を得ているのである。

つぎに、中上層のうち、No.3は7.5トンの単収をあげており、慣行栽培とかわらない水準にある。そのため、粗収入も最高水準にあり、経営費も平均

表12.12　農家の経済収支

単位：ha、kg、元

農家 No.	水田面積	ha 当たり 単収	ha 当たり 粗収入	ha 当たり 経営費	ha 当たり 地代	ha 当たり 所得	総所得	kg 当たり 籾価格
1	85	7,500	31,500	10,000	600	20,000	1,700,000	4.2
2	70	7,000	30,000	9,000	7,500	13,500	945,000	4.4
3	11.3	7,500	33,000	9,000	7,000	17,000	192,100	−
4	6.4	6,500	33,000	10,000	7,000	16,000	100,000	5.0
5	5.2	5,000	27,000	12,000	6,500	8,500	44,200	5.4

注：2010年6月の農家調査による。

より低く、ha当たり所得はNo.1についで高くなっている。総所得は20万元の水準にある。No.4は単収は低いものの、契約価格が非常に高く、そのため粗収入は最高水準であり、所得も16,000元と標準的であり、総所得は10万元となっている。No.5は、採種が3haあることから単価は0.3元上積みとなっているが、単収が5トンと低く、経営費も高いことから所得は8,500元と最も低くなっている。そのため、総所得も4万元台にとどまっている。

第4節　一般農村における稲作技術体系の特徴

　本章では、中国黒竜江省のうち比較的旧開的な性格をもつ朝鮮族の村を対象に、有機米生産を背景に規模拡大が進展する中での、借地の性格および稲作作業体系の特徴を、70～80ha規模の最上層と5～10ha規模の中上層の比較を通じて明らかにすることを目的とした。

　まず、借地経営に関しては、中上層にあっては比較的長期安定的な借地関係が形成されているが、最上層においてはそれが不安定であることが明らかとなった。その理由は、一つの事例では安価な河川敷の独占的な利用に摩擦が起きているためであり、もう一つの事例では急速な拡大が短期契約の借地形態をまねいたことによっている。この安定度を別にしても、有機米の収益性の高さを前提とし、借地競争が激化することで、借地料水準が急速に上昇し、稲作経営を圧迫している点は共通の問題である。ha当たりの粗収入は3万元に上るが、一般経営費が1万元、借地料が1万元の水準にあり、ほぼ限界に来ているといえる。こうした問題は、野菜作や内水面漁業でも発生しており[注1]、一部地域では借地料を統制する動きも存在している。

　一方、稲作の作業体系に関しては、北部の三江平原で1990年代にみられた田植えと収穫の出来高制による雇用が一般的であり、そのことから機械化は耕起においてしかみられず、きわめて限定的であることが明らかとなった。したがって、作業方式は基本的に分割可能な作業から成り立っており、経営の規模差は作業量の過多の相違に過ぎず、質的相違は発生していない。最上

層の借地の不安定性による作付面積の変動も臨時雇用労働力の調達によって吸収することが可能である。しかし、出来高制の賃金を日雇い賃金に換算してみると、田植え労働で3倍、収穫労働で2倍の水準となっているが、労働市場や被雇用者の再生産を考えても、機械化は必至であり、実際一部では実施に移されている。その際、有機栽培のために必要とされる除草労働がネックとなるであろう。

注
（1）朴紅・坂下明彦「中国輸出野菜産地における村民委員会組織型集荷構造の転換－山東省青島地区の食品企業の事例分析（4）万福食品－」『農経論叢』第63集、2008、および朴紅・坂下明彦「中国蘇南地域における農地転用と農地調整」『農経論叢』65集、2010を参照のこと。

終章

巨大ジャポニカ米産地の構造と特質

　日本の農産物貿易に益々大きな影響を及ぼすと考えられる中国農業のなかで、近年の最大のトピックスは東北地方における巨大ジャポニカ米産地の出現である。その中心である黒竜江省の水稲の作付面積、産出量は日本、韓国、台湾を合わせたものに匹敵する。
　本書では、このジャポニカ米産地の形成過程をその主体である国有農場系統に焦点を当てて考察し、その構造と特質を明らかにすることを課題とした。
　第1編では、水田開発の主体である国有農場系統の展開史を素描した上で職工農家創設を柱とする生産請負制改革、1990年代末からの農場現業部門の企業改革の特徴付けを行い、農場体制の新たな枠組みを明らかにしている。ここでは、初めて職工農家の規模別の統計分析を行うとともに、一つの農場（新華農場第10生産隊）を対象に畑作における職工農家の設立初期の動向を明らかにした。企業改革については、主力農場をグループ化した上場企業である北大荒農業と米販売会社である北大荒米業の新たな機能を示した。また、二九一農場を対象にその具体的な変化を示し、生産隊レベルでの実像に迫った。
　第2編では、水田開発と稲作経営の展開をその主体に即して明らかにしている。まず、その中心をなす三江平原での水田開発において、一般農村に対し国有農場が圧倒的優位性を示すことを統計的に明らかにし、インフラ整備の展開と財政投資の動向からそれを検証した。次に、新華農場全体と2つの生産隊（第29生産隊・第17生産隊）を対象として水田開発の様相を示した後、米の過剰後退期と復活期における職工農家の移動・規模拡大の展開を示し、職工農家の規模階層を明らかにした。また、9戸の農家のヒヤリングと記帳調査により長期的な農地集積過程と稲作技術構造の変化ならびに年間の稲作

技術体系と農家経済収支の分析を行った。

　第3編では、国有農場系統の米販売会社・北大荒米業に焦点を当て、集荷・加工・販売にわたる機能を明らかにしている。ここでは、北大荒米業本部の他、北京分公司、新華農場、建三江分公司、八五四農場の実態に迫っている。北大荒米業は全国第3位の規模を持ち、国有農場をベースにした集荷・加工システムと全国的な販売ネットワークを形成している。ただし、原料籾の販売比率が高く、農場レベルで設立されている民営米業との競争下にあることを明らかにした。

　第4編では、ブランド米産地を形成している一般農村を対象に、米業の展開、その集荷基盤である農民組織、稲作農家の規模と技術構造の分析を行い、国有農場との比較対象に位置づけている。事例として取り上げているのは、五常市であり、朝鮮族を主体とする民楽郷である。ここでは、地域の稲作展開を技術の変化に焦点を当てて跡づけた後、近年のブランド米の産地形成の技術的要因と市糧食局による米業再編を明らかにした。また、産地化に伴い米業の農村進出が加速化し、有機米集荷のための農民組織の形成が進んでいるが、その類型化を行い、米業との関係を明らかにした。さらに、産地の基盤となる稲作経営の農地集積過程と技術・経済構造の特徴を示した。

　以下では、ジャポニカ米産地の形成過程における3つの主体に即して、その特徴を整理し、一般農村との比較を行ってみる。

（1）新開稲作地帯・三江平原の開発主体の特徴

　三江平原における水田開発は、2000年代初頭の一時的後退を伴ったとはいえ、この30年間の進展には目を見張るものがある。その背後には国家プロジェクトによる推進があったが、一般農村と国有農場の耕地規模がほぼ拮抗しているにもかかわらず、国有農場での水田化が圧倒的に優位であることは、農墾総局－国有農場－職工農家という系統組織がその推進主体であったことを物語っている。国営農場は、1984年から実施された国営企業の独立採算化という大きな政策転換により、独自の収益性確保の戦略として水田開発を進

めたのである。

　インフラとしての水利開発は治水を前提として利水である水田開発にシフトしてきたが、その前史として畑開墾と度重なる洪水への対応としての築堤、さらには排水事業を通して畑作経営の安定化が目指されていた。しかし、世界３大湿地帯である三江平原における耕地の外延的な展開にとっては稲作が最適であり、しかも地下灌漑という容易な水田開発の条件も存在したのである。

　この時期は、農場改革の一環として「大農場・小農場」制が推進された時期に重なり、職工農家からの「利費税」収入の高位安定化を図るためにも畑作職工農家を稲作経営へと転換させて生産主体として位置づけることは必然であった。ここでは、稲作経験のある招聘農家を移住させ、稲作技術の移植を行うとともに、機械オペレータ層で経済蓄積のあった職工農家が後に続く形で担い手形成が行われたのである。「井戸１本10ha」という規模は新たな家族経営にとって適正規模であったといえる。

　こうして、国家、地方「行政組織」でありながら経済団体でもある国有農場、10ha規模の職工農家がそれぞれの役割を果たしながら、水田開発が行われ、稲作経営が一定の確立をみたといってよい。そして、農墾総局−国有農場系統は1997年以降の「政企分離」の過程の中で、農場の現業部門の「企業化」により北大荒米業を中心に集荷・加工・販売部門に特化していくのである。

　土地改良の追加的投資や水系の維持管理に関しては、国が後背に退き、国有農場も民営化の中で経営問題に直面しているため、その費用負担は職工農家の肩に重く圧し掛かっている。米価水準にもよるが、「利費」や水利費として徴収される職工農家の負担は、農業税が廃止されたにもかかわらず、増大しているのである。今後、三江平原での稲作経営が持続的に営まれるかどうかは、この課題をいかに解決するかにかかっていよう。

（2）生産主体としての職工農家の形成と稲作経営の特徴

　稲作の生産主体としての職工農家は、農場によって規格化された水田圃場に新たに入植する形で形成された。畑作経営が輪作による土地利用と大型機械の利用体系のなかでまず共同経営として設立・再編を繰り返しながら、規模拡大と機械の個別利用への移行により徐々に個人経営へと転換していくのとは対照的である。

　その際、すでに述べたように稲作技術と資本力をもつ旧開地帯の稲作農家を招聘してモデルとし、畑作経営を行っていた機械オペレータ層が稲作経営へと転換していく形で稲作職工農家が形成されるのである。したがって、稲作のための入植は地元の職工農家に限られておらず、農場内から広く募集されたのである。灌漑のための井戸ポンプの設置や圃場整備の資金は自己負担であり、一定の経済力のある者のみが参入したため、「基本田」は存在しない。畑作の農地移動も激しいが、2000年代初頭の水田後退時に見られたように、水田経営の移動も激しいものがあった。特に建三江のような新開地域では水田の急速な外延的拡大のもとで力のある職工農家による農地集積が進行している。井戸ポンプによる灌漑の基本面積は10haであるが、その区画をいくつも保有する大規模農家も現れているのである。

　稲作技術に関しては、規模拡大に対応した機械化の並進的な展開が特徴である。当初は、耕起・代掻き作業は自前ないし作業委託の形態を取ったが、田植え、収穫作業は黒竜江省や吉林省の稲作農村からの出稼ぎ者による出来高制による請負作業が主流であった。しかし、耕耘機からトラクタへの転換に続き、田植機、バインダが導入され、自脱型コンバインも上層に普及を見るようになる。10ha層については、稲作中型機械化一貫体系がほぼ定着をみている。事例として取り上げた新華農場第17生産隊においては、農場内の先進地域より10年ほど水田開発が遅れ、出来高制の外部労働導入を経ずに一気に機械化が進むというキャッチアップを見ることができる。

　この機械化は雇用労賃の上昇に対する代替的意味を持った。しかし、機械化されたとはいえ、上層農家では年雇用労働者が、多くの農家では春期の季

節労働者が導入されている。家族労働力中心の就業となっているのは10ha前後層に限られている。この中で、労賃の高騰が第一の問題である。また、農場への「利費」の支払いの負担問題も大きい。これは、収入に対して20％以上の水準にあり、経営に大きく圧し掛かっている。

　農家が取り結ぶ流通・金融関係については、全体として農場による保護が後退し、農家は市場との直接的な関係を持つようになっている。籾販売に関しては、生産隊を単位に農場との特約的な関係を持つケースもあるが、三江平原の比較的旧開の地域では集荷商への庭先販売が、新開の遠隔地では地域内に設立された米業への販売が主流となっている。生産資材についても、かつてのような農場の肥料公司のもとに一元化される流通体系は崩壊している。融資に関しては、この間の規模拡大の中で一定の資本蓄積が行われ、機械投資は自己資金対応が一般的である。営農資金については、信用合作社（農業銀行）による制度融資、商人の代理店による掛け売りがあるが、これらはいずれも日利0.6％の高利水準にある。自己資金を持たないものは制度融資に依存せざるを得ないが、小口金融については親戚・友人間での相互融通が一般的である。

　こうした問題を孕みながらも、農家経済全般についてみると一般農村と比較して職工農家はより高額な可処分所得を得ており、消費場面においてもその水準は向上を見せているといえる。このように市場経済にさらされているとはいえ、現在の職工農家は一定の規模の優位性を生かして、相対的に安定的な経営環境のもとにあるといえるのである。

(3) 販売主体としての北大荒米業の機能と集荷基盤

　1997年の「政企分離」政策を契機として、三江平原に立地する54の基礎農場から16の優良農場が選抜され、上場企業である北大荒農業が設立された。その米部門の集荷、貯蔵、精米加工、販売を担当する専門子会社が北大荒米業である。当然、最も重要な戦略的企業であり、この企業の成果如何が依然として地代を主要な収益源としている北大荒農業が加工・流通企業として自

立できるかの鍵を握っている。

　その稲籾の年間集荷量は123万トンと膨大であり、国有企業である中糧米業、外資系企業である益海嘉里についで全国三番手の取り扱いとなっている。原糧集荷については、北大荒農業の16基礎農場が本来の生産基地であるが、実態は異なっており、グループ外の国有農場や一般農村での集荷も行っている。事例として取り上げた五常市にも系列米業を有している。また、合計で300万トンの稼働能力を有する10大拠点精米施設の稼働率は極めて低く、原糧を集荷してそのまま販売する「転売」の割合が高くなっている。精米販売は56万トンに止まっているのである。加工事業が拡大しない背景には、「稲高米低」や輸送問題の要因があるが、基本的には北大荒米業の販売不振があり、そのため精米工場の稼働率は低く抑えられ、したがって籾集荷も不安定となっている。沿海都市部を中心とした販売子会社や代理店のネットワークは着実に拡大をみせているものの、精米事業の赤字経営を払拭するまでには至っていない。むろん、中糧米業や益海嘉里と比較した場合、地方企業である北大荒米業はマーケティング能力において見劣りするのは否めないが、根本的には大規模生産で、しかも良質米が導入されながら、価格競争力がない点に問題がある。これは、国有農場経営を維持するために設定された高い「利費」の存在によっている。親会社である北大荒農業の収益が地代に依存する構造にあるという悪循環が存在しているのである。

　新華農場のような三江平原の中心地ジャムスの近郊に位置している農場においては、職工農家の販売は糧庫傘下の集荷商への庭先販売に依拠しているが、建三江分公司や虎林市の八五四農場などの新開地帯においては集荷商への販売は限定的である。北大荒米業の集荷が停滞的ななかで、こうした農場では農場の現業部門から私営化された米業や新たに参入した米業への依存度が高くなっている。これらの米業は北大荒米業とは異なり、集荷した稲籾をほぼ全量精米加工して販売しており、集荷価格も比較的高い水準にある。このため、北大荒米業の精米所は集荷競争において劣位に立っており、八五四農場では納入された「費税糧」（「利費」の物納）を優先的に購入することで

集荷の確保を行っているのが現状である。売れる米作りにより経営基盤を強化すること、その前提として農家負担を軽減させること、というジレンマのなかで、巨大企業は呻吟しているのである。

（4）一般農村における米産地形成の主体

　以上の三江平原に展開する米産地形成と一般農村における産地形成は大きく異なっている。ここではブランド米の先進地である五常市を取り上げたが、1990年代後半以降の農産物過剰局面において、産地における米の質の向上が決定的な意味を持つからである。以下では、産地形成論の視点から、その主体として市（県）・郷鎮政府、民間米業、農民組織を取り上げてその機能を整理してみる。

　市・郷政府などの行政組織は、産地形成の過程において、品種改良や緑色・有機米などの技術普及を行うとともに、市糧食局の現業部門を企業化して米業の再編をリードする存在であった。水利建設に関しては、基幹となるダム建設が行われているが、これは国家プロジェクトとして実施されており、水田の基盤整備は水路改修のレベルに止まっている。三江平原との大きな相違点である。

　こうした米産地の拡大に呼応して民間米業の農村部への進出が行われるようになる。それ以前は、集荷商による庭先販売が一般的であった。有機米産地が形成されるに連れて、米業は有機肥料の供給を通じて農家の特約組合型の組織化を図っていく。その一方で、郷政府が主導する形での農民専業合作社型の組織化が力を持つようになる。事例では、この他に市や郷レベルの技術普及組織に支えられた技術協会型の農民組織も生まれている。組織化は米業によるものと技術普及組織によるものとが交差し、拮抗しているといえる。

　民間米業と農民組織の関係は米業の一方的な支配関係ではなく、農民組織はより有利な関係を求めて取引米業を変更させており、その関係は固定的ではない。これは、新たに導入された香米と有機農業が全国レベルのブランド米産地の基礎となっており、その拡大過程が継続しているために、米業の集

荷基盤である農民組織の力が相対的に強いことによっている。米の過剰下からブランド商品を開発した産地形成の努力の反映であり、郷政府も農業技術普及組織（具体的には農牧畜業サービスセンター）を基盤に合作社をバックアップしているのである(注1)。

　稲作経営もまた、三江平原とは異なっている。比較的旧開的な性格をもつ地域であるが、朝鮮族による韓国や沿海部への出稼ぎが急増しており、その跡地を集積して稲作経営の大規模化が進展している。事例では100haを超える農家も存在したが、5～10ha規模の中上層が支配的である。借地関係は、中上層では比較的長期安定的であるが、大規模層では安価な河川敷の利用や短期契約の借地形態のため不安定である。有機米の収益性が高いことから借地競争が激化し、借地料の水準が急速に上昇して稲作経営を圧迫している。国有農場の「利費」とは異なるが、高地代問題は共通している。

　一方、稲作の作業方式に関しては、三江平原で1990年代にみられた田植えと収穫の出来高制による雇用が一般的であり、そのことから機械化は耕起過程のみであり、極めて限定的である。そのため、稲作労働は基本的に分割可能な作業から成り立っており、経営の規模差は作業量の過多の相違に過ぎず、質的相違は発生していない。最上層の借地の不安定性による作付面積の変動も臨時雇用労働力の調達によって吸収することが可能である。しかし、出来高制の賃金は日雇い賃金の2～3倍となっており、そのコスト問題は深刻である。労働市場や被雇用者の再生産を考えても機械化は必至であり、その際、有機栽培のために必要とされる除草労働がネックと考えられる。ここでも、雇用費の高騰が共通した課題なのである。

　以上、三江平原と一般農村における米の産地形成の主体に即して両者の整理を行ってきた。一般農村の事例では、有機米が主流であることもあり、米業や郷レベルの技術普及組織による農家の組織化が積極的に行われ、産地形成の基盤となる農民組織が設立されるようになっている。これに対し、国有農場においては、かつて「大農場・小農場」制の結節点であった生産隊が廃止され、個々の職工農家が農場と直接的に契約を結ぶ関係へと変化している。

北大荒米業の不振はマーケティング能力の問題にも起因するが、農家の組織化に逆行する組織再編もその要因と考えられる。新華農場の新綿公司による生産隊の特約組合化や二九一農場における農業協会のような技術普及をベースとした職工農家の組織化が良質米の集荷においても効果を発揮するものと考えられるのである。

注
（1）農民専業合作社の立法過程とその実態については、神田健策・大島一二編著『中国農業の市場化と農村合作社の展開』筑波書房、2013を参照のこと。

参考文献・資料

【日本語】
（1）太田原高昭『地域農業と農協』日本経済評論社、1978
（2）満拓会『写真記録・満洲開拓の系譜』あずさ書店、1988
（3）小峰和夫『満洲－起源・植民・覇権－』御茶の水書房、1991
（4）坂下明彦『中農層形成の論理と形態－北海道型産業組合の形成基盤－』御茶の水書房、1992
（5）董永杰「中国国有新華農場における生産組織の変革過程」『村落社会研究』4巻1号、1997
（6）朴紅・坂下明彦「中国国営農場改革の特質」『農経論叢』第54集、1998
（7）董永杰「中国国有農場における農場長責任制の実態と課題－黒竜江省国有S農場の事例を中心に－」『1998年度日本農業経済学会論文集』1998
（8）周暁明「中国農業改革後の農業地域における農業機械利用組織の類型と特徴」東京農工大学『人間と社会』9号、1998
（9）朴紅・坂下明彦『中国東北における家族経営の再生と農村組織化』御茶の水書房、1999
（10）島田ユリ『洋財神　原正市－中国に日本の米づくりを伝えた八十翁の足跡－』北海道新聞社出版局、1999
（11）加古敏之・張建平「コメの関税化と黒竜江省のコメ事情」『農業と経済』1999.11
（12）池上彰英「中国のWTO加盟と農業政策の課題」『国際農林業協力』Vol.23 No.1、2000
（13）周石丹・安部淳「中国黒竜江省におけるコメ生産に関する一考察」『2000年度日本農業経済学会論文集』2000
（14）朴紅・坂下明彦・由田宏一・筥志剛「中国三江平原における国有農場の水田開発と稲作経営－新華農場の事例分析－」『農経論叢』第57集、2001
（15）黒河功・朴紅・坂下明彦「中国沿海部における農業合作社の展開と類型」『農経論叢』第57集、2001
（16）村田武監修『黒竜江省のコメ輸出戦略』家の光協会、2001
（17）李衛紅「中国における米流通の動向に関する一考察」『農業市場研究』第12巻第2号、2003
（18）朴紅・坂下明彦「中国国有農場における畑作の双層経営システムと職工農家の展開－新華農場・第10生産隊の事例分析－」『農経論叢』第60集、2004
（19）坂下明彦・朴紅「中国国有農場と稲作職工農家」村田武編『WTO体制下の農業構造再編と家族経営』筑波書房、2004

(20) 朴紅「中国におけるコメの対日輸出の潜在力」『農業と経済』70巻14号、2004
(21) 河原昌一郎「中国の食糧政策の動向」『農林水産政策研究』No.7、2004
(22) 青柳斉「中国長江流域のコメ主産地の特質と展開過程－品種構成の観点から－」『新潟大学農学部研究報告』第57巻2号、2005
(23) 朴紅「中国国有農場における企業改革の進展と農場機能の変化－二九一農場を事例として－」『農経論叢』第62集、2006
(24) 岩崎徹・牛山敬二編著『北海道農業の地帯構成と構造変動』北海道大学出版会、2006
(25) 朴紅・坂下明彦「中国輸出野菜産地における村民委員会組織型集荷構造の転換－山東省青島地区の食品企業の事例分析（4）万福食品－」『農経論叢』第63集、2008
(26) 朴紅・張錦女・笠志剛・坂下明彦「中国三江平原における稲作経営の展開と機械化－新華農場第17生産隊の事例（その1）－」『農経論叢』第64集、2009
(27) 朴紅・張錦女・笠志剛・坂下明彦「中国三江平原における稲作経営の労働過程と農家経済－新華農場第17生産隊の事例（その2）－」『農経論叢』第64集、2009
(28) 朴紅・張錦女・坂下明彦「中国三江平原における水田開発の特質－国有農場の展開に着目して－」『農経論叢』第65集、2010
(29) 朴紅・青柳斉・李英花・郭翔宇・張錦女「中国東北における高級ブランド米の産地形成と農民専業合作社の機能－黒竜江省五常市を事例として－」『農経論叢』第65集、2010
(30) 朴紅・坂下明彦「中国蘇南地域における農地転用と農地調整」『農経論叢』第65集、2010
(31) 朴紅・青柳斉・伊藤亮司・張錦女・坂下明彦「中国東北の有機栽培米の産地化と農民組織の形成－黒竜江省五常市の事例分析（2）－」『農経論叢』第66集、2011
(32) 朴紅「中国国有農場におけるジャポニカ米の生産・加工・販売体制－北大荒米業を対象として－」『農経論叢』第66集、2011
(33) 朴紅・坂下明彦・伊藤亮司・張錦女・青柳斉「中国東北の有機栽培米産地における生産基盤－黒竜江省五常市の事例分析（3）－」『農経論叢』第66集、2011
(34) 池上彰英『中国の食糧流通システム』御茶の水書房、2012
(35) 青柳斉編著『中国コメ産業の構造と変化－ジャポニカ米市場の拡大－』昭和堂、2012
(36) 加古敏之「黒龍江省農墾区における稲作の発展」『2012年度日本農業経済学会論文集』2012
(37) 朴紅・坂下明彦「大規模稲作地帯の形成と精米企業展開の特質－中国黒龍江

省八五四農場を対象に－」『農経論叢』第68集、2013
(38) 朴紅・糸山健介・坂下明彦「東アジアにおける農村開発政策の展開と課題－日韓中の比較－」坂下明彦・李炳昕編著『日韓地域農業論への接近』筑波書房、2013
(39) 加古敏之「黒龍江省における稲作の発展」『2013年度日本農業経済学会論文集』2013
(40) 神田健策・大島一二編著『中国農業の市場化と農村合作社の展開』筑波書房、2013
(41) 朴紅「三江平原における米業の展開と加工・販売体制－中国国有農場を対象として－」『フロンティア農業経済研究』第18巻2号、2015

【外国語】
(1) 劉成果他編『黒竜江農墾10年　1978～1988年』中国統計出版社、1989
(2) 劉成果他編『黒竜江省志14　国営農場志』黒竜江人民出版社、1992
(3) 鄭加真著『北大荒移民録－1958年十万官兵拓荒紀実－』作家出版社、1995
(4) 金雲輝他編『新疆生産建設兵団「八五」発展報告』中国統計出版社、1997
(5) 馬国良他編『開発建設北大荒（上）（下）』中共党史出版社、1998
(6) 方存忠他編『昨日風雨路－哈爾濱知青大写真－』哈爾濱出版社、1998
(7) 徐一戎主編『黒竜江農墾稲作1947-1996』黒竜江人民出版社、1999
(8) 高躍輝他編『老北大荒人的抗戦－回顧－』黒竜江人民出版社、2005
(9) 査貴庭『中国稲米市場需求及整合研究』南京農業大学博士学位論文、2005
(10) 王永樹著『農墾改革発展』中国環境科学出版社、2006
(11) 孫岩松「北京大米市場調査報告」『中国稲米』2006年第4期、2006
(12) 呉志華他『中国糧食物流研究』中国農業出版社、2007
(13) 韓乃寅・逢金明編『北大荒全書』（簡史巻、農業巻、社会事業巻、大事記巻）黒竜江人民出版社、2007
(14) 鄭加真『北大荒六十年　1947-2007』黒竜江人民出版社、2007
(15) 趙国春著『永遠的記憶』黒竜江人民出版社、2007
(16) 呉志華他編『中国糧食物流研究』中国農業出版社、2007
(17) 中国農業部農墾局編『中国農墾改革発展30年』中国農業出版社、2008
(18) 汪力斌他著『保護与替代－三江平原湿地研究－』社会科学文献出版社、2008
(19) 于建嶸他編『中国農民問題研究　資料編』第2巻（上下）、中国農業出版社、2008
(20) 『吉林簡史』編著組『吉林簡史』民族出版社、2009
(21) 魏克佳他編『農墾経済体制改革与発展研究』中国農業出版社、2009
(22) 孫占祥他編『東北農作制』中国農業出版社、2010
(23) David McKee, Companies Race for Rice Market Supremacy, May 2010 / World Grain / www.World-Grain.com

資料（年史）

（1）満洲開拓史復刊委員会『満洲開拓史』1980
（2）新華農場誌編写弁公室『新華農場誌』1989
（3）新華農場志編集委員会『新華農場志　第1巻』1993
（4）黒龍江省八五四農場場史弁編『八五四農場史（統一）1983-1995』1996
（5）八五四農場誌編纂委員会『八五四農場誌　1996-2003』2005
（6）黒竜江省農墾水利誌編纂委員会『黒竜江省農墾水利誌　1947-2000』2006
（7）『民楽朝鮮族郷建郷五十周年記念冊　1956-2006』民楽朝鮮族郷人民政府、2006
（8）趙国臣編『吉林省農業科学院水稲研究所誌』吉林科学技術出版社、2008

統計資料・年鑑類

（1）『中国統計年鑑』中国統計出版社（各年次）
（2）『中国農村統計年鑑』中国統計出版社（各年次）
（3）『中国農業統計資料』中国農業出版社（各年次）
（4）『中国商業年鑑』中国商業年鑑社出版（各年次）
（5）『中国糧食年鑑』経済管理出版社（2006から各年次）
（6）『中国糧食発展報告』経済管理出版社（2004から各年次）
（7）『黒竜江統計年鑑』中国統計出版社（各年次）
（8）『黒竜江墾区統計年鑑』（各年次）
（9）『黒竜江農墾年鑑』黒竜江人民出版社（各年次）
（10）『水利統計年鑑』黒龍江省農墾双曲水務局（各年次）
（11）『黒竜江省水利建設統計資料』黒竜江省水利庁（各年次）
（12）『黒竜江北大荒農業股份有限公司年度報告』2004
（13）『紅興隆分局経済和社会発展統計資料』紅興隆分局計画財務処
（14）『宝泉嶺分局経済統計年鑑』宝泉嶺分局統計局
（15）『牡丹江農墾分局統計資料』牡丹江農墾分局計財処
（16）『二九一農場統計年報』2004
（17）国家糧食局『2009　中国糧食年鑑』経済管理出版社、2009
（18）中国水稲研究所・国家水稲産業技術研究発展センター『中国水稲産業発展報告』中国農業出版社、2008～2011
（19）八五四分公司弁公室編『北大荒股份八五四分公司年鑑（2010）』2011

関連論文と助成研究費

　本書の各章は序章、第1章、終章を除き、以下の既存論文をベースに全面的に修正を行ったものである。その関連を示すと以下の通りである。

序　章　課題と方法（書き下ろし）
第1章　国営農場の誕生と展開（書き下ろし）
第2章　国有農場改革と農場機能の変化（論文5）
第3章　畑作の「双層経営システム」と職工農家の展開（論文2）
第4章　三江平原の水田開発過程（論文8）
第5章　水田開発と米過剰局面の稲作経営（論文1＋論文3）
第6章　稲作経営の展開と機械化（論文6）
第7章　稲作経営の労働過程と農家経済（論文7）
第8章　北大荒米業による米の集荷・加工・販売体制（論文12＋論文14＋論文3の一部）
第9章　基礎農場における米業の性格−八五四農場−（論文13）
第10章　一般農村におけるブランド米の産地形成と米業（論文9）
第11章　有機米の産地化と農民組織の形成（論文10）
第12章　有機米産地における生産基盤（論文11＋論文9の一部）
終　章　巨大ジャポニカ米産地の構造と特質（書き下ろし）

論文一覧

（論文1）「中国三江平原における国有農場の水田開発と稲作経営」『農経論叢』第57集、2001、pp.85-98
（論文2）「中国国有農場における畑作の双層経営システムと職工農家の展開−新華農場・第10生産隊の事例分析−」『農経論叢』60集、2004、pp.67-77
（論文3）「中国国有農場と稲作職工農家」村田武編『再編下の家族農業経営と農協−先進国輸出国とアジア−』筑波書房、2004、pp.177-207
（論文4）「中国におけるコメの対日輸出の潜在力」『農業と経済』70巻14号、2004、pp.61-70
（論文5）「中国国有農場における企業改革の進展と農場機能の変化」『農経論叢』62集、2006、pp.1-14
（論文6）「中国三江平原における稲作経営の展開と機械化−新華農場第17生産隊

の事例（その1）－」『農経論叢』第64集、2009、pp.1-12
（論文7）「中国三江平原における稲作経営の労働過程と農家経済－新華農場第17生産隊の事例（その2）－」『農経論叢』第64集、2009、pp.13-23
（論文8）「中国三江平原における水田開発の特質－国有農場の展開に着目して」『農経論叢－』第65集、2010、pp.83-100
（論文9）「中国東北における高級ブランド米の産地形成と農民専業合作社の機能－黒竜江省五常市を事例として－」『農経論叢』第65集、2010、pp.101-115
（論文10）「中国東北の有機栽培米の産地化と農民組織の形成－黒竜江省五常市の事例分析（2）－」『農経論叢』第66集、2011、pp.61-69
（論文11）「中国東北の有機栽培米産地における生産基盤－黒竜江省五常市の事例分析（3）－」『農経論叢』第66集、2011、pp.70-80
（論文12）「中国国有農場におけるジャポニカ米の生産・加工・販売体制－北大荒米業を対象として－」『農経論叢』第66集、2011、pp.81-91
（論文13）「大規模稲作地帯の形成と精米業展開の特質－中国黒龍江省八五四農場を対象に－」『農経論叢』第68集、2013
（論文14）「三江平原における米業の展開と加工・販売体制－中国国有農場を対象として－」『フロンティア農業経済研究』第18巻2号、2015

本書の作成に当たっては、以下の研究費の助成を受けている。
（1）黒竜江省農業委員会農業専家招聘事業（代表　由田宏一）2000年度
（2）国際協力基金・日本研究客員教授プログラム（代表　坂下明彦）2000年度
（3）文科省科学研究費・奨励研究（A）「東アジアの農村協同組合の経験と中国への移転の可能性」（代表　朴紅）2000年度～2001年度
（4）文科省科学研究費・基盤研究（B）「東アジアにおける多国籍アグリビジネスの展開と中国輸出青果物の生産・貿易・消費構造」（代表　坂下明彦）2001年度～2003年度
（5）文科省科学研究費・若手研究（B）「残留農薬パニック後の中国輸出野菜加工企業の集荷戦略と産地再編」（代表　朴紅）2005年度～2007年度
（6）総合地球環境研究所FS研究「北東アジアの人間活動が北太平洋の生物生産に与える影響評価」（代表　白岩孝行）2005年度～2009年度
（7）文科省科学研究費・基盤研究（B）「中国におけるジャポニカ米消費圏拡大と産地間競争に関する研究」（代表　青柳斉）2008年度～2010年度
（8）文科省科学研究費・基盤研究（B）「黒龍江省における米産業の発展メカニズムに関する研究」（代表　加古敏之）2010年度～2012年度
（9）文科省科学研究費・基盤研究（C）「日本農業と東アジア回廊農業（北海道・東アジア・沖縄）の比較農村構造論的研究」（代表　朴紅）2011年度～2013年度

あとがき

　生まれ故郷である中国東北の農業に関する著書の2冊目をやっと出版することができた。1冊目の『中国東北における家族経営の再生と農村組織化』御茶の水書房が1999年であるから15年以上かかったことになる。前著は私の博士論文をもとにしたものであり、東北農業を一から勉強し始め、吉林省にある水曲柳という小さな村でトレーニングを積み、そこから東北地域における農業システムを大づかみで捉えようと言うのが意図であった。問題関心は再生された家族経営の特徴とその組織化にあった。

　その過程で、一般農村とは異質な国有農場の存在に出会うことになる。1997年夏の新華農場への訪問である。そこでの農場機能の強固さと職工農家による稲作経営の展開は目を見張るものがあった。前著にも第7章「国有農場改革と職工農家」としてその素描を行っている。その後は、前著における水曲柳のように、新華農場の調査にはまってしまった。農場長の原文成さんには気に入られたのか随分お世話になり、その後、新綿公司の社長となってからも米の輸出について細かなことまで親身になってご教授いただいた。2000年には2回訪問し、農場における水田開発の沿革、畑作（第10生産隊）と稲作（第29生産隊）の生産隊と職工農家の調査を精力的に行った。この時には、農場から大豆の生産技術の講習会を依頼され、北大附属農場の由田宏一先生にお出まし願った。2003年からの調査では、米の過剰から稲作の後退が見られ、その変動の激しさに衝撃を受けた。2007年には稲作の後退後の状況変化を追跡し、また水曲柳で行った農家の記帳調査を同様に行った。2008年には10戸の農家の記帳簿を回収して短期間で集計分析し、それをもとに補足調査を実施した。

　ここまでは既存の路線であったが、その後いくつかの共同研究に加えて頂き、研究の枠組みが広がったのは幸運であった。まず、自力で行ったのは農墾総局での調査である。国有農場は大きな改革下にあり、2002年には16国有

農場からなる北大荒農業が上海の証券取引所に上場するという画期的な動きがあった。農墾の秘密主義を突破するのは難しかったが、ここでも救済主である元農墾総局科学技術局長の王亜軍さん（現黒竜江省人民政府参事）に巡り会うことができ、調査は順調に運んだ。単独で二九一農場、七星農場の調査を行ったのは2005年のことである。そして、総合地球環境研究所と北大低温研究所が連携して推進したアムール・オホーツクプロジェクトに参加したことは世界第三位の大きさの湿原である三江平原全体に目を向ける契機となった。アムール川からオホーツク海へ流入する河川水の中の鉄分がオホーツク・北太平洋の魚類の生息に大きな影響を与えており、アムール川沿岸の巨大な「魚付き林」の保護が重要であるという遠大な構想によるものである（白岩孝行『魚付林の地球環境学−親潮・オホーツク海を育むアムール川』昭和堂、2011）。自然科学の夢を垣間見ることができた。私が参加したグループは、この中で三江平原開発がもたらした環境変化の解明と言うことであったが、私は淡々と三江平原の水田開発についてデータを蒐集し、その分析に当たった。このなかで、黒竜江省の県別の土地データを提供して頂いたことはありがたく、また、研究グループにデータベースを提供することで、難しい数式による解析に何がしかの貢献をすることができた。

　2つの科研メンバーに加えて頂いたことも重要であった。新潟大学の青柳斉先生が研究代表である「中国におけるジャポニカ米消費圏拡大と産地間競争に関する研究」（2008年度〜2010年度）では米の流通の分担となり、北大荒農業の子会社である北大荒米業の生産・加工・流通に関わる調査を進め、その子会社である北京分公司にも足を運んだことは良い経験となった。また、著名な良質米産地である五常市での米業および産地の調査も行った。ここでは、私の専門である農協の中国での直近の動きを観察することができた。元神戸大学教授の加古敏之先生（現吉備国際大学教授）が研究代表である「黒竜江省における米産業の発展メカニズムに関する研究」（2010年度〜2012年度）では、三江平原の「奥地」の農場を渡り歩くことができた。三江平原の最も新開の地である建三江分局や虎林要塞近傍の八五四農場調査では中心地

ジャムスとは異なるダイナミックな展開を感じることができた。こうして、本書の枠組みがほぼできあがった。最後の仕上げは国有農場およびそれが立地する「北大荒」地域の開拓の歴史であり、第二次大戦前からの叙述を予定していたが、短期間でのまとめとなったため、新中国建国直前の時期からとなってしまった。

前著以降、私の中国研究の枠組みは広がっており、フィールドワークのためのベースキャンプは南下をみせ、青島（莱陽市・莱西市）、江蘇省（開弦弓村）、海南省（南浜農場）と広がっている。青島については中間報告として『中国野菜企業の輸出戦略－残留農薬事件の衝撃と克服過程－』（坂爪浩史・朴紅・坂下明彦編著、筑波書房、2006）があり、江蘇省についてもまとめの段階に入っている。海南省については、新疆建設兵団に次ぐ三大農墾地区となっており、南の国有農場としていつか成果を発表したいと思っている。

本書をまとめるに当たっては、関連論文の共著の多い坂下明彦先生に大変お世話になった。また、2011年から3年間の北大ソウルオフィス所長勤務により長期不在が多く、その後も思わぬ病気で諸業務をお許し頂いている北大農業経済学科の教員の皆様にも感謝申し上げる。最後に、出張のため留守がちにもかかわらず、いつも笑顔で迎えてくれる娘彩音と母にもありがとうを言いたい。

［付記］本書は独立行政法人日本学術振興会平成27年度科学研究補助金（研究成果公開促進費）の交付を受けて刊行されるものである。

著者紹介

朴　紅（ぱく　こう　Park Hong）
北海道大学大学院農学研究院准教授
1967年、中国ハルビン生まれ。北海道大学大学院農学研究科博士課程修了後、同研究科助手を経て、2003年から現職。博士（農学）。専門は協同組合学、東アジア農業論。主な著書に『中国東北における家族経営の再生と農村組織化』（御茶の水書房、1999年）、『中国の農協』（家の光協会、2001年、共著）、『中国野菜企業の輸出戦略－残留農薬事件の衝撃と克服過程－』（筑波書房、2006年、共編著）、『台湾の農村協同組合』（筑波書房、2010年、共著）、Similarities and Differences: A Comparison Between "Family Properties" in Rural Japan and China Based on Fieldwork in Kaixiangong Village, *Bijiao*：*China in Comparative Perspective Working Paper Series No.1, 2011* ロンドン大学LSE, 2012がある。

中国国有農場の変貌
－巨大ジャポニカ米産地の形成－

2015年10月30日　第1版第1刷発行

著　者　朴　　紅
発行者　鶴見　治彦
発行所　筑波書房
　　　　東京都新宿区神楽坂2－19 銀鈴会館
　　　　〒162－0825
　　　　電話03（3267）8599
　　　　郵便振替00150－3－39715
　　　　http://www.tsukuba-shobo.co.jp

定価はカバーに表示してあります

印刷／製本　平河工業社
©Park, Hong, 2015 Printed in Japan
ISBN978-4-8119-0472-6 C3033